버섯살이 곤충의 사생활

버섯살이 곤충의 사생활

2013년 10월 7일 초판 2쇄 발행
2012년 10월 8일 초판 1쇄 발행
지은이 정부희

펴낸이 이원중  책임편집 김명희  디자인 정애경
펴낸곳 지성사  출판등록일 1993년 12월 9일  등록번호 제10-916호
주소 (121-829) 서울시 마포구 상수동 337-4  전화 (02) 335-5494~5  팩스 (02) 335-5496
홈페이지 www.jisungsa.co.kr  블로그 blog.naver.com/jisungsabook  이메일 jisungsa@hanmail.net
편집주간 김명희  편집팀 김재희  디자인팀 이향란

ⓒ 정부희 2012

ISBN 978-89-7889-260-5 (03490)

잘못된 책은 바꾸어드립니다. 책값은 뒤표지에 있습니다.

이 도서의 국립중앙도서관 출판시도서목록(CIP)은 e-CIP 홈페이지(http://www.nl.go.kr/ecip)와 국가자료공동목록시스템(http://www.nl.go.kr/kolisnet)에서 이용하실 수 있습니다. (CIP제어번호:CIP2012004231)

# 버섯살이 곤충의 사생활

글과 사진 **정부희**

지성사

| 저자의 글 |

# 버섯살이 곤충과 평생의 동행을 꿈꾸다

내 나이 마흔 살에는 뭘 했을까? 꺾어지는 인생의 고갯마루에서 '곤충신(神)'을 운명처럼 만났습니다. 곤충신이라야 별 건 아니고 곤충에게 단단히 홀려 쫓아 다녔던 걸 말하지요. 물론 서른 살 무렵 우리 조상의 숨결이 고스란히 깃든 유적과 유물을 찾아다니다 우연히 만난 야생화, 버섯, 새와 곤충 들의 매력에 흠뻑 빠져들었지만, 그땐 곤충들과 바람까진 나지 않았었지요. 보면 볼수록 신기한 게 많은 곤충들, 알고 싶은 건 너무도 많은데 아마추어다 보니 곤충 자료를 찾기가 만만치 않았습니다. 고민에 고민을 거듭하다 마흔 고개 넘긴 나이에 아예 대학원을 생물학과로 들어갔습니다.

그 당시엔 얼마나 무식했던지 대학원에 들어가면 그 궁금하던 '곤충 이름'을 다 알 줄 알았지요. 그런데 천만의 말씀! 그토록 원하던 '곤충 이름'은 완전히 옆으로 제쳐 두고 '일반생물학'부터 곤충 분류에 필요한 갖가지 분야를 공부했습니다. 대학 때 영어를 전공한 '인문학 골수분자' 인 내가 '분자생물학'이며 '유전학'이며 낯선 분야를 공부하는 일은 만만치 않았습니다. 그래도 딸 같은 동료 학생들에게 뒤지기 싫어 무던히도 애를 썼지요. 그러던 중 황금 호박이 넝쿨째 굴러 들어왔습니다. 남들이 '겉절이', '머저리'라고 놀리는 거저리(딱정벌레목, 거저리과)를 연구 주제로 삼다가 우연히 그러나 짜릿하게 보석 덩어리 '버섯살이 곤충'은 내 품에 덥석 안겼지요. 영문도 모르고 굴러온 녀석들이 내 평생의 연구 주제가 될 줄은 꿈에도 몰랐습니다.

버섯은 다 아시지요? 비 온 뒤 숲 바닥 여기저기에 지천으로 쫙 깔린 버섯, 우리 식탁에 단골 메뉴로 올라오는 버섯, 그 버섯 속에도 곤충이 깃들어 삽니다. 어쩌다 숲길을 걷다가 귀엽고 어여쁜 버섯을 만나기라도 하면 버릇처럼 얼른 쪼그리고 앉아 실컷 구경합니다. 그럴 때마다 버섯 속에는 곤충이 꼭 모여 있지요. 건드리면 화들짝 놀라 도망가고 또 건드리면 땅바닥으로 동백꽃이 모가지째 떨어지듯 후드득 떨어집니다. 그 곤충들이 누군지 궁금하고 또 궁금하기만 했답니다. 그래서 팔 걷어 부치고 버섯살이 곤충을 쫓아 다니기 시작했지요. 버섯살이 곤충과 만나려면 '천의 얼굴'을 가진 버섯을 만나는 건 필수코스라, 곤충도 곤충이지만 아름다운 버섯들과 데이트하는 재미도 쏠쏠했습니다. 물론 버섯 속에 떡하니 세 들어 사는 곤충을 만날 때마다 반가워 가슴이 콩닥콩닥 마구 뛰었지요. 그렇게 10년 가까운 세월 동안 버섯살이 곤충과 동행하면서 만날 때마다 정말이지 뜻 모를 희열로 가슴 벅찼고, 지금도 여전히 설렙니다.

하지만 버섯살이 곤충을 연구하는 일이 늘 즐거운 것만은 아닙니다. 아무도 가지 않는 길을, 그것도 혼자서 걸어간다는 건 말로는 이루 표현할 수 없는 고난의 길이니까요. 안타깝게도 우리나라에는 아직 버섯살이 곤충 연구자가 없습니다. 아니, 세계적으로도 연구자가 손에 꼽을 정도로 적습니다. 곤충 하나 연구하기도 어려운데 버섯까지 줄줄이 꿰어야 하니 그럴 만도 합니다. 더구나 버섯살이 곤충은 굉장히 비싸게 굴어 좀처럼 얼굴을 보여 주지 않습니다. 버섯 하나에 사는 주인이 누군지 알아내기까지는 시간도 정성도 무지 듭니다. 그 비싼 얼굴을 보여 줄 때까지 무작정 기다려야 하지요. 설령 운이 좋아 얼굴을 보여 줬다 해도 녀석이 그 버섯에 세 들어 사는지는 알 수 없습니다. 잠시 놀러 왔을 수도 있고, 번식은 안 하고 버섯밥만 먹으러 왔을 수도 있으니까요. 그러니 어떤 곤충이 낳아 둔 알이라도 있을지 모르니 버섯이란 버섯은 죄다 집으로 고이고이 모시고 와 식구처럼 같이 삽니다. 과연 버섯에 곤충이 살고는 있는지, 산다면 어떤 곤충이 사는지…… 그건 모릅니다. 그저 키워 봐야 압니다. 한 달이 걸릴 수도 있고, 아니 몇 달이 걸릴 수도 있습니다. 몇 달을 키웠는데 '꽝'이 될 때도 많습니다. 그런 일은 늘 있는 일이라 그러려니 합니다. 그래도 버섯을 제일 눈에 잘 띄는 곳에 두고 내 아이 돌보듯 날마다 정성을 들입니다. 그러다 운 좋으면 녀석들의 사생활을 훔쳐 볼 수도 있으니까요. 과연 어떤 버섯을 즐겨 먹고, 어떤 재밌는 행동을 하고, 짝짓기는 어떻게 하고, 애벌레는 어떻게 생겼고, 얼마 만에 한살이를 마치고…… 등등 신상명세서를 뽑을 수 있지요.

녀석들의 얼굴을 보는 일, 즉 버섯살이 곤충을 연구하는 일은 기다림의 연속입니다. 하루 이틀이 아니라 한 달 아니 어떤 때는 6개월도 넘게 기다릴 때도 있습니다. 도를 닦는 일이지요. 그러다가 버섯 아랫부분에 버섯 부스러기 같은 이름 모를 애벌레 똥이 보이기라도 하면 만세라도 부를 듯이 흥분하지요. 누군지는 더 키워 봐야 알겠지만 곤충이 버섯에서 살고 있다는 증거이니까요. 그런 날은 대박이 제대로 터진 날입니다.

버섯이 얇다 보니 버섯살이 곤충은 몸집이 작아 대부분 5밀리미터도 안됩니다. 갓 태어난 애벌레는 더 작아 맨눈으로는 보이지도 않습니다. 더구나 딱딱하고 깜깜한 버섯 속에서 사니 보려야 볼 수도 없지요. 녀석들에겐 미안하지만 버섯을 쪼개 일일이 현미경으로 들여다봐야지만 누군지 감이라도 잡을 수 있습니다. 하지만 이 분야의 연구자가 적다 보니 자료가 별로 없어 그야말로 산 너머 산입니다. 그렇게 맨땅에 헤딩을 하고, 수없는 시행착오를 거치면서 녀석들과 부대끼다 보니 이제 귀중한 자료가 제법 쌓여갑니다. 우리나라의 토종 버섯에 사는 토종 곤충의 베일이 하나둘 벗겨질 때마다 터트렸던 환희의 단성과 기쁨의 눈물은 거짓말 조금 보태 몇 바가지도 넘습니다.

비가 오고 난 습습한 여름날, 숲길이나 들길을 걷다 보면 어김없이 만나는 천의 얼굴, 버섯들이지요. 숲 바닥에는 기다란 자루에 우산 같은 갓을 쓴 버섯들이 진을 치고 있지요. 썩어가는 나무에도 반달 모양의 버섯들이 기왓장 겹쳐 놓은 듯 구름처럼 피어납니다. 그야말로 숲 속에는 버섯 잔치가 질펀하게 벌어지지요. 그런데요, 버섯이라고 다 똑같은 버섯이 아닙니다. 나무에 나는 버섯(민주름버섯류)이 있고, 땅바닥에 나는 버섯(주름버섯류)이 따로 있습니다. 우선 나무에 나는 버섯은 나무처럼 질기고 딱딱해서 웬만해선 잘 썩지도 않습니다. 이미 씨앗인 포자가 거의 떨어져 나가 버섯의 수명이 끝났는데도, 단단한 버섯이 썩어 분해되려면 시간이 꽤 걸립니다. 짧게는 몇 달이 되기도 하고, 길게는 일 년 이상이 걸리기도 하니 말 다했지요.

　　그러면 쇠심줄만큼 질긴 나무에 나는 버섯을 먹고 사는 곤충이 있기나 할까요? 있는 정도가 아닙니다. 버섯살이 곤충은 나무에 나는 단단한 버섯만 보면 좋아서 입이 귀에 걸릴 지경입니다. 왜일까요? 딱딱한 버섯은 버섯살이 곤충에 평생 동안 살아갈 집이 되어 주고, 밥 퍼 주는 식당이 되어 주고, 잠자는 침실이 되어 주고, 편히 쉬는 휴게실이 되어 주고, 알을 낳는 분만실이 되어 주고, 애벌레를 키워 주는 육아방이 되어 주고, 천적을 막아 주는 벙커가 되어 주기 때문이지요. 버섯살이 곤충 중에는 유난히 딱정벌레목 식구들이 많습니다. 재밌게도 딱정벌레목을 비롯한 버섯살이 곤충의 한살이는 꽤 긴 편입니다. 알에서 깨어나 애벌레 시기를 거쳐 어른으로 변신할 때까지 짧으면 40일(버섯벌레류), 길게는 80일(거저리류) 이상이 걸립니다. 그러니 수명이 긴 버섯이라야 안심하고 눌러앉아 짝짓기를 하고 알을 낳아 키울 수가 있지요. 만약 수명이 짧아 금방 녹아 버리는 버섯에 알을 낳았다간 얼마 안 있어 가문의 대가 끊길지도 모릅니다.

　　불로초라고 알려진 '영지'는 다 아시지요? 그 영지만 골라 먹는 곤충이 있습니다. 이름도 낯선 살짝수염벌레류이지요. 혹시 댁에서 영지를 신줏단지 모시듯 보관하다가 끓여 드시려고 물에 씻어 본 적 있으신가요? 가벼워 물에 둥둥 뜨는 영지가 있나요? 그렇다면 한 번 흔들어도 보세요. 사그락사그락 싸라기 굴러가는 소리가 날지도 모릅니다. 아무리 들여다봐도 겉보기엔 벌레 먹은 흔적 하나 없는데 왜 소리가 날까요? 그건 영지 속에서 벌레가 '영지 버섯영양밥'을 먹고 자라며 똥도 싸고, 성질 급한 녀석은 이미 어른벌레로 변신했기 때문이지요. 이렇게 버섯살이 곤충은 바로 우리 곁에 이웃처럼 같이 삽니다.

반면에 땅에 나는 버섯은 수명이 굉장히 짧습니다. 건드리기만 해도 잘 부스러지고 연약합니다. 게다가 포자가 날리고 나면 금방 녹아 흘러내립니다. 물기까지 많아 쉽게 잘 썩어 버립니다. 그러니 아무리 길게 살아 봤다 일주일을 넘기지 못하는 경우가 허다합니다. 심지어 망태버섯은 피어난 지 하루도 못 되어 녹아내려 죽어 버립니다. 오죽하면 '하루살이 버섯'이라고 했을까요? 이렇게 버섯의 수명이 턱없이 짧다 보니 곤충들에겐 비호감입니다. 왜냐하면 대부분의 곤충이 한살이를 마치는 데 아무리 못 되어도 30일은 걸리는데 일주일도 못 버티는 버섯에 눌러앉았다간 큰 낭패를 볼 게 뻔하거든요. 어쩌면 가문의 문을 닫을지도 모릅니다. 그러다 보니 땅에 나는 버섯에는 영양가 많은 버섯밥만 먹으러 오는 파리류 같은 곤충손님만 북적입니다.

그래도 틈새는 있는 법. 곤충 가운데에 간혹 한살이 기간이 짧은 파리류나 입치레반날개류가 찾아와 버섯밥을 먹고 알을 낳을 때도 있습니다. 시혜롭게도 녀석들은 빛나는 작전을 폅니다. 버섯이 땅에서 올라오는 순간, 그러니까 버섯갓이 피기도 전에 미리 알을 낳아 놓습니다. 버섯이 피어나는 동안의 시간이라도 벌 속셈이지요. 더 놀라운 건 녀석들은 모든 게 '빨리빨리'입니다. 버섯이 썩어 녹아 사라지기 전에 한살이를 마쳐야 하니 어쩔 수 없습니다. 알에서 깨어나는 시간도 짧고, 애벌레 시절도 짧습니다. 그리고 번데기는 버섯이 난 땅속으로 들어가 만듭니다. 애벌레 때만 배부르게 먹고 번데기 때는 아무것도 안 먹으니, 번데기는 아무 데나 만들어도 되기 때문이지요. 더구나 땅속은 비교적 안전하니 흙 속에서 편안히 번데기 시절을 보냅니다. 생각할수록 영특한 녀석들입니다.

몇 년 전 일입니다. 한라산에 올라갔더니 이 나무 저 나무에 버섯들이 붙어 있더군요. 어떤 버섯은 바닥에 떨어져 뒹굴기도 하고. 순간 저는 흥분의 도가니였지요. 저 버섯에 '사랑하는 내 곤충'들이 살 텐데……. 주섬주섬 나무에 붙은 버섯은 따고, 땅에 굴러다니는 버섯은 주워 가방에 담았지요. 허가를 받아야만 썩은 버섯도 주울 수 있는 국립공원이라 마음을 바짝 졸이면서……. 아니나 다를까. 신고가 들어가 꼼짝없이 관리소 직원한테 붙잡혔지요. 그 아까운 버섯은 다 빼앗기고, 법대로 처벌을 하겠다며 경찰이 올 때까지 기다리랍니다. 그렇게 2시간 가까이 잡혀 있었습니다. "국내에 달랑 한 사람밖에 없는 버섯곤충 연구자다, 이 버섯 속에 사는 곤충이 누군지를 알아내면 그게 바로 세계 기록이 된다. 이제 우리도 우리만이 가지고 있는 고유 자연 자원을 찾아낼 때가 되었다"며 선처를 부탁했지요, 정말 공손하게……. 하지만 돌아오는 건 범죄자 취급이었습니다. 정말이지 너무 서러워 2시간 내내 쏟아지는 눈물을 주체하지 못하고 평평 울고 또 울었습니다. 왜 안 해도 되는 일을 하느라 사서 고생하나? 아무도 손도 안 대는 버섯살이 곤충을 연구해서 돈이 나오나 밥이 나오나? 격려는커녕 이런 수모를 당하면서까지 왜 내가 이런 연구를 해야 하나……. 그때 처음으로 버섯살이 곤충과의 동행을 후회했습니다.

그것도 잠시, 지금도 여전히 버섯살이 곤충들과 함께 놉니다. 아직까지 우리나라의 버섯살이 곤충을 연구하는 연구자가 없어 어깨에 짊어진 짐이 무거울 때가 많습니다. 저 혼자뿐이라 섣불리 내려놓을 수도 없으니 죽으나 사나 버섯살이 곤충과 평생 동안 같이 놀아야 할지도 모릅니다.

야트막한 언덕부터 깊은 산에 나는 버섯은 곤충들에겐 최고의 낙원입니다. 애기 손바닥만도 못하게 작은 버섯, 종이 몇 장 겹쳐 놓은 것처럼 얇은 버섯, 나무껍질처럼 질긴 버섯, 이 사람 저 사람 손을 타 바닥에 버려져 뒹구는 버섯, 사람들이 벌벌 떠는 독버섯……. 아무도 살 것 같지 않은 버려진 그 버섯 속에서도 생명이 숨 쉬고 있습니다. 눈에 넣어도 안 아플 소중한 버섯살이 곤충들이 어엿하게 살고 있습니다. 한 마리도 아닌 수십 마리가 함께 버섯에서 잠을 자고, 먹고, 싸고, 아기를 키우고……. 그들은 한평생 살아가는 데 그저 버섯 한 조각이면 족합니다. 새털 같은 앞날을 대비해 따로 버섯을 비축하지도 않습니다. 세 들어 살았던 버섯을 다 먹으면 다른 버섯으로 이사 가면 됩니다. 우리네 사람들처럼 욕심이 없습니다.

　　숲 바닥에 굴러다니는 썩은 나뭇가지에 피어난, 하잘 것 없어 보이는 버섯 한 조각에서 수많은 생명이 둥지를 틀고 평생을 산다니……, 생각할수록 경이로워 가슴이 벅차오릅니다.

광장동 연구실에서<br>
정부희

차례

저자의 글 4

# 1부 _ 나무에 나는 버섯을 먹는 곤충

뭉게뭉게 피어난 구름버섯에서 사는 **산호버섯벌레** 16

불로초, 영지를 먹고 사는 **살짝수염벌레류** 30

멋쟁이 **멋진주거저리**의 안식처 삼색도장버섯 42

단단한 삼색도장버섯을 먹어 치우는 5밀리미터 크기의 **둥근쌀도적** 56

황갈색시루뻔버섯의 습성을 이용하는 **세줄가슴버섯벌레** 68

가시투성이 **넓적가시거저리**가 사는 집, 아까시재목버섯 80

덕다리버섯 속의 빨간 보석, **르위스거저리** 92

표고도 먹고 덕다리버섯도 먹는 **노랑테가는버섯벌레** 106

무지갯빛 영롱한 **줄무당거저리**를 품은 단색털구름버섯 122

조개껍질버섯 속에서 평생을 사는 **톱니무늬버섯벌레** 140

송편 속 대신 송편버섯에는 **동양무늬애버섯벌레붙이**가 들었고 152

콩버섯 단칸방에 살림 차린 **회떡소바구미** 166

# 2부_ 땅에 나는 버섯을 먹는 곤충

말뚝버섯류에 말뚝 박는 **파리들** 180

어여쁜 노란난버섯을 먹는 깜찍한 **가시다리깨알버섯벌레** 190

숲 속의 요정, 노란망태버섯을 좋아하는 **파리류와 대모송장벌레** 200

여러 가지 버섯 요리를 즐기는 **달팽이류** 216

젖이 흐르는 배젖버섯 밥상에 둘러앉은 **납작버섯반날개** 228

가을 파티를 벌이는 검은비늘버섯과 **제주붉은줄버섯벌레** 240

방귀 뀌는 좀말불버섯만 쫓아다니는 **방귀무당벌레붙이** 256

우산버섯에 둥지 튼 **주름밑빠진버섯벌레** 268

멋들어진 삿갓외대버섯과 **혹가슴검정소똥풍뎅이** 276

콧물 흘리는 끈적긴뿌리버섯에 모인 **초파리류** 288

황소비단그물버섯에서 짧은 생을 사는 **극동입치레반날개** 300

참고문헌 313

찾아보기 317

1부

나무에 나는 버섯을 먹는 곤충

# 뭉게뭉게 피어난 구름버섯에서 사는 산호버섯벌레

봄이 더디 오나 싶더니 어느새 봄꽃이 만발했습니다. 햇볕이 얼마나 화사한지 눈이 부셔 제대로 떠지질 않습니다. 내장산으로 갑니다. 길을 따라 벚꽃이 죄다 피어 한바탕 꽃 잔치를 벌입니다. 이맘때쯤이면 우리나라 구석구석 길이라는 길에서는 어김없이 벚꽃을 만납니다. 전 국토의 벚꽃화가 이곳에 와서도 실감납니다. 가도 가도 끝이 보이지 않는 꽃길에는 꽃구경 나온 사람들로 북적입니다. 한 줄기 바람이 지나갑니다. 애기 손톱만 한 벚꽃 잎이 함박눈처럼 훨훨 날립니다.

　내장산에 들었습니다. 천천히 숲길을 걷습니다. 아직 잎이 나지 않은 나목들 사이로 늘 푸른 잎을 가진 굴거리나무가 제법 눈에 띕니다. 싱그러운 녹색의 잎이 햇빛을 받아 반들반들 윤이 나니 '따뜻한 남쪽 나라'에 온 게 실감이 납니다. 숲 바닥엔 자잘한 봄꽃들이 넘쳐 납니다. 생긋생긋 웃는 꽃들에 이끌려 숲 속으로 들어갑니다.

꽃들 사이로 나무 한 자락이 떡하니 누워 있습니다. 썩어 가는 폼이 쓰러진 지 한참 되었나 봅니다. 이게 웬일일까요? 구름같이 생긴 버섯이 나무껍질 위를 켜켜이 덮고 있네요. 구름버섯(*Coriolus versicolor* (L.) Quél.)이군요. 만져 보니 나무 껍질처럼 딱딱합니다. 본능적으로 구름버섯 몇 조각을 뒤집어 봅니다. 아니나 다를까, 뒤집은 버섯 아랫면에 곤충이 붙어 있습니다. 태평하게 밥을 먹다가 불청객의 등장에 놀랐는지 빨간색 곤충은 더듬이와 다리를 잔뜩 오그리고선 꼼짝도 안 합니다. 누굴까요? 이런, 아직 우리나라에서는 이름도 얻지 못한 버섯벌레입니다. 이참에 고운 이름 하나 지어 주렵니다. 몸 색깔이 붉은색 보석 산호와 똑 닮았으니 '산호버섯벌레(*Neotriplax lewisii* Crotch)'라고. 어떠세요, 이름 예쁘지요?

### 뭉실뭉실 피어오르는 구름버섯

구름버섯! 우리나라에서 제일 많이 나는 버섯을 꼽으라면 아마 다섯 손가락 안에 들 겁니다. 제주도에서 강원도까지 방방곡곡 어디를 가나 썩어가는 나무만 있으면 어김없이 나타나는 버섯이 바로 구름버섯이니까요. 구름버섯은 한번 피어났다 하면 하늘에 구름이 뭉실뭉실 피어오르듯이 수십 개가 층을 이루어 무더기로 나서 눈에도 잘 띕니다.

구름버섯은 나무에만 자라다 보니 자루 없이 갓의 끝 부분이 바로 나무에 붙어 납니다. 만져 보면 얼마나 질긴지 나무껍질은 저리 가라입니다. 갓의 생김새는 반달 같고 지름은 아무리 커 봤자 5센티미터 정도이며 색깔은 짙은 남색에서 검은 황갈색까지 다양합니다. 두께가 1~2밀리미터 정도밖에 안 되니 굉장히 얇은 편입니다. 갓의 윗면은 벨벳처럼 짧은 털이 빽빽이 돋아나 감촉이 얼마나

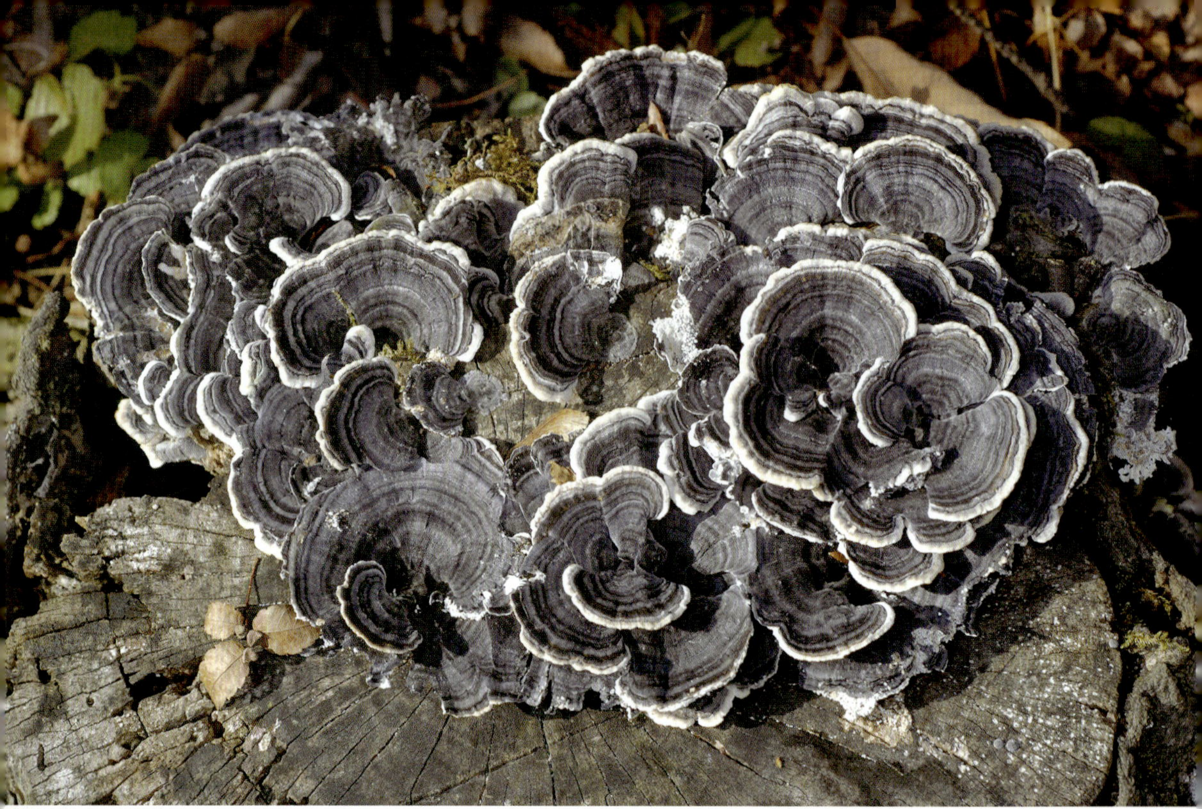

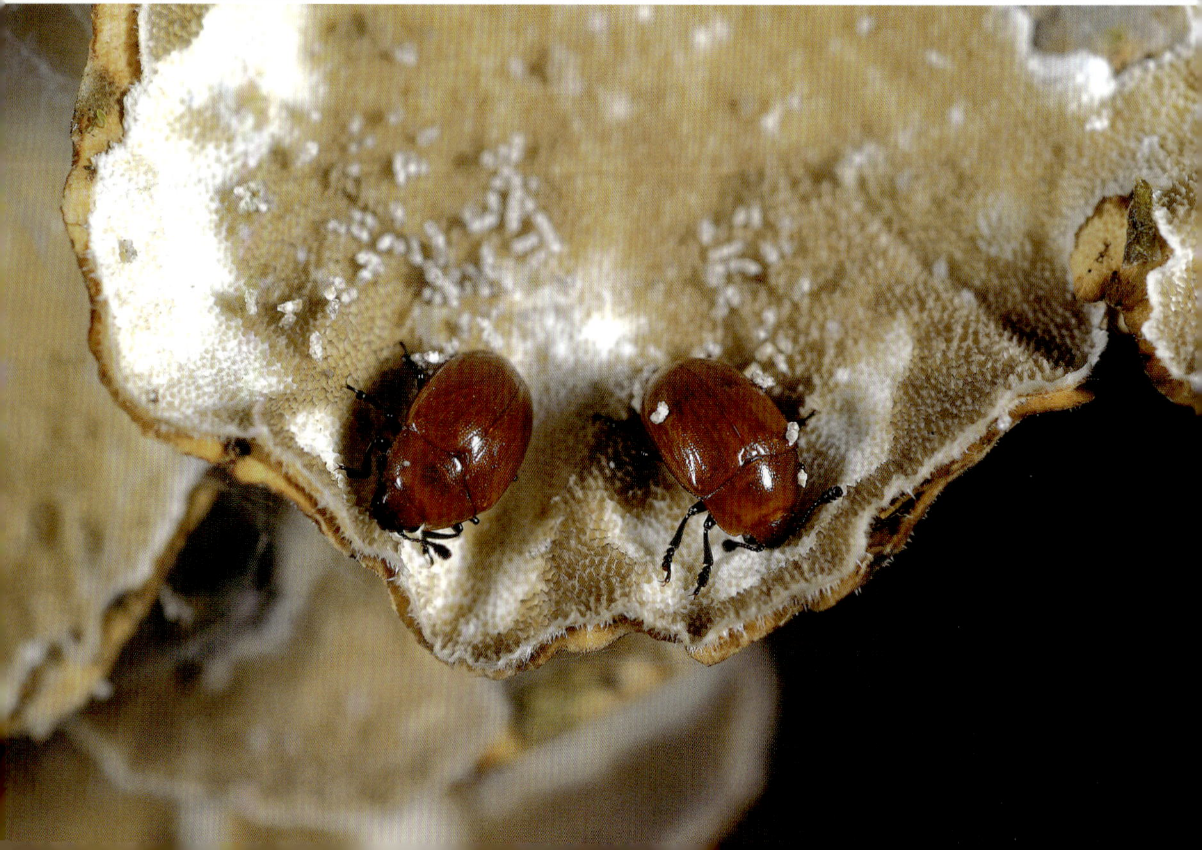

보드라운지 모릅니다. 갓의 아랫면은 흰색이며, 바늘로 뚫어 놓은 것 같은 작은 구멍(관공, tube; 버섯 포자가 만들어지는 갓 아랫면에 있는 튜브 모양의 구멍)이 셀 수도 없을 만큼 많습니다. 그 구멍들 속에서 수억 개가 넘는 포자들이 만들어집니다.

북한에서는 한번 피었다 하면 수십 개가 마치 기왓장을 쌓아 놓은 것처럼 피어난다 해서 '기와버섯' 이라 부릅니다. 한자로는 구름 같다고 해서 '운지雲芝' 라 하고, 영어로는 차곡차곡 쌓인 깃털을 닮았다 해서 'turkey tail' 이라 합니다. 모두 구름처럼 켜켜이 쌓여 있는 버섯을 보고 지은 것을 보면 나라는 달라도 느끼는 감정은 비슷한가 봅니다.

이미 구름버섯이 사람 몸에 좋다는 건 널리 알려져 있습니다. 암도 치료한다는 소문이 날 정도이니까요. 도대체 어떤 성분이 들어 있길래 암도 물리칠 수 있을까요? 국내 한 연구진이 구름버섯이 사람들 건강에 얼마나 효과가 있는지를 연구했습니다. 구름버섯 속에는 폴리사카리드 케이(PSK, polysaccharide K)라는 물질이 들어 있는데, 이 물질에 사람들을 벌벌 떨게 하는 암을 이겨 내는 효능이 있다고 합니다. 그야말로 신이 내린 물질이지요. 위암을 비롯한 몇몇 암 치료에 어느 정도 효과가 있을 뿐 아니라 위궤양, 동맥경화, 만성 기관지염, 관절염 등에도 효능이 있다고 하니 상황버섯이나 영지에 결코 밀리지 않을 정도입니다.

이렇게 훌륭한 물질이 듬뿍 들어 있는 구름버섯에 곤충이 살까요? 물론 살고 있습니다. 평생 동안 구름버섯만 먹고 사는 곤충은 얼마나 좋을까요? 평생 암

↖ 벨벳처럼 짧은 털이 갓의 표면을 뒤덮고 있는 구름버섯은 짙은 비구름이 일듯이 몽실몽실 무리 지어 핀다.
← 바늘로 구멍을 수없이 뚫어 놓은 듯한 구름버섯의 아랫면을 사이좋게 나눠 먹고 있는 산호버섯벌레

걸릴 일은 없을 테니 말이지요. 이렇게 복이 터진 곤충이 누군지 궁금하지요? 산호버섯벌레입니다.

### 막내딸만큼이나 귀여운 산호버섯벌레

숲 바닥에 오리나무 한 그루가 쓰러져 길게 누워 있습니다. 쓰러진 나무 위에 버섯이 구름처럼 피었습니다. 시루떡처럼 켜켜이 쌓인 구름버섯을 가만가만 뒤적이니 그야말로 곤충들의 천국이네요. 그 많은 친구 중에 빨간색 버섯벌레가 제 눈을 끌어당깁니다. 바로 산호버섯벌레입니다. 녀석은 밥을 먹다가 날벼락이라도 맞은 듯 놀라 쫄쫄쫄 도망칩니다. 도망가 보았자 부처님 손바닥, 아니 구름버섯 위입니다. 잔털이 보드랍게 깔린 구름버섯의 짙은 남색 갓 위를 허겁지겁 걸어 다니는 팥알만 한 크기의 녀석은 마치 벨벳 옷에 꽂아 놓은 브로치 같습니다. 얼마나 예쁘던지…….

산호버섯벌레는 몸매가 달걀처럼 생겨 완전 미인형입니다. 몸 색도 빨갛게 물든 단풍잎처럼 매혹적입니다. 몸 전체는 투명한 매니큐어라도 바른 듯이 반짝반짝 윤이 납니다. 더듬이와 다리는 까만색인데 위험하다 싶으면 모두 오그려 몸 안쪽으로 집어넣습니다. 재밌게도 더듬이는 끝의 세 마디가 양옆으로 늘어나 있어 곤봉 모양입니다. 녀석이 더듬이를 펼치고 휘휘 저을 때면 마치 리듬체조 선수가 곤봉 체조를 하는 것 같습니다. 더듬이는 녀석들에게 보물 1호입니다. 종합 정보기관이니까요. 바람이 어느 쪽에서 불어오는지 그 세기는 어느 정도인지, 습도는 얼마만큼 높은지, 누가 다가오는지, 자신이 좋아하는 버섯 냄새가 어느 쪽에서 나는지……. 주변의 모든 환경 변화를 이 더듬이가 알아차립니다. 특

느닷없이 등장한 불청객에 놀라 갓 위에서 갓 아래면으로 도망치려는 산호버섯벌레

히 곤봉처럼 넓적하게 늘어난 마디에 감각기관이 다닥다닥 붙어 있어 자신의 주변에서 일어나는 일들을 금세 감지합니다. 앉아서 천 리를 보는 셈이지요.

하도 귀여워 한 녀석을 슬쩍 건드려 보았더니 녀석의 다리 마디에서 물이 나옵니다. 굉장히 작은 양이라 잘 보이지는 않지만 제 손에는 분명 물기가 묻었습니다. 냄새를 맡으니 버섯벌레류가 풍기는 고유의 알칼리성 냄새가 납니다. 그 냄새 물질의 정확한 성분이 무엇인지는 모르겠지만, 녀석들이 스스로를 보호하기 위해 만들어 낸 화학무기인 것만큼은 확실합니다. 힘없는 녀석이 험난한 환경을 극복하며 한평생 살아가려니 자신을 지키는 무기가 필요했겠지요. 5밀리미터도 안 되는 작은 녀석이 거친 세상에 맞서 살아 내는 것을 보니 참 안쓰럽습

곤봉 모양의 더듬이를 바짝 세우고 무엇인가를 탐지하는 산호버섯벌레

니다.

　다른 구름버섯 조각을 들춰 봅니다. 아! 산호버섯벌레가 한창 사랑을 나누고 있네요. 버섯살이 곤충은 웬만해서는 짝짓기하는 모습을 보여 주지 않습니다. 아니, 내놓고 보여 준다고 해도 어두컴컴한 버섯 속에서 사랑을 하니 보려야 볼 수가 없습니다. 여느 버섯벌레들처럼 이 친구들도 수컷이 암컷의 등에 올라타 짝짓기를 합니다. 수컷이 매끄러운 암컷의 등 위에서 떨어지지도 않고 어찌나 잘 잡고 있는지 아무리 봐도 신기합니다. 그러면 그렇지요. 자세히 들여다보니 수컷의 다리 여섯 개 모두 발목마디가 옆으로 넓게 늘어나 있네요. 발목마디 아랫면에는 센털까지 빽빽이 붙어 있고, 적은 양이나마 접착제 같은 끈적끈적한

짝짓기를 하려고 암컷의 등에 오르는 수컷 산호버섯벌레_ 사진 속의 버섯은 흰구름버섯

물질까지 나오니 암컷의 등에 찰싹 붙어 있는 건 일도 아닙니다. 수컷은 생식기를 암컷의 생식기에 넣은 채 아무 짓도 안하고 부둥켜안고만 있습니다. 암컷은 암컷대로 수컷이 등에 올라타든 말든 구름버섯밥 먹는 데만 정신이 팔려 있습니다. 참 분위기 없는 사랑 나누기이네요.

### 밥상인 구름버섯을 찾아 이사 다니는 산호버섯벌레

산호버섯벌레는 구름버섯처럼 딱딱한 버섯을 어찌 그리 잘도 먹을까요? 몸집은 작아도 강인한 큰턱이 있어서 양 옆으로 오므렸다 폈다 하면서 버섯살을 갉아먹습니다. 녀석들의 먹성은 까탈스럽습니다. 버섯이라고 해서 아무 버섯이나 먹는 것이 아닙니다. 열이면 아홉은 구름버섯만 먹습니다. 구름버섯도 통째로 먹어 치우는 것이 아니라 갓 아랫면만 갉아먹습니다. 갓 윗면만 보면 정말 멀쩡해서 싱싱한 버섯으로 착각할 정도이니까요. 녀석들이 먹은 버섯을 뒤집어 보면 포자가 들어 있는 살색 관공은 다 사라지고 가죽질만 남아 있습니다. 그도 그럴 것이 녀석들에게 갓 아랫면은 최고의 영양밥이거든요. 단백질, 탄수화물, 무기질이 들어 있는 버섯살(버섯조직, context)에 영양 듬뿍 포자까지 들어 있으니까요. 먹었으면 싸야지요. 녀석들은 자신이 밥을 먹던 식당에다 그대로 똥도 쌉니다. 그래서 구름버섯 갓 아랫면에는 부서진 하얀 스티로폼 알갱이처럼 생긴 동

부드럽고 영양가가 풍부한 주름버섯의 아랫면만을 갉아먹으며 뒤로는 하얀 똥을 싸는 산호버섯벌레

글동글한 녀석들의 똥이 널려 있습니다.

　문제가 있습니다. 구름버섯 두께가 너무 얇아 버섯살이 적어서 버섯 한 조각에 녀석들이 먹을 밥이 그리 많지 않습니다. 그러다 보니 녀석들은 버섯을 다 먹어 치우면 다른 버섯을 찾아 이사 가야 합니다. 버섯살이 곤충은 대개 한평생을 버섯 한 조각 안에서 사는데, 녀석들은 이사를 다니자니 여간 번거로운 일이 아닐 겁니다. 그래도 대를 잇고 살려면 어쩔 수 없이 다른 버섯으로, 또 다른 버섯으로 수없이 이사를 다니며 밥을 찾아 먹습니다.

### 숨기고 싶은 비밀이 많은 산호버섯벌레 애벌레

　산호버섯벌레의 애벌레도 구름버섯을 먹고 삽니다. 봄꽃들이 피어나기 시작하는 이른 봄 구름버섯의 갓 아랫면에는 까만 애벌레들이 무더기로 나와 구름버섯을 먹습니다. 애벌레들도 어른벌레처럼 갓의 아랫면만 골라 먹습니다. 피는 못 속인다고 새끼들도 어른처럼 큰턱을 양 옆으로 오므렸다 폈다 하면서 버섯살을 잘도 갉아먹습니다. 어미만큼이나 게걸스럽게 버섯살과 포자만을 골라먹고 가죽질로 된 갓 윗면은 남깁니다. 그러다 보니 새끼들도 먹이를 찾아 이 버섯 저 버섯으로 이사 다녀야 합니다. 구름버섯 밥을 먹다가 추운 저녁이 되면 땅 속이나 나무껍질 속으로 들어가 쉽니다. 그리고 따뜻한 낮이 되면 다시 구름버섯을 찾아내 밥을 먹습니다.

　애벌레도 어른벌레 못지않게 귀엽고 순하게 생겼습니다. 몸매는 오동통한 소시지 같고, 몸 색깔은 전체적으로 까만색인데 몸 마디마디는 하얀색이어서 흑백의 조화가 참으로 세련되고 아름답습니다. 언뜻 보면 몸 표면이 매끈해 보이

까만 몸통, 발달한 머리, 하얀색 마디, 짧은 털, 머리에서 가슴등판까지 이어진 탈피선 등이 선명하게 드러난 산호버섯벌레 애벌레

지만 확대경으로 자세히 들여다보면 가느다랗고 짧은 털 뭉치들이 모여서 나 있습니다. 등 쪽의 머리와 가슴 부분에는 허물을 벗을 때 꼭 필요한 탈피선이 뚜렷하게 그어져 있습니다.

언젠가 산호버섯벌레 애벌레를 연구실로 데려와 키운 적이 있습니다. 결과는 실패. 두 번 모두 허물 벗는 것까지는 보여 주었는데 더 이상 자신의 사생활을 공개하지 않았습니다. 어찌 된 일인지 어느 순간부터 버섯을 먹지 않더니 숨을 거뒀습니다. 속상하기도 하고, 미안하기도 하고……, 한동안 마음이 아려 어쩔 줄 몰라 했던 아픈 기억으로만 남아 있습니다.

녀석들은 1령 애벌레가 허물을 벗고 2령 애벌레로 변신할 때까지 약 열흘이 걸렸습니다. 녀석들에게 혹시나 싶어 다른 버섯을 따다 줘 보았는데 입에 대지도 않고 오로지 구름버섯만 먹어 치웠습니다. 이것이 녀석들이 제게 보여 준 전부입니다. 지금으로서는 그저 머지않아 씩씩하게 한살이를 살아 내는 녀석들의 모습을 들여다볼 기회가 있기를 간절히 바랄 뿐입니다.

지금까지 산호버섯벌레는 남쪽 지방에서만 관찰이 되었습니다. 몇 년 동안 관찰하면서 녀석들을 만난 제일 북쪽 지역북방한계선은 계룡산입니다. 물론 앞으로 연구를 좀 더 진행하다 보면 그보다 더 북쪽 지방에서 만날지도 모를 일입니다. 그만큼 산호버섯벌레에 대한 연구 자료가 아직까지는 많지 않다는 뜻이지요. 재미있는 사실 하나 더. 어른 산호버섯벌레는 이른 봄3월부터 단풍잎이 지는 늦가을11월 초까지 그 모습을 드러내는데, 한여름에는 자취를 감춥니다. 아마도 추운 날씨에는 녀석들이 어느 정도 적응을 하여 내성이 생긴 모양입니다.

### 썩은 나무, 구름버섯, 곤충의 삼각관계

산호버섯벌레의 주식인 구름버섯은 우리나라 어디를 가든지 흔히 만날 수 있는 버섯이지요. 구름버섯에는 산호버섯벌레 말고도 많은 곤충이 둥지를 틀고 있어요. 아직까지 어떤 곤충이 언제 어떻게 사는지 밝혀진 것은 없지만, 두께가 1밀리미터 남짓한 얇은 구름버섯에 눌러 앉아 사는 곤충이 생각 밖으로 엄청 많은 것도 사실이에요. 지금까지 제가 연구한 자료만 해도 족히 30종은 넘으니까요.

숲에는 썩어 가는 나무나 나뭇가지가 참 많습니다. 모두 버섯의 집이지요. 구름버섯은 썩은 나무의 영양분을 먹고 자랍니다. 썩은 나무까지 알뜰하게 재활용하는 셈입니다. 그 덕에 썩은 나무는 잘디잘게 분해되어 한때는 자신의 친척이었던 식물들의 거름이 될 준비를 기꺼이 합니다. 썩은 나무를 먹고 자란 구름버섯 역시 버섯을 먹는 곤충들에게 밥이 되어 줍니다. 버섯살이 곤충들은 버섯을 맛있게 먹거나 그 버섯에서 자신의 대를 이어가면서 버섯을 잘디잘게 분해시킵니다. 분해된 버섯 또한 모든 생명의 근원인 흙으로 돌이기 식물의 거름이 되어 줍니다. 그 식물들은 자라 풀과 나무가 우거진 숲을 유지해 갈 테고요. 그러니 썩은 나무, 버섯이 피어난 나뭇가지를 건드리지 않고 그냥 내버려만 둬도 숲 생태계는 건강하게 잘 돌아갑니다.

그런데 언제부터인지 숲 바닥을 깨끗이 치우기 시작했습니다. 그 이유가 정말 기가 찹니다. 환경 미화를 위한 것이랍니다. 숲 바닥이 지저분하다거니 쓰러진 나무가 위험하다거니 하는 민원이 들어온답니다. 사람들의 편의를 위해 이제는 숲 바닥도 청소하는 시대인가 봅니다. 기가 차서 자다가도 벌떡 일어날 일입니다. 그 덕에 웬만큼 이름이 알려진 공원 숲 바닥에서는 잔 나뭇가지 한 조각 찾아보기 힘듭니다. 그뿐만이 아닙니다. 태풍에 쓸려 넘어졌거나 병이 들어 저

| 1 | 2 |
|---|---|
| 3 | |
| 4 | |

산호버섯벌레는 나무에 사는 구름버섯(1)에서 짝짓기(2)를 하고, 알을 낳은 뒤 부화하여 애벌레(3)가 되고 번데기를 거쳐 어른벌레(4)가 된다. 그리고 다시 짝짓기를 하고……

절로 쓰러진 나무도 그대로 놓아두지를 않습니다. 숲 바닥에 방치하면 위험하기 때문이랍니다. 아니 안 할 말로 숲 바닥에 누웠던 나무 둥치나 가지들이 벌떡 일어나 사람을 헤치기라도 한답니까. 그런 말도 안 되는 이유로 쓰러진 나무들은 자로 잰 듯이 똑같은 길이로 토막 내어 벽돌 쌓듯이 차곡차곡 숲 바닥에 쌓아 놓습니다. 그늘에라도 쌓았다면 그나마 나은데 햇볕이 내리쬐는 양지에 쌓아 두기도 합니다. 자른 나무에 햇볕이 내리쬐면 수분이 날아가 버려 분해생물조차 깃들기 힘들뿐더러 나무를 분해시킬 버섯이 피기는 더욱 힘듭니다. 설사 어쩌다 버섯이 피어난다고 해도 버섯을 분해시킬 곤충이 찾아들지를 않습니다. 버섯살이 곤충들은 대부분 어두컴컴한 버섯 속에 살기 때문에 햇빛이 비추는 곳을 싫어합니다. 더구나 내리쬐는 햇빛에 버섯이 건조되면 딱딱해져 먹기도 쉽지 않습니다. 해괴한 일은 벽돌처럼 토막 내어 쌓아 두었던 나무들이 한순간에 통째로 어디론가 사라지는 것입니다. 고기 구울 장작으로 팔려간 것일까요? 집 짓는 재목으로 팔려간 것일까요? 이루 셀 수 없이 많은 생명이 터를 잡았을 그 나무들은 어디로 사라졌을까요?

　이제는 숲을 깨끗하고 아름답게 꾸민답시고 바닥에 떨어진 나뭇가지나 쓰러져 누운 나무들을 치우지 말고 그냥 내버려 둘 일입니다. 그러면 누가 시키지 않아도 뭇 생명들이 썩은 나무에 찾아들 것이고, 그 나무를 분해시키며 자라는 버섯도 둥지를 틉니다. 자연은 간섭하지 않고 내버려 두어도 저들끼리 알아서 제대로 잘 돌아갑니다.

# 불로초, 영지를 먹고 사는
## 살짝수염벌레류

꽃피는 4월입니다. 봄이 뜀박질쳐 옵니다. 마음이 급해져 버선발로 봄을 맞으러 남쪽으로 갑니다. 내장산입니다. 내장산은 언제 가도 좋습니다. 귀여운 단풍잎이 빨갛게 물드는 가을도 좋고요, 풋풋한 풀이 돋아나고 아기자기한 꽃들이 피어나는 봄도 좋습니다. 무엇보다 남쪽 나라답게 따뜻하니 더욱 좋습니다. 따스한 봄 햇살을 온몸으로 흠뻑 받으며 숲길을 걷습니다. 늘푸른나무인 굴거리나무가 햇빛 세례를 받아 반짝거립니다. 숲 바닥에는 자잘한 봄꽃들이 죄다 고개를 내밀었습니다. 금난초, 현호색, 큰괭이밥, 등대풀……. 키 큰 나무들이 미처 나뭇잎을 내달지 못해 햇빛을 고스란히 받은 숲 바닥은 더 훤해 보입니다. 꽃들은 햇빛에 취하고 나는 꽃에 취해 걷습니다.

얼마나 걸었을까요. 저만치 떨어진 갈참나무 밑동 쪽에 튼튼한 우산을 쓴 버섯이 보입니다. 얼핏 보아도 영지(*Ganoderma lucidum* Karsten)입니다. 불로초로 더 잘 알려진 버섯이지요. 봄꽃도 보고 버섯도 만나다니……. 남으로 조금 내려온 대가치고는 황송할 뿐입니다. 가까이 다가가니 나무뿌리 주변으로 영지가 한 무더기 났습니다. 늘씬한 자루 위로 아름다운 넓은 갓을 받치고 있습니다. 그 모습이 얼마나 멋있는지, 마치 발레리나가 우산처럼 활짝 펴진 발레복을 입고 한쪽 다리로 우아하게 서 있는 모습 같습니다. 수려한 생김새만 봐도 기가 꺾이는데 불생불멸의 불로초라니 저절로 주눅이 들어 움츠러듭니다.

저 신령스러운 버섯을 먹고 사는 곤충이 있기나 할까요? 저 카리스마에 눌려 감히 제 밥상에 올릴 수나 있을런지……. 그런데 영지를 먹는 겁 없는 곤충이 있습니다. 아직까지 우리나라에 알려지지 않은 살짝수염벌레류입니다. 사실 곤충에게 버섯은 꿀맛 나는 밥인데 그 어떤 곤충인들 영지를 마다하겠어요.

### 불로장생 불로초, 영지

조선시대 궁전인 경복궁의 뒷담과 굴뚝에는 어여쁜 그림이 그려져 있습니다. 십장생 그림으로 사슴, 학, 거북, 소나무, 대나무, 바위, 물, 구름, 태양 그리고 소나무 밑에 불로초까지……. 늙지 않고 오래오래 산다는 전설적인 생물과 무생물을 예쁘게 그린 그림이지요. 소나무 아래 그려 뭐하기는 하지만 불로초는 영락없는 영지입니다. 원래 영지는 참나무류 같은 넓은잎나무 밑동이나 그루터기에 납니다. 우리나라는 넓은잎나무가 자라는 숲이라면 방방곡곡 어디서나 볼 수 있습니다. 그러나 콧대 높은 영지는 쉽게 모습을 보여 주지 않습니다. 자연스레 몸값이 올라갔지요. 숲길을 걷다가 우연히 영지를 만나기라도 하면 반가운 마음이 드는 한편으로 걱정도 됩니다. 혹시라도 누가 보고 따 갈까 봐 마음이 쓰여 낙

1 나무 밑동에 자리 잡은 영지 송이들 2 길쭉한 자루 위에 고리 모양의 홈이 팬 갓을 이고 있는 영지 3 영지란 생각이 들지 않을 정도로 특이하게 생긴 어린 영지

엽으로 살짝 덮어 놓고 자리를 뜨기 일쑤입니다.

　　영지는 갓과 자루를 다 가지고 있습니다. 갓은 반달 모양인데 큰 것은 지름이 15센티미터나 되고, 자루 또한 긴 건 15센티미터 정도로 황새 다리처럼 길쭉해 멀리서도 잘 보입니다. 버섯 전체가 마치 옻칠이라도 한 것처럼 번지르르하게 기름기가 흐르니 한번만 봐도 머릿속에 남습니다. 갓의 표면은 불그스름한 갈색이며 고리 모양의 홈이 둥글게 패여 있습니다. 이런 영지도 처음 날 때에는 갓이 될 부분이 노란색 뱀 머리처럼 둥그스름하게 솟아납니다.

그 효험을 떠나 신령한 버섯으로 대접받는, 모양마저 신비하게 생긴 영지

　　영지는 우리나라뿐만 아니라 외국에서도 오래전부터 신령스런 버섯으로 떠받들어 왔습니다. 특히 중국, 일본 등 동아시아 지역에서요. 중국에서는 신령스러운 버섯이라 해서 '영지靈芝'라고 불렀고, 우리나라에서는 늙지 않고 오래오래 산다고 해서 '불로초', 북한에서도 1만 년을 산다는 뜻에서 '만년버섯' 또는 '장수버섯'이라고 합니다. 나라마다 부르는 이름은 달라도 모두 '늙지 않는다', '오래 산다', '신령스럽다'라는 뜻을 담고 있네요. 예나 지금이나 오래 살고자 하는 마음은 인간들의 오랜 바람인가 봅니다.

　　사람들은 왜 영지를 귀히 여기며 즐겨 찾을까요? 아무래도 사람 몸에 좋은 특효 성분이 들어 있어서겠지요. 병을 치료해 주는데 아무리 많이 먹어도 부작용이 없다고 하니 가히 버섯 중의 버섯이라 할 만하지요. 실제로 영지에는 암을 막아 주는 '항암물질'이 많이 들어 있습니다. 그 물질들 가운데 사람 몸의 면역

력을 높여 주는 베타글루칸 β-glucan을 으뜸으로 칩니다. 사정이 이렇다 보니 산에 왔다가 영지만 보면 '심산삼'을 본 것만큼 좋아라 하며 반깁니다. 그러고는 조금의 망설임도 없이 오래 살 요량으로 송두리째 따서 가져갑니다. 산마다 사정이 다르지 않으니 영지는 채 피어나기도 전에 씨가 마를 판입니다. 오래 살아 보겠다는 욕심에 영지 가문이 망하는 것쯤은 안중에도 없습니다.

### 단단한 영지 속에 눌러앉은 우윳빛 애벌레

일반인을 상대로 생태에 관한 강연을 종종 하는데, 강연 때면 늘 질문을 많이 받게 됩니다. 어느 날, 중년 여성 한 분이 영지에도 벌레가 사냐는 질문을 장황하게 물으셨습니다.

"대추랑 같이 달여 먹으려고 잘 보관해 두었던 영지를 꺼내 물에 씻었어요. 그런데 영지가 종잇장처럼 가벼운 거예요. '이상하다, 왜 이리 가볍지?' 겉으로 보기에는 멀쩡해서 벌레가 먹은 것 같지는 않고……. 그래서 영지를 흔들어 보았죠. 모래 같은 게 이리저리 쓸려 다니는 소리가 나데요. 께름하기는 해도 겉은 멀쩡하니 씻으려고 물에 담갔더니 영지가 배처럼 둥둥 물 위로 뜨는 거예요. 버리기는 아깝고 해서 일단 영지를 건져 쪼개 보았더니. 에구구구, 영지 속에 벌레 똥 같은 게 버글버글……."

그 아까운 영지 속을 다 파먹고 대신 똥으로 채워 놓은 녀석은 누굴까요? 살짝수염벌레류입니다. 이름도 낯서니 한 번도 못 보신 분이 많겠지요. 이 녀석들은 영지를 참 좋아하는 딱정벌레 무리딱정벌레목에 속합니다. 그런데 비싸게 굴어 좀처럼 야외에서는 몸을 보여 주지 않습니다. 버섯살이 곤충을 연구하기 시작한

살짝수염버섯벌레류 애벌레가 영지를 먹고 싼 과립형 똥

이후로 여지껏 야외에서는 단 한 번도 못 봤으니까요. 그도 그럴 것이 평생을 구중궁궐 같은 버섯 속에 꼭꼭 숨어 사니 달리 방법이 없습니다.

숲을 헤집고 다니다 보면 더러 영지를 만날 때가 있습니다. 유난히도 저는 새로 피어난 것보다 핀 지 오래된 영지에 정을 듬뿍 쏟습니다. 오래 묵어 먼지가 앉아 희끄무레하게 변한 늙은 영지를 만나면 신주단지 모시듯이 소중히 연구실로 가져옵니다. 영지에 곤충이 살고 있는지, 있다면 무슨 곤충인지는 일단 키워봐야 압니다. 어쩌면 몇 달 동안 공을 들여도 '꽝'이 될 수 있습니다. 그런 일은 늘 있는 일이라 이제는 그러려니 합니다. 영지를 눈에 제일 잘 띄는 곳에 두고 날마다 정성을 들이기를 한 달째.

드디어 영지를 쪼개 봅니다. 영지 껍데기가 얼마나 빤질거리고 질긴지 쪼개지지는 않고 손가락만 아픕니다. 여러 번의 시도 끝에 드디어 영지가 속살을 드러냅니다. 영지 속에는 무엇이 들어 있을까요? 새하얀 우유빛 애벌레가 들어앉았네요. 아, 영지에 곤충이 살고 있었다니! 우윳빛의 애벌레는 영지 속살에 자그마한 굴을 파고 앙증맞게 들어앉아 있습니다. 한두 마리도 아니고 수십 마리가 하얀 보석처럼 갈색 영지 속살 속에 콕콕 박혀 있습니다. 하도 반가워 어린아이처럼 펄쩍펄쩍 뛰고 싶을 지경입니다. 버섯 속엔 버섯살도 아직 남아 있고, 애벌레가 싸 놓은 동글동글한 까만 똥도 수북합니다. 똥을 만져 보니 좁쌀을 만지는 느낌이네요.

몸길이가 2밀리미터밖에 안 되는 애벌레는 너무 작아서 맨눈으로는 어슴푸레하게 보입니다. 하는 수 없이 녀석의 몸을 현미경으로 샅샅이 훔쳐봅니다. 생긴 건 풍뎅이류 애벌레인 굼벵이와 닮았네요. 늘 C자 모양으로 몸을 움츠리고 있습니다. 허리가 아플 텐데……. 피부는 만지기만 해도 상처가 날 것처럼 야들야들해 마치 아기 피부 같습니다. 녀석은 완전 숏 다리입니다. 제 몸 하나 겨우 건사할 만한 굴에서 평생을 사니까 굳이 긴 다리가 필요 없겠지요. 그저 굴 안에서 버섯을 파먹으며 지내니 멀리 이동할 일이 없으니까요. 그런데 이상합니다. 그렇게 몸집이 작은 녀석의 머리가 유난히 큽니다. 완전 가분수네요. 딱딱한 버섯을 파먹으며 살려니 입틀(구기, 먹이를 씹는 입 주위의 기관으로, 보통 곤충의 입틀은 윗입술, 큰턱, 작은턱, 아랫입술과 인두로 구성)이 발달해야 합니다. 특히 큰턱이 튼튼해야 밥 먹는 데 지장이 없겠지요. 튼튼한 입틀을 가져야 하니 머리가 커지는 건 당연한 일이었네요. 큰턱 덕분에 사람에게는 불로초요, 명약인 영지를 신나게 먹

영지 속에 군데군데 들어 있는 살짝수염버섯벌레류 애벌레
오동통한 몸을 잔뜩 움츠린 살짝수염버섯벌레류 애벌레

어 댑니다. 앞뒤 가리지 않고 먹고 또 먹고……. 그래야 얼른 몸이 커져 어른벌레가 될 테니까요.

이제 쪼갰던 영지를 다시 붙여 줄 차례입니다. 한 번 쪼갠 영지를 무슨 수로 이을 수 있을까요? 큰일이네요. 영지를 붙이지 못하면 쪼개진 부분에 노출되었던 애벌레는 죽을 텐데……. 꾀를 내어 버섯 가장자리 몇 군데에 풀을 살짝 발라 영지를 이어 붙였습니다. 녀석들에게 미안한 마음을 전하면서…….

### 죽음을 지켜본다는 빗살수염벌레류

영지를 열심히 먹고 자란 애벌레는 번데기가 됩니다. 3밀리미터 정도 크기로 매우 작은 번데기는 애벌레 시절 자신이 살았던 굴을 재활용합니다. 번데기 시절을 보내고 좁은 굴에서 몸을 이리저리 움찔거리며 번데기 옷을 벗어 던지더니 드디어 어른벌레로 탈바꿈을 합니다. 어른벌레가 되어도 며칠간은 움직이지 않습니다. 날개와 몸이 굳어질 때까지 꼼짝 않고 기다리는 것입니다.

몸이 굳어지면 녀석은 버섯 속을 돌아다니며 영지 속살을 베어 씹어 먹습니다. 이미 애벌레들이 여기저기 굴을 파 놓아 영지 속은 골다공증에 걸린 엉성한 뼈 같습니다. 덕분에 녀석들은 깜깜한 버섯 속을 돌아다니며 밥도 먹고 짝짓기도 합니다. 영지 밖으로 잘 나오지 않아서 영지 속에 녀석들이 있는지조차 알 수가 없습니다. 물론 영지 속을 다 먹어 치우면 단단한 가죽질을 뚫고 나와 다른 버섯을 찾아 날아갑니다.

어른 빗살수염벌레가 어떻게 생겼는지 궁금하시지요? 우선 녀석의 집안 이야기를 좀 해야겠습니다. 빗살수염벌레류 중에는 왔다 갔다 하며 소리를 내는

자세를 달리하고 있는 살짝수염벌레류의 번데기

시계추처럼 오밤중에 '탁, 탁, 탁' 치는 소리를 내는 녀석도 있습니다. 그래서인지 빗살수염벌레과(科)의 영어 이름이 'death watching beetle'이라네요. '죽음을 지켜보는 곤충'이란 뜻이지요. 한밤중에만 죽는 것은 아닌데, 모두 잠이 든 늦은 시간에 괴상한 소리를 내니까 죽음을 떠올린 모양입니다. 혹시나 영지 속의 녀석들도 오밤중에 소리를 내나 싶어 데리고 잤는데……, 저는 끝내 녀석들의 괴상한 소리를 듣지 못했네요. 많이 기대했는데, 좀 실망하고 말았지요.

녀석의 몸은 약 3.5밀리미터 정도로 굉장히 작습니다. 쌀 한 톨의 반만 할까요? 그렇게 작은 녀석도 있을 것 다 있고, 할 짓 또한 다 합니다. 몸매는 공 같이 둥근 편인데 약간 타원 모양입니다. 버섯 밖으로 내놓으면 발발이처럼 부지런히 걸어갑니다. 크기나 생긴 것치고는 굉장히 빠른 편입니다. 녀석의 몸에는 노란

색 잔털이 빽빽하게 나 있습니다. 불빛을 이리저리 비춰 보면 털이 마치 금털처럼 느껴질 정도로 아름답습니다. 그럼에도 녀석만의 매력은 더듬이입니다. 특히 수컷의 더듬이는 우스꽝스럽기까지 합니다. 끝의 3마디가 마치 이 빠진 어린아이의 앞니 같습니다. 마디와 마디가 듬성듬성하게 이어지다 보니 이 빠진 톱니 모양이 되었는데 신기해서 보고 또 보게 됩니다. 그런데 녀석은 그 신기한 더듬이를 아무 때나 보여 주지 않습니다. 제 마음이 편할 때만 보여 줍니다. 슬쩍이라도 건드리면 그 잘난 더듬이와 다리를 말아 몸속에 쏙 집어넣고 '나는 공이다' 위장한 채 꼼짝 않습니다. 시간이 좀 지나면 안심한 듯이 오그렸던 더듬이와 다리를 펴고 쫄쫄쫄 걸어 도망갑니다.

녀석들은 영지 속에서 먹고 잘 뿐만 아니라 그 속에서 짝짓기를 하고 암컷은 알을 낳습니다. 알은 어디에 낳을까요. 알도 버섯 속에 낳습니다. 간혹 영지의 갓 아랫면 관공에 낳는 친구도 있기는 하지만요.

영지 속에 빗살수염벌레류의 어른벌레와 애벌레가 우글거려도 표가 잘 안 나는 이유를 알겠지요? 천적에게 들키지 않기 위해서 밝은 세상보다 캄캄한 버섯 속 세상에 갇혀 평생을 살기로 작정한 녀석들의 삶이 참 짠합니다. 천적을 피하려고 영지 속으로 파고 들어갔더니만 더 강력한 천적인 사람이 제 둥지인 영지를 통째로 따 가니 녀석들은 땅을, 아니 영지 속을 치며 통곡할지도 모릅니다.

↖ 더듬이와 다리를 집어넣어 공처럼 둥근 몸에 빽빽하게 노란 잔털이 나 있는 살짝수염벌레류의 어른벌레
← 듬성듬성 이빨 빠진 것 같은 살짝수염벌레류의 더듬이

# 멋쟁이 멋진주거저리의 안식처
## 삼색도장버섯

봄이 지나가고 있습니다. 어느새 5월입니다. 숲 바닥에 피었던 봄꽃은 모습을 감추고 키가 큰 나무들은 잎을 무성하게 매달고 있습니다. 햇볕이 나뭇잎 사이로 내려앉지 못해 숲에 그늘이 집니다. 조선시대 임금 아홉 명의 무덤이 언덕인 양 봉긋봉긋 솟아 있는 동구릉 숲길을 걷습니다. 왕릉답게 오래 묵은 나무들이 즐비하여 마치 깊은 산속에라도 갇힌 기분이 듭니다. 그 넓은 숲에 사람마저 드물어 고요함이 더합니다. 깊은 숲의 한적함을 홀로 즐기다 보면 내 온몸과 머리를 옥죄던 긴장이 스르르 풀어집니다. 숨을 고르며 천천히 흙길을 걷습니다.

숲 바닥에 널브러져 길게 누운 갈참나무가 내 발걸음을 붙잡습니다. 나무 껍질 위에는 불그스름한 갈색 버섯들이 조개껍질을 엎어 놓은 듯 붙어 있습니다. 언뜻 봐도 수백 개는 되어 보이는 조각이 기왓장처럼 층층이 쌓여 있습니다. 삼색도장버섯(*Daedaleopsis tricolor* (Bull.) Bondartsev & Singer)입니다. 삼색도장버섯

쓰러진 나무줄기에 송이송이 무리 지어 핀 삼색도장버섯

은 한 조각만 있을 때도 고풍스럽고 예쁘지만 수백 개가 모여 있으면 꽃이 핀 것 같이 아름답습니다.

    나도 모르게 삼색도장버섯 앞에 쪼그려 앉습니다. 버섯을 이리저리 살펴보다 한 조각씩 살살 뒤집어 봅니다. 버섯이 하도 딱딱해 손끝이 살짝 아파옵니다. 대여섯 조각쯤 떠들어 봤을까요, 갓 아랫면 주름살에 있던 시커먼 곤충이 재빨리 달아나 버섯 조각 틈으로 숨어 버립니다. 누굴까? 호기심에 버섯 몇 조각을 더 떠들어 녀석을 찾아냅니다. 이런, 난생 처음 보는 거저리네요. 태평하게 삼색도장버섯 주름살에 숨어 밥을 먹다가 불쑥 들이닥친 불청객을 피해 헐레벌떡 도망 다니는 녀석을 이리 보고 저리 보고 꼼꼼 뜯어봅니다. 암만 들여다봐도 한 번도

삼색도장버섯 위의 멋진주거저리

본 적이 없는 친구입니다. 거저리인 것은 확실한데……. 머릿속에 넣어둔 거저리들을 하나씩 꺼내 비교해 봅니다. 퍼뜩 몸이 반짝이지 않는 거저리가 떠올랐습니다. 아, 맞다. 논문에서나 만났지 실제 '쌩얼'은 처음 마주하는, 그 이름도 멋진 멋진주거저리(Platydema fumosum Lewis)!

멋진주거저리와의 첫 만남은 어느 늦은 봄날, 삼색도장버섯을 뒤적이다 영화처럼 낯선 곳에서 이렇게 우연히 이루어졌습니다. 그 벅차고 설레는 기분은 절대 말로는 다 표현할 수 없습니다. 마치 첫사랑의 설렘처럼…….

### 꽃다발처럼 아름다운 삼색도장버섯

　삼색도장버섯은 이름대로 갓 표면의 색깔이 세 가지입니다. 불그스름한 색, 갈색, 그리고 검은색. 이 세 가지 색이 갓 표면 위에 나이테처럼 동심원의 고리 무늬를 그려 놓아 볼 만합니다. 물론 비바람에 패고 햇볕에 바래 고리 모양의 나이테 무늬는 점점 옅어지고 색도 거무튀튀하게 변해 갑니다. 도장버섯과 가장 가까운 친척인 삼색도장버섯은 우리나라 숲이면 어디에서든 피어납니다. 특히 참나무류나 오리나무류가 많은 넓은잎나무 숲의 문턱에만 가도 삼색도장버섯을 만날 수 있습니다. 아주 흔하게 피어 있어 조금만 관심 가져도 금방 눈에 띱니다.

　삼색도장버섯은 어찌 보면 부채 같고, 어찌 보면 조개껍데기 같이 생겼습니다. 혼자서는 외로운지 달랑 한 조각만 나는 법 없이 썩어가는 나무만 있으면 수십 개 때로는 수백 개의 버섯이 한꺼번에 피어오릅니다. 그럴 때면 마치 나무껍질 위에 꽃들이 소담스럽게 무리 지어 피어 있는 것 같습니다. 비라도 내려 빗물에 젖으면 붉은색이 돋보여 꽃보다 더 아름답습니다. 삼색도장버섯은 자루 없이 갓만 나무껍질에 붙어 납니다. 나무에 나는 버섯의 아랫면은 대개 대롱 같은 구멍관공이 뚫려 있는데, 삼색도장버섯은 갓 아랫면에 주름살이 참빗의 빗살처럼 질서정연하게 줄지어 촘촘히 박혀 있습니다. 그래서인지 북한에서는 '밤색주름조개버섯' 이라고 부른다니 누가 지어 줬는지 딱 맞는 이름입니다.

　삼색도장버섯은 지름이 8센티미터, 두께가 1센티미터도 안 되는 크지도 작지도 않은 버섯

촘촘하게 줄을 선 빗살 모양의 주름살이 세 가지 색을 띠는 단단한 갓과 대조를 이루는 삼색도장버섯

입니다. 그리고 썩은 나무만 있으면 어디든 가리지 않고 잘 납니다. 큰 나무줄기든, 가는 나뭇가지든, 한 아름이 넘는 그루터기든……. 아무데서나 잘 피어나기 때문에 숲에 사는 곤충들이 모여드는 든든한 삶터입니다. 잠깐 놀러 왔다가 아예 눌러 앉아 평생을 삼색도장버섯에 사는 곤충이 얼마나 많은지 열 손가락으로는 모자랄 지경입니다.

사람들 귀가 번쩍 뜨일 일도 있습니다. 삼색도장버섯에 암을 이겨 내는 물질이 들어 있다고 합니다. 아직은 생쥐를 가지고 실험한 동물실험 결과이지만, 면역력을 높여 주고 항암 효과를 높이는 물질이 많이 들어 있다는 사실이 밝혀졌습니다. 또한 27종류의 버섯에서 뽑아낸 물질로 종양 억제실험을 했더니, 종양 억제 효과를 비율로 계산했을 때 삼색도장버섯이 단연 뛰어났다고 하네요. 암의 발생을 막는 데도 삼색도장버섯의 효능이 탁월하다니 한편으로는 은근히 걱정도 됩니다. 괜한 걱정이겠지요.

### 고졸한 멋을 풍기는 멋진주거저리

멋진주거저리. 이름만큼 참 멋스럽고 품위가 있습니다. 내 자식 같은 거저리는 다 소중하고 귀하지만, 기품으로 치면 단연 멋진주거저리가 으뜸입니다. 이 친구들은 맨눈으로도 볼 수 있을 만큼 몸집이 꽤 큽니다. 몸길이가 8밀리미터 정도라 쫑쫑쫑 걷는 모습까지도 훤히 보입니다. 통통하게 살찐 몸매는 달걀 같이 생겼는데 어디 하나 흠 잡을 데 없을 만큼 미끈하게 잘 빠졌습니다. 몸 색깔은 까만색이고 다리와 더듬이 부분은 갈색입니다. 더듬이는 구슬을 한 알씩 정성껏 실에 꿰어 놓은 목걸이 같은데, 마디 끝으로 갈수록 구슬의 알이 점점 더 커집니다.

녀석의 더듬이에는 별 모양의 하얀 감각기관이 붙어 있어 주변 환경의 변화를 기막히게 알아차립니다.

몸의 등면은 낮은 언덕처럼 부드럽게 볼록합니다. 특이하게도 녀석은 어느 거저리들처럼 몸에 반짝거리는 투명 매니큐어를 바르지 않았습니다. 마치 유약을 바르지 않은 질그릇 같아 느낌이 여간 고풍스러운 게 아닙니다. 머리에는 그 흔한 뿔도 하나 없이 단아한 겹눈 두 개만 가지런히 달려 있습니다. 딱지날개는 재봉틀로 박음질이라도 한 듯 고랑(점각줄) 아홉 줄이 깔끔하게 패여 있습니다. 밑화장만 말끔하게 한 단아한 중년 여인처럼 요란한 치장 하나 없이도 빛이 납니다. 절제된 고졸미가 온몸을 타고 은은히 흘러나옵니다.

한껏 치장하여 요란 떨지 않고 절제의 미를 뽐내는 멋진주거저리

### 한평생 삼색도장버섯에 기대어 사는 멋진주거저리

삼색도장버섯의 주름살을 먹던 멋진주거저리는 갓을 뒤집는 순간 깜짝 놀라 줄달음칩니다. 녀석들은 날아다니는 것보다 걸어 다니는 것이 훨씬 능숙합니다. 어두컴컴한 곳을 좋아해서 조금이라도 빛이 비치면 어두운 곳을 찾아 쫑쫑쫑 걸어가 숨습니다. 버섯을 떠나서는 살 수 없는 녀석이 숨어 봤자 버섯 조각이 겹쳐진 좁은 곳일 뿐이지만요.

멋진주거저리는 대부분 모여서 식사를 합니다. 지름 8센티미터, 두께 1센티미터 크기의 삼색도장버섯 한 조각에 열 마리 정도가 다닥다닥 붙어 버섯살을 갉아서 씹어 먹습니다. 아시다시피 삼색도장버섯은 나무처럼 단단해서 튼튼한 큰턱이 있어야만 먹을 수 있습니다. 먹이가 다 떨어지면 녀석들은 염주 닮은 더듬이를 휘휘 저으며 다른 버섯을 찾아갑니다. 같은 버섯 군락에서는 걸어서 가겠지만 먼 거리는 날아다닐 것이라 생각됩니다. 종종 연구실의 불빛에 날아들 때가 있으니까요. 멀쩡히 뒷날개가 붙어 있으니 먼 거리는 걷는 것보다 나는 것이 훨씬 편하겠지요.

녀석들은 위험이 코앞에 닥치면 방어물질을 만들어 쏩니다. 천적을 만나면 배 끝부분에 있는 방어 분비샘에서 폭탄 원료들을 분비합니다. 분비샘에서 나온 원료들은 분비샘 주머니라는 집합장소에 모여, 곧바로 합쳐지면서 화학반응이 일어납니다. 이렇게 폭탄물질인 화합물이 만들어지면 멋진주거저리의 배 끝 꽁무니에서 발사됩니다. 신기하게도 액체 성분이 많은 편인 이 폭탄은 공중으로 발사되기도 하지만 일부는 닿은 부분에 물기처럼 배어들기도 합니다. 녀석을 손으로 잡으면 잡은 손가락에 갈색 분비물이 묻는데 이 때문입니다. 폭탄은 곧 독성물질인데, 천적이 가까이 다가오면 지체 없이 독성물질이 듬뿍 들어 있는 폭

모여서 식사하고 있는 멋진주거저리_ 사진 속의 버섯은 도장버섯

탄을 발사합니다. 폭탄 세례를 받은 천적들은 멈칫하거나 입에 들어간 독성물질을 뱉어 내느라 바쁩니다. 그 사이 거저리들은 재빨리 천적을 피해 도망갑니다.

　멋진주거저리가 만든 독성물질에서는 멋진주거저리만의 특이한 냄새가 납니다. 시큼한 냄새로 제 코에는 영락없이 향긋하게 느껴지는데 다른 사람들은 얼굴을 찡그립니다. 시큼한 냄새는 어떤 물질 때문일까요? 독성물질 가운데 가장 대표선수인 '벤조퀴논benzoquinone'과 불포화탄화수소의 냄새가 섞여 멋진주거저리 특유의 냄새를 풍기게 됩니다. 벤조퀴논도 특이한 냄새를 풍기지만 불포화탄화수소의 냄새가 더 강력합니다. 멋진주거저리는 좁은 삼색도장버섯 속에서 살면서 혹시라도 천적과 마주치면 주위에 도움을 청하지 않고 즉석에서 폭탄을 만들어 제 스스로를 보호합니다. 그 누구에게도 의지하지 않고 말입니다. 자신의 삶은 자신만이 지킬 뿐이란 자연의 법칙은 작은 곤충의 세계에도 적용이 됩니다.

### 머리카락 같은 똥을 싸는 새끼 멋진주거저리

우리나라에는 멋진주거저리의 사생활에 관한 자료가 아직 하나도 없습니다. 녀석들의 사생활 자료를 갖는다는 것은 어쩌면 꿈같은 얘기지요. 이참에 멋진주거저리의 사생활을 세밀하게 엿보기로 마음먹습니다. 고향을 떠나야 하는 녀석들에게 미안해 하며 멋진주거저리가 먹던 삼색도장버섯 몇 조각을 연구실로 가져왔습니다. 멋진주거저리 어른벌레가 살았으니 삼색도장버섯에 알을 낳았을 거라는 생각이 들었기 때문이에요. 우선 예쁜 그릇에 삼색도장버섯을 담아 놓고 이제나저제나 애벌레가 나타날까 마음을 졸이며 날마다 기다립니다.

삼색도장버섯을 연구실로 데려온 지 보름 정도 지났을까요. 삼색도장버섯에 가느다란 똥이 쌓이기 시작합니다. 아, 역시 애벌레가 있었군요. 머리카락 같이 긴 똥을 싼다는 것은 버섯 속에 분명 '진주거저리속' 애벌레가 있다는 증거입니다. 진주거저리류의 애벌레는 대개 머리카락 같이 가느다란 똥을 싸거든요. 기쁜 마음에 기다란 똥들을 살살 들춰 보니 철사같이 가느다란 애벌레가 재빨리 삼색도장버섯 주름살 사이로 도망갑니다. 얼마나 빨리 도망치는지 눈 한 번 깜

머리카락 같은 제 똥 속에 몸을 숨긴 멋진주거저리 애벌레 ↗
자신의 똥 더미에 기대어 생활하는 멋진주거저리 애벌레와 번데기 →

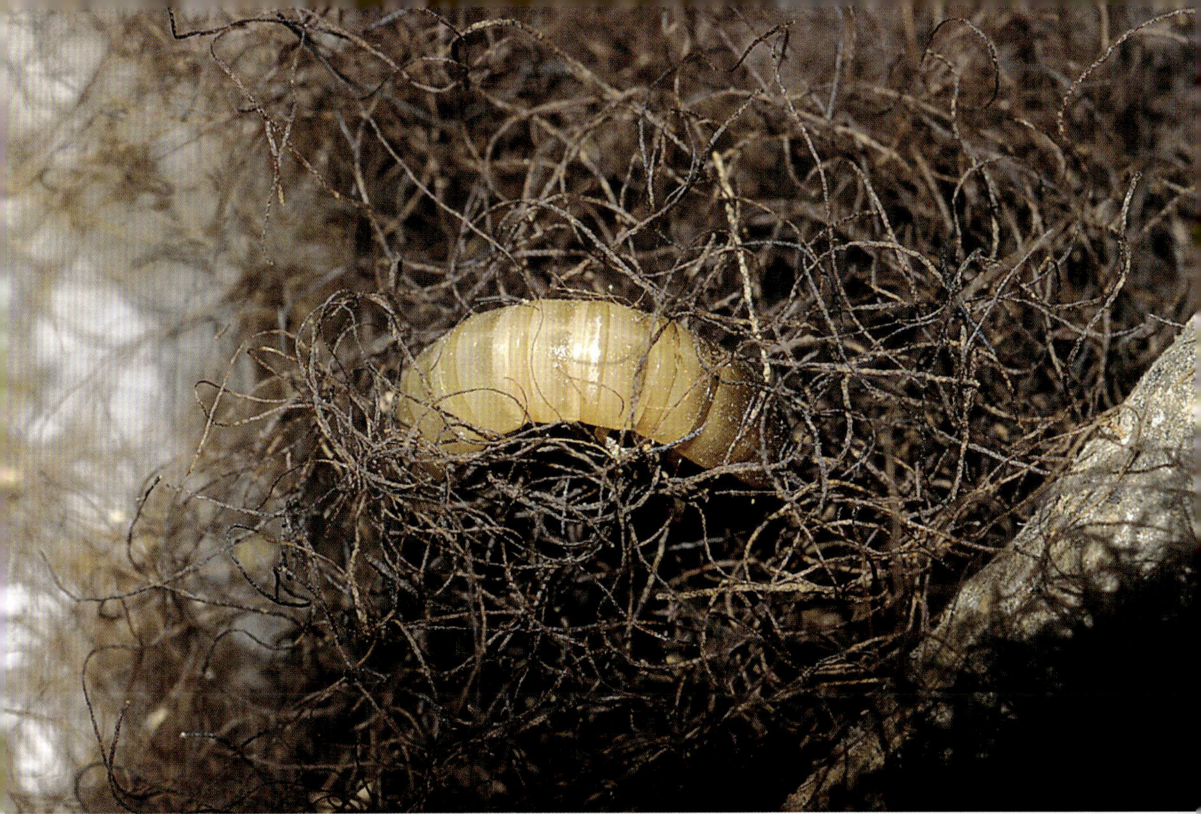
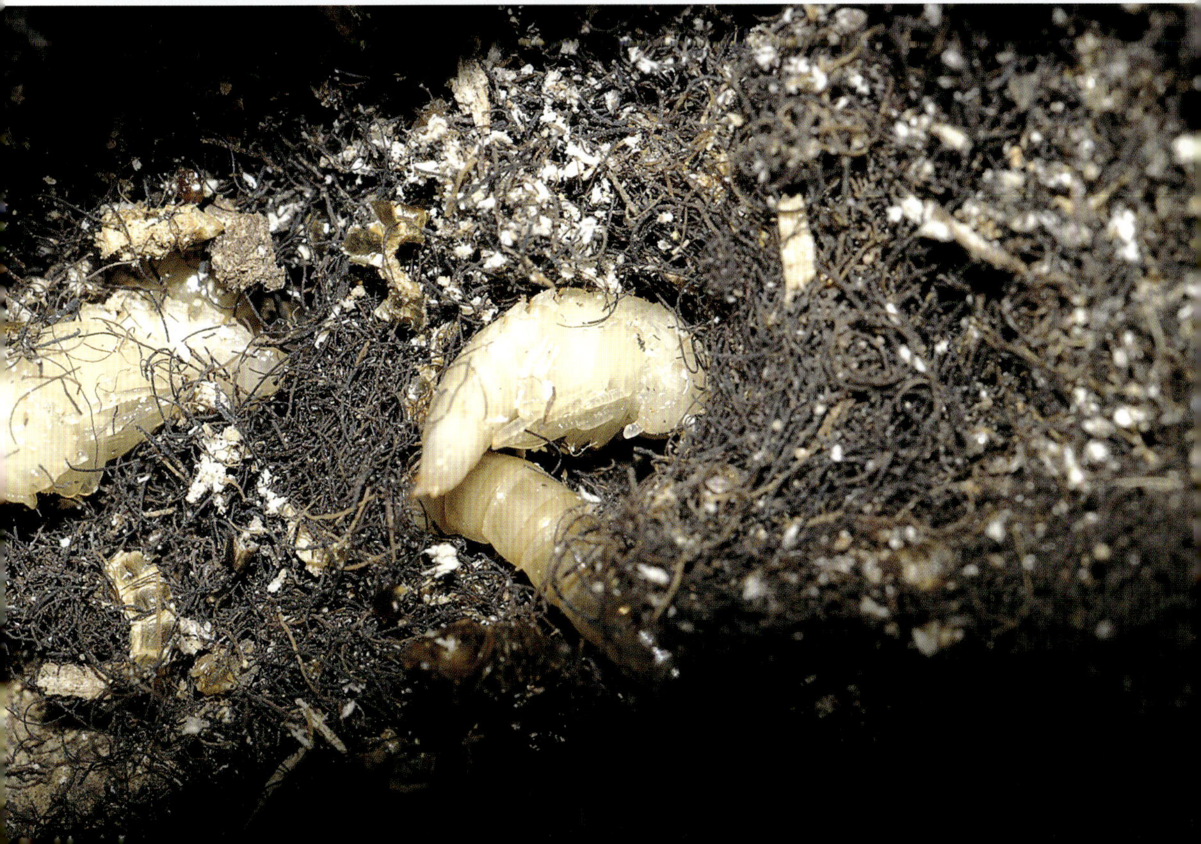

사람들에게는 녀석들이 살고 있음을 알리는 표시이지만 그들에겐 생명의 터전이 되는 멋진주거저리의 똥더미

박하고 나니 배 끝 부분만 보이네요.

　새끼 멋진주거저리는 몸통이 원통 모양으로 꽤 긴 편입니다. 몸 전체는 노르스름한 색을 띠며 피부는 참기름이라도 발라 놓은 것처럼 윤이 반지르르 흐릅니다. 몸에는 털이 나 있는데 하도 짧아 맨눈으로는 피부가 매끈해 보입니다. 멋진주거저리 애벌레는 버섯 속에 굴을 파지 않고 주름살 사이, 주름살 위 등을 장돌뱅이처럼 자유롭게 돌아다니며 생활합니다. 안전한 집이 없으니 몸을 재빠르게 움직이는 날렵함으로 위험에 대처하도록 적응이 되었습니다. 가슴에 붙어 있는 여섯 개의 다리에는 센털이 적당히 나 있어 버섯에서 떨어지지 않고 걸을 수 있으며, 몸통도 가늘고 날렵한 편이라 좁은 곳도 수월하게 빠져나갈 수 있습니다. 배 꽁무니 쪽에 있는 항문돌기가 발달하여 버섯에서 떨어지지 않고 앞과 옆, 심지어는 뒤로도 잘 걸을 수 있습니다.

쫄쫄거리며 잘 돌아다니는 녀석들이 나무에 덩그러니 붙어 있는 버섯에서 떨어지지 않고 잘 사는 이유는 또 있습니다. 바로 자신이 싼 머리카락처럼 긴 똥 덕분입니다. 녀석들은 어린 애벌레 때부터 제가 싼 똥은 차곡차곡 쌓아 둡니다. 두엄 더미처럼 소복이 쌓일 때까지요. 녀석들이 버섯 속에 살고 있는지 아닌지는 똥만 보고도 눈치챌 수 있습니다. 아마 녀석들은 술래잡기를 하면 금방 들킬 겁니다. 제 아무리 꼭꼭 숨어도 똥의 흔적까지 숨기지는 못할 테니까요.

제 은신처를 사람들에게 알려 주는 이 똥 더미는 실은 곤충 세계의 녀석들에게 없어서는 안 되는 '비밀 벙커'입니다. 날씬한 몸매를 가진 녀석들은 얼기설기 얽혀 쌓여 있는 똥 속을 미꾸라지 빠져나가듯 맘먹은 대로 돌아다닐 수 있습니다. 비가 들이치고 바람이 불어도 똥 장막이 막아 줄 뿐 아니라 천적이 버섯 주변을 어슬렁거려도 똥 더미 속에 숨어 있으면 잘 보이지 않아 안전합니다. 또한 애벌레들은 똥 더미 속에서 허물을 벗습니다. 허물을 벗을 때에 똥이 지지대 역할을 하는 것으로 생각됩니다. 번데기도 물론 똥 더미 속에 만듭니다. 그러고 보니 녀석들은 한평생을 똥 더미 속에서 먹고 자니 이들에게 똥은 버리는 것이 아닌 귀중한 자원인 셈입니다. 어찌 사람이 녀석들의 속내까지 알 수 있겠어요. 하지만 새삼 숙연해지는 기분을 막을 수는 없네요.

### 욕심 없는 멋진주거저리의 귀향

멋진주거저리 애벌레와 같이 생활한 지 60일이 지났습니다. 녀석들이 자라

마치 초탈이라도 한 듯 한 조각 버섯에 만족하며 자연에 순응하는 멋진 멋진주거저리

는 예쁜 통 안은 온통 똥 더미투성이입니다. 삼색도장버섯은 애벌레에게 제 몸을 거의 다 내주어 군데군데 가죽질갓 표면만 남았습니다. 똥 더미를 살살 헤쳐 봅니다. 우윳빛 번데기가 똥 위에 여기저기 흩어져 누워 있습니다. 옆에 애벌레 때 입었던 허물을 가지런히 벗어 놓은 채. 슬쩍 건드리니 배 부분을 세차게 흔들어 댑니다. 살아있으니 건드리지 말라고 외치는 것이겠지요. 미안한 마음에 얼른 똥으로 덮어 줍니다.

멋진주거저리 애벌레는 대체로 세 번의 허물을 벗습니다. 물론 연구실에서 그리 한 것이니 실제 야외에서는 다를지도 모릅니다. 알에서 깨어난 애벌레가 번데기 시절을 거쳐 어른벌레로 변신하기까지는 65일 정도 걸렸습니다. 정리하면 약 7일 동안 알로 지냈으며, 48일쯤을 애벌레로 살았고, 10일 정도 번데기로 지내며 어른으로 변신할 날을 기다렸습니다.

번데기에서 탈출한 멋진주거저리 어른벌레는 몸이 딱딱하게 굳어지기를 기다립니다. 기다림 속에 열흘이 지나니 녀석의 몸이 단단해졌습니다. 이제 녀석들과 작별할 시간입니다. 정이 담뿍 든 녀석들을 고향으로 데려다 주려고 그동안 생활한 플라스틱 통을 챙겨 듭니다. 삼색도장버섯을 따 왔던 그곳에는 아직도 버섯이 자라고 있습니다. 통의 뚜껑을 열어 녀석들을 삼색도장버섯 위에 내려놓습니다. 모진 비바람이 몰아쳐도 잘 견디고, 천적의 눈도 잘 피해 무사히 살아남아 자손을 이어가길 빌고 또 빌면서…….

야트막한 산이든 깊은 산이든 가리지 않고 어디에서나 피어나는 삼색도장버섯은 곤충에게는 최고의 낙원입니다. 그들은 한평생 살아가는 데 그저 버섯 한 조각이면 족합니다. 우리네 사람처럼 욕심이 없습니다. 내일을 위해 버섯을 저축하지도 않습니다. 제가 살던 버섯을 다 먹으면 훌쩍 다른 버섯을 찾아 떠납니다. 숲 바닥에 나뒹구는 썩은 나뭇가지에 자리 잡은 하잘것없는 버섯 한 조각에 생명이 둥지를 틀고 한평생을 살아 내다니……. 보면 볼수록 자연은 그 자체가 경이로운 존재입니다.

# 단단한 삼색도장버섯을 먹어 치우는
# 5밀리미터 크기의 둥근쌀도적

한 8년 전쯤일까요. 버섯살이 곤충에 처음 빠져들 무렵이었어요. 그때는 산엘 가나 들엘 가나 눈에 보이는 건 온통 버섯뿐이었어요. 특히 나무에 나는 버섯은 일 년 내내 볼 수 있으니 봄, 여름, 가을, 겨울 상관 않고 마음이 동하면 곧장 산으로 달려갔습니다. 자주 만나는 버섯이 몇몇 정해져 있었어요. 구름버섯류, 도장버섯류, 황갈색시루뻔버섯, 콩버섯……. 다 우리나라 어디서나 썩어가는 나무만 있으면 피어나는 버섯이에요. 그 가운데 유난히 눈이 많이 가는 버섯은 단연 삼색도장버섯이지요. 일단은 불그스름한 게 눈에 금방 띄기도 하고, 갓 아랫면의 주름살이 멋져 자꾸 들여다보게 되거든요.

    종종 삼색도장버섯 주름살 위에는 흙가루같이 고운 버섯가루가 소복이 쌓여 있곤 했습니다. 마치 개미가 굴을 파며 굴 입구 가장자리에 쌓아 놓은 흙더미처럼. 처음에는 무심코 지나쳐서 눈길이 안 갔는데, 점점 '도대체 주름살 위에

삼색도장버섯 위에 누군가의 애벌레가 먹다 떨어뜨린 버섯 부스러기

왜 흙가루가 쌓일까? 궁금해졌습니다. 질긴 주름살을 힘주어 벌려 보니 주름살 안쪽 버섯살조직에 하얀색 애벌레가 있었습니다. 그때만 해도 '도대체 이 녀석의 엄마는 누굴까?' 궁금해 하면서도 그냥 놓아 주기를 반복했습니다. 감히 데려다 키워 볼 생각은 꿈도 꾸지 못할 때였으니까요. 그렇게 몇 년이 흘렀습니다. 버섯 살이 곤충에 관한 연구가 본궤도에 오를 때쯤 그렇게도 궁금했던 녀석의 정체를 알아냈습니다. 그런데 우리나라에서는 이름도 못 받은 녀석이었어요. 고심한 끝에 둥근쌀도적(*Thymalus parviceps*)이란 이름을 달아 줬습니다. 둥글둥글한 녀석의 몸매를 보고…….

### 쌀도적? 왜 나더러 도둑이래요

처음 둥근쌀도적을 봤을 때가 생각나네요. 무슨 이런 곤충이 다 있을까? 도대체 누군지 알 수가 없었어요. 어찌 보면 적갈색남생이잎벌레 같기도 하고, 어찌 보면 몸이 둥글납작한 게 밑빠진벌레류 같기도 하고……. 도대체 감을 잡을 수가 없었습니다. 도감도 찾아보고, 논문도 뒤져 보고 한참을 씨름한 끝에야 녀석이 딱정벌레 무리딱정벌레목의 쌀도적 집안쌀도적과 식구인 것을 알았습니다. 이 친구들 이름 한번 걸작이네요. 그 좋은 이름 놔두고 '쌀도적'이라니요. 이런 험한 이름을 갖게 된 데는 이유가 있습니다. 벌써 눈치채셨겠지만 이들 중 어떤 녀석들은 쌀이나 밀 같은 곡식을 먹고 삽니다. 감히 사람이 먹는 식량을 훔쳐 먹으니 이름에 도둑 딱지를 붙인 겁니다. 순전히 이름 붙여 주는 사람의 입장이지요. 실은 사람보다 훨씬 먼저 곤충이 지구에 터를 잡고 살았으니, 곡식의 주인은 사람이 아니라 곤충인데……. 곤충 입장에서는 참으로 기가 찰 노릇일 겁니다.

쌀도적 집안 곤충들이 모두 곡물을 먹는 것도 아닙니다. 어떤 친구는 썩은 나무를 파먹고, 어떤 친구는 나무에 붙어 있는 버섯을 먹고, 다른 친구는 썩은 나무와 썩은 나무에 붙어 있는 균을 먹고, 또 다른 친구는 힘이 약한 다른 곤충을 잡아먹기도 합니다. 그중 몸이 둥글둥글해서 이름을 붙여 준 둥근쌀도적은 버섯만 먹고 삽니다. 버섯이라고 아무 버섯이나 먹는 것도 아닙니다. 입맛이 까탈스러워 도장버섯류만 먹습니다. 삼색도장버섯, 도장버섯, 때죽도장버섯 등.

### 둥근쌀도적, 못 찾겠다 꾀꼬리

거무칙칙한 삼색도장버섯에 사는 둥근쌀도적은 몸이 거무칙칙해서 버섯에

삼색도장버섯 아랫면에 붙어 있으면 몸 색이 거무칙칙해 천적이 찾지 못하는 둥근쌀도적의 더듬이는 끝의 세 마디가 유난히 크다.

붙어 있으면 알아보기가 정말 힘듭니다. 삼색도장버섯마저 거무스름한 나무에 붙어 사니, 숲 속에서 둥근쌀도적을 찾기란 사막에서 잃어버린 반지를 찾는 것과 다르지 않습니다. 예쁜 색깔도 많은데 녀석들은 하필 거무칙칙한 옷을 입었을까요? 그만한 이유가 있지요. 자신을 보호하려는 것입니다. 제 아무리 커 봤자 5밀리미터도 안 되는 녀석들이 험한 세상을 살아 내기란 그리 만만한 일이 아닙니다. 녀석의 연약한 몸에는 누구처럼 무기가 있는 것도 아니라서 천적의 공격을 받으면 앉아서 고스란히 당해야 합니다. 힘없는 곤충이 할 수 있는 일이라고는 숨는 것일 테지요. 힘센 포식자가 자신을 찾지 못하도록 썩은 나무나 삼색도장버섯과 비슷한 색깔을 띠고서 말이지요. 말하자면 보호색을 띠어 자신을 지키려는 속셈입니다. 생각해 보세요. 날아다니는 새나 거미 같은 포식자가 크기도 작고 색도 버섯과 비슷한 녀석을 찾으려면 얼마나 애를 먹겠어요. 그런데 녀석들은 위험하다 싶으면 여섯 개의 다리로 쫄래쫄래 걸어서 도망가는데, 그 모습이 어쩌다 사람 눈에 띄기도 합니다. 숲에서 녀석을 한 번이라도 마주쳤다면 그날은 분명 운수대통한 날입니다.

### 나름 멋을 부린 못난이 둥근쌀도적

둥근쌀도적의 생김새는 별 개성 없이 두루뭉술합니다. 머리끝에서 발끝까지 눈길을 끌 만큼 매력적인 구석이 하나도 없습니다. 몸 색까지 거무칙칙하니 더 그런가 봅니다. 그래도 쪼그리고 앉아 확대경을 슬며시 녀석의 몸 가까이에 대고 요모조모 뜯어봅니다. 버섯 부스러기가 묻은 털 사이의 피부표피는 제 나름대로 멋을 부렸습니다. 머리부터 딱지날개까지 바늘로 콕콕 찌른 것같이 아주

온몸을 덮고 있는 노란 털과 점각 무늬가 선명한 딱지날개에 삼색도장버섯 부스러기까지 잔뜩 묻히고 있는 둥근쌀도적_ 둥근쌀도적에 붙어 있는 것은 등에 붙은 버섯 가루나 균을 먹는 응애

작은 구멍(점각點刻, 점으로 새긴 그림이나 무늬)이 뽕뽕 뚫려 있습니다. 그 뿐이 아닙니다. 거무칙칙한 몸에서 윤기가 반질반질 흐릅니다.

녀석들을 돋보이게 하는 것은 뭐니 뭐니 해도 털입니다. 노르스름한 털이 녀석의 몸을 푹 감싸고 있습니다. 밤송이처럼 완전 보송보송……. 부드러워 보이지만 약간 뻣뻣한 털들이 눕지 않고 죄다 서 있습니다. 녀석들은 버섯 속에서 산다는 걸 광고라도 하듯이 털에 삼색도장버섯 부스러기를 묻히고 다닙니다, 먼지처럼. 이 털은 녀석들이 거친 환경에서 살아가는 데 굉장히 중요합니다. 털의 감각기관이 신경과 연결되어 있어서 바람이 어떻게 부는지, 습도는 얼마나 되고 비가 오려는지, 날씨가 추운지 더운지 등을 알아차리게 하거든요.

주변 환경을 알아차리는 데 중요한 역할을 하는 것으로는 더듬이를 빼 놓을 수 없지요. 둥근쌀도적의 더듬이는 모두 11마디인데, 어느 곤충에 비해서는 짧은 편입니다. 그나마 위험을 감지하면 머리 아래쪽으로 말아 넣어 있는지 없는지 표시도 나지 않습니다. 그런데도 얼마나 정교한지 작은 구슬 11개를 실에 꿰어 놓은 것 같습니다. 끝의 세 마디 구슬은 풍선처럼 부풀어 있어 깜짝하기까지 합니다. 더듬이에는 수많은 감각기관이 들어 있는데, 특히 부푼 마지막 세 마디에 빽빽이 몰려 있습니다. 녀석들은 더듬이를 이리저리 저으며 주변을 탐색해서 정보를 얻습니다. 냄새도 맡고, 기온도 알아내고, 바람의 방향도 감지하고……. 아마 더듬이가 없으면 녀석들은 사는 것이 고통스러울지도 모르겠습니다.

### 평생 버섯을 못 떠나는 둥근쌀도적

오솔길 옆으로 오리나무 한 그루가 쓰러져 누웠습니다. 썩어 가는 나뭇가지에 삼색도장버섯이 한가득 피었네요. 삼색도장버섯을 뒤집어 보니 주름살에 흙가루 같은 버섯 부스러기가 소복이 쌓여 있습니다. 가루를 만져 보니 물기도 없고 부드러운 게 참 포슬포슬합니다. 버섯 한 조각을 따서 부스러기가 쌓인 주름살 부분을 벌려 봅니다. 힘을 주어 겨우 쪼갰는데 거무칙칙한 버섯살 속에서 우윳빛 애벌레가 꿈틀거립니다. 놀랐는지 몸을 틀어 버섯 속으로 도망간다는 게 길을 잘못 들어 주름살 위로 올라옵니다. 덕분에 나는 녀석을 실컷 구경합니다.

피부는 야들야들하고 몸매가 늘씬한 것이 어른 둥근쌀도적과는 생긴 게 영 딴판입니다. 녀석은 떡볶이 떡 같이 미끄덩하게 잘 생겼습니다. 피부는 막 살이 오른 아기 볼처럼 통통해서 꼭 깨물어 주고 싶네요. 얼마나 탱탱한지 살짝 누르

야들야들 탱탱한 피부와 쭉 빠진 날씬한 몸매를 자랑하는 둥근쌀도적 애벌레의 옆모습(왼쪽)과 굴을 팔 수 있도록 화등잔처럼 크게 발달한 애벌레 머리(오른쪽)

면 눌린 살이 금방 툭 튀어나올 것만 같습니다. 그런데 연약하게 생긴 녀석의 머리가 엽기적입니다. 커다랗고 동그란 눈처럼 생긴 것이 머리 양쪽에 툭 튀어 나와 있어, 안경원숭이 같기도 하고 개구리 왕눈이 눈 같기도 합니다. 딱 눈처럼 생겼는데 희한하게도 눈이 아닙니다. 홑눈은 양쪽 구석에 붙어 있는데 너무 작아 잘 보이지도 않습니다. 만져 보면 단단해서 눌러지지도 않습니다. 어린 애벌레가 어쩌다 이리 해괴한 얼굴을 하게 되었을까요? 아마도 단단한 버섯을 파먹으며 굴을 파기 위한 것 같습니다. 애벌레는 번데기가 될 때까지 오로지 하는 일이라고는 먹는 것뿐입니다. 딱딱한 버섯 속을 파야 밥을 먹을 수 있으니 머리 쪽은 굴 파는 연장이 되어야 했겠지요. 그런데 하고많은 모습 중에 망치라도 단 것처럼 불뚝 튀어나온 건 왜 그럴까? 왜 그렇게 진화되었을까? 그저 궁금증만 꼬리에 꼬리를 물고 이어지네요.

둥근쌀도적 애벌레는 버섯 속에서 어떻게 살아갈까요? 녀석들은 두더지처럼 버섯 속을 파고 다닙니다. 방을 따로 만들지 않고 버섯 속을 자유롭게 누비며

둥근쌀도적 애벌레(왼쪽)는 번데기(가운데)가 되었다가 40여 일 만에 어른벌레(오른쪽)로 변신한다.

밥을 먹습니다. 주름살 밖으로는 절대 나오지 않고 주름살 아랫부분을 뚫고 다니며 버섯밥을 먹습니다. 녀석들이 지나가며 만든 터널 안은 원기둥 모양의 과립형 똥으로 가득 찹니다. 그렇게 한 달 정도를 열심히 먹고 싸고 허물 벗고, 먹고 싸고 허물 벗으며 무럭무럭 자란 애벌레는 이제 탈바꿈을 해서 번데기가 되어야 합니다. 한 녀석이 번데기가 되려는지 몸이 쪼그라들면서 약간 구부러집니다. 이틀이 지나 드디어 번데기로 변신했습니다. 번데기는 애벌레 시절에 버섯을 먹으며 파고 다녔던 터널에 만듭니다. 일주일이 지났습니다. 버섯 터널 속에 만들었던 번데기가 어른 둥근쌀도적으로 변신하는 데 성공했습니다. 아직은 피부가 연약해 몸이 굳어질 때까지 며칠을 더 기다려야만 합니다. 3일 정도 지났을까요. 피부가 단단해진 녀석이 천천히 버섯을 뚫고 버섯 속을 탈출합니다. 탈출한다고 해서 버섯을 벗어나 숲 속으로 날아가는 것이 아니라 고작 삼색도장버섯

갓 표면에 머뭅니다. 그런데 녀석은 그 질긴 삼색도장버섯을 어떻게 뚫고 나왔을까요? 물론 큰턱 덕분입니다. 둥근쌀도적 어른벌레도 큰턱이 잘 발달해서 질긴 삼색도장버섯을 질근질근 씹어 뚫고 버섯 밖으로 나옵니다. 어른 둥근쌀도적이 뚫고 나온 구멍은 마치 송곳으로 뚫어 놓은 듯이 동그랗습니다. 애벌레가 어른이 되기까지 걸린 기간이 40일 정도이니 나무에 나는 버섯에 사는 곤충치고는 한살이 주기가 짧은 편입니다.

### 큰턱 때문에 벌어진 동족상잔 대소동

삼색도장버섯에 사는 주인공이 누군지 알아내는 일은 많은 시간과 정성이 듭니다. 대부분의 버섯살이 곤충은 비싸게 굴면서 얼굴을 잘 보여 주지 않거든

유난히 발달한 둥근쌀도적 애벌레 큰턱 때문에 아주 가끔 동족상잔이 벌어지곤 한다._ 사진 속 버섯은 때죽도장버섯

요. 얼굴을 보여줄 때까지 무작정 기다릴 수밖에요. 설령 얼굴을 보여 줬다 해도 그 버섯이 녀석의 집인지는 알 수 없습니다. 잠시 놀러 왔을지도 모를 일이니까요. 그 버섯에 살고 있는 것이 확실한 애벌레는 버섯을 뒤적이다 보면 그나마 쉽게 얼굴을 보여 주지만, 정작 녀석이 누구인지를 잘 모릅니다. 그만큼 버섯살이 곤충에 대한 연구가 안 되어 있습니다. 이쯤 되면 연구자의 머릿속은 고민으로 하애집니다. 데려가야 할까? 그냥 놓아두어야 하나? 녀석들의 사생활을 엿보려면 버섯과 함께 연구실로 데려가 키워야 합니다. 연구실로 옮겨지는 곤충들에게 이보다 더 미안한 일은 없습니다.

다행히 연구실로 이사온 둥근쌀도적 애벌레는 무럭무럭 잘 자라고 있습니다. 큰턱이 잘 발달되어 그 단단한 삼색도장버섯을 얼마나 잘 먹는지 모릅니다. 맨 먼저 먹는 곳은 주름살 아랫부분의 버섯 조직. 버섯 조직을 파먹다가 주름살을 먹어 치우고, 어떤 때는 갓 표면까지도 먹습니다. 심지어 제때에 밥을 안 주면 제 친구인 다른 애벌레까지 잡아먹습니다. 삼색도장버섯을 파먹을 만큼 큰턱이 튼튼하니 이보다 훨씬 연약한 애벌레는 그야말로 식은 죽 먹기겠지요. 녀석들에게는 가족, 친구 같은 집단 개념이 없습니다. 그냥 각각 독립된 개체로 살 뿐입니다. 그러니 배가 고프면 언니, 오빠, 동생, 사촌, 친구랄 것 없이 잡아먹어 배를 채웁니다.

문제가 생겼습니다. 연구실 바닥에 애벌레와 어른벌레 몇 마리가 붙어 걸어 다닙니다. 내가 잘못 봤겠지……. 눈을 비비며 자세히 살펴보니 역시나 곤충입니다. 어디서 뒬출했을까요. 이렇게 곤충들이 탈출을 감행하면 제 머릿속은 비상이 걸립니다. 여러 종류의 버섯에서 여러 곤충을 키우기 때문에, 어느 버섯에서 탈출했는지 알 수가 없습니다. 어떤 녀석인지 자세히 들여다보니 둥근쌀도적이네요. 어느 버섯에서 나왔을까, 어떻게 탈출했지? 지퍼팩 비닐 속에 넣어 키웠는데, 잘 발달된 큰턱으로 비닐을 뚫고 나왔나 봅니다. 딱딱한 버섯도 갉아 먹으니 비닐 뚫는 건 일도 아니었겠지요. 하는 수 없이 지퍼 팩 비닐 속에 들어 있던 애벌레와 삼색도장버섯을 함께 단단한 플라스틱 통으로 옮겨 놓습니다. 이런 우여곡절을 겪으며 녀석의 사생활을 어느 정도 알아냈습니다. 관찰을 끝낸 뒤에는 녀석을 다시 숲 속으로 돌려보냅니다. 정이 담뿍 들었지만 녀석들이 살 곳은 숲이니까요.

# 황갈색시루뻔버섯의 습성을 이용하는
## 세줄가슴버섯벌레

몇 년 전, 아니 8년 전인가 봅니다. 하늘 높은 가을날, 광릉에 있는 국립수목원으로 가는 길이었습니다. 호젓한 국도에 부는 가을바람이 선선하여 차창을 열고 내달렸지요. 시원한 바람이 얼굴을 때리는데도 마냥 상쾌하기만 했어요. 얼마를 달렸을까, 찻길 옆에 갈참나무 한 그루가 힘없이 서 있는 모습이 눈에 들어왔습니다. 그때만 해도 식물 사랑에 푹 빠져 있던 터라 나무가 죽어가는 모습을 보니 안타까운 마음에 차를 세웠습니다. 차에서 내려 나무로 다가갔더니 나무껍질에 온통 버섯이 붙어 있습니다. 밑둥치부터 꼭대기까지 황토색 버섯이 다닥다닥 붙어 있더군요. 죽어 가는 나무가 가엾다는 생각도 잠시, 그만 나무에 켜켜이 붙은 버섯에 홀려 버렸습니다.

　버섯 한 조각을 나무껍질에서 떼어 내려니 잘 안 떨어집니다. 손톱이 빠질 정도로 힘을 주어 겨우겨우 하나를 땄습니다. 만져 보니 참 딱딱합니다. 쪼개 보

나무의 밑동부터 위까지 황토 기왓장을 쌓아 놓은 듯 켜켜이 둘러싸고 있는 황갈색시루뻔버섯

세줄가슴버섯벌레

무심코 쪼갠 황갈색시루뻔버섯 속에서 놀라 꿈틀거리는 세줄가슴버섯벌레 애벌레

려고 했지만, 하도 질겨 쪼개지지도 않습니다. 살짝 짜증이 나서 버섯을 던져 버리려는데 금이 간 버섯 틈에서 뭔가가 꼬물꼬물거립니다. 흠칫 놀라 버릴까 말까 잠시 망설이다 버섯 속을 들여다봅니다. 우윳빛보다도 더 뽀얀 곤충 애벌레가 몸을 잔뜩 웅크리고 겁에 질린 듯 꿈틀거립니다. 그 녀석의 집인 줄 모르고 무심코 버섯을 쪼갠 게 하도 미안해서 어찌해야 할 바를 몰랐습니다. 그 순간 처음으로 '아, 버섯에도 곤충이 사는구나!' 하고 깨달았습니다. 그때가 바로 제가 버섯살이 곤충의 세계로 첫발을 내딛는 순간이었습니다.

### 두툼한 황갈색시루뻔버섯

나중에야 그 버섯이 황갈색시루뻔버섯(Inonotus mikadoi (Lloyd) Imaz.)이란 걸 알았습니다. 지금 이름부터 생소하고 어렵단 생각을 하고 계시겠지만, 황갈색시루뻔버섯은 이름 그대로 시루뻔시룻번 같이 생겼습니다. 색깔이 황토색이니 시루뻔 앞에 황갈색을 붙였고요. 이렇게 하나하나 따져 보니 참으로 그럴듯한 이름이지요. 내가 어렸을 적엔 떡을 집에서 직접 쪘습니다. 시루에 떡가루를 담고 시루의 밑부분과 크기가 같은 가마솥에 안칩니다. 시루와 가마솥 사이 틈으로 김이 새지 말라고 쌀가루나 밀가루 등을 반죽해서 붙이는 것이 시루뻔입니다. 뜨거운 김이 새면 시루떡이 설익기 때문에 빈틈없이 단단히 시루뻔을 붙여야 합니다. 솥과 시루 사이를 이어 붙이는 접착제인 셈이지요. 옛 어른들은 처음 황갈색시루뻔버섯을 보고는 떡시루와 가마솥에 붙이는 시루뻔이 떠올랐나 봅니다. 그렇게 탄생한 이름이 황갈색시루뻔버섯입니다.

황갈색시루뻔버섯은 썩은 나무만 있으면 어디에서든지 피어납니다. 색깔은 황토색이며, 크기는 반 잘라 놓은 탁구공만 하고, 두껍기는 2센티미터도 넘게 두툼해서 눈에 잘 띕니다. 물론 관심 있는 사람 눈에만 쏙쏙 들어오겠지요. 반달같이 생긴 황갈색시루뻔버섯은 버섯 자루 없이 반달 모양의 갓이 바로 나무껍질에 붙어 납니다. 한 조각씩 피는 게 아니라 수십 개, 아니 수백 개가 넘는 버섯이 나무껍질 위에 층을 이룹니다. 마치 지붕에 기와를 켜켜이 올린 것처럼.

이 버섯은 막 피어날 땐 황토색이지만 시간이 지나면 점점 거무튀튀한 갈색으로 변합니다. 갓 표면에는 짧은 털이 빼곡히 깔려 있습니다. 갓 아랫면은 바늘로 콕콕 찌른 것처럼 작은 구멍이 나 있습니다. 그 구멍은 포자를 만들어 내는 관공이지요. 처음에 날 때는 굉장히 질기지만 비바람에 시달리고 여러 곤충이나

자루 없이 갓이 나무껍질에 다닥다닥 붙어 핀 황갈색시루뻔버섯(왼쪽)과 황토색에서 거무튀튀한 색까지 여러 단계의 황갈색시루뻔버섯이 피어 있는 나무 등걸(오른쪽)

미생물의 밥이 되어 주면서 버섯 조직은 점점 분해됩니다. 버섯으로 피어난 지 일 년 정도 지나면 마치 떡가루처럼 포슬포슬 부스러집니다.

### 황갈색시루뻔버섯에 둥지를 튼 애벌레의 정체는?

5월 중순입니다. 강화도에 있는 마니산 언저리를 어슬렁거립니다. 밤나무에 황갈색시루뻔버섯이 다닥다닥 붙어 있네요. 가까이 다가가 만져 보니 약간 부스러집니다. 아마도 작년 여름에 피었나 봅니다. 갓 아랫면에 고운 모래알 같은 버섯 부스러기가 묻어 있는 조각도 있습니다. 버섯 부스러기가 떨어진다는 건 누군지는 몰라도 버섯 속에 곤충이 살고 있다는 뜻입니다. 반가운 마음에 얼른 한 조각을 따서 살짝 쪼개 봅니다. 역시 있습니다. 하얀색 애벌레가 느닷없는

바늘로 수없이 많은 구멍관공을 내 놓은 것 같은 황갈색시루뻔버섯의 아랫면(왼쪽)과 속이 비칠 정도로 투명한 우윳빛 피부를 가진 세줄가슴버섯벌레의 애벌레(오른쪽)

상황에 깜짝 놀라 몸을 이리 틀고 저리 틀면서 딱딱한 버섯 속으로 들어가려고 용을 씁니다. 미안한 마음에 얼른 벌어진 버섯을 다시 오므려 줍니다. 이미 쪼개진 버섯이 붙지는 않겠지만 녀석이 무사히 안전한 버섯 속으로 파고 들어가기를 빌면서…….

혹시나 버섯 주변을 어슬렁거리는 곤충어른벌레이 있을까 싶어 수십 조각도 넘는 황갈색시루뻔버섯을 일일이 들여다봅니다. 한 마리도 없네요. 녀석들에게는 미안하지만 이제부터 내가 해야 할 일은 황갈색시루뻔버섯, 아니 그 속에 자리 잡은 애벌레를 연구실로 데려가는 겁니다. 8년 전 광릉 국립수목원 가는 길에 처음 만났던 황갈색시루뻔버섯 속에 사는 그 곤충은 아직도 제대로 된 이름을 얻지 못했습니다. 이참에 이름도 지어 주고 녀석의 사생활도 엿봐야겠습니다. 우윳빛 애벌레가 들어 있을지도 모르는 황갈색시루뻔버섯 몇 조각을 조심스럽

황갈색시루뻔버섯밥을 먹다가 저절로 파게 된 굴 속에서 애벌레와 번데기 시절을 보내는 세줄가슴버섯벌레

게 떼어 연구실로 모셔 옵니다.

    틈만 나면 황갈색시루뻔버섯을 들여다봅니다. 버섯 표면에 똥 부스러기가 쌓이는 걸 보니 애벌레가 자라고 있는 것은 분명합니다. 버섯을 쪼개지 않고 겉에서만 지켜보니 버섯 속에서 애벌레가 어찌 살고 있는지는 알 길이 없습니다. 이런 때면 연구자로서 갈등은 이만저만이 아닙니다. 애벌레가 어찌 생겼는지, 어떻게 사는지 관찰하려면 버섯 속에 사는 애벌레를 꺼내 봐야 하니까요. 아쉽게도 아직 우리나라에는 녀석들에 대한 기록이 전혀 없으니 내친김에 녀석들의 소중한 프로필을 알아 두기로 마음먹습니다. 녀석들을 잘 보호하고 보전하려면 기본 자료 정도는 있어야 수월할 테니까요.

녀석들에게 많이 미안해 하며 버섯 한 조각을 쪼개어 애벌레 한 마리를 조심스럽게 꺼냅니다. 애벌레의 몸 색은 우윳빛인데 투명해서 속이 살짝 보일락 말락 합니다. 피부미인이네요. 몸은 원통 모양으로 길쭉하고, 살이 적당히 올라 통통한 소시지랑 비슷합니다. 가슴에 다리가 6개 붙어 있고, 피부에는 가늘고 부드러운 털이 나 있습니다. 배 끝마디에는 항문관이 있어 버섯을 꼭 잡을 수 있고, 뒷걸음질도 잘 칠 수 있습니다.

녀석들은 두툼한 황갈색시루뻔버섯 속에 굴을 파고 편안히 삽니다. 엄밀하게 따지면 굴은 일부러 판 것이 아니라 부지런히 버섯살을 먹다보니 자연스럽게 생긴 방입니다. 녀석들은 그 방에서 쉬기도 하고, 방 벽을 갉아 씹어 먹기도 하고, 똥도 싸면서 지냅니다. 다 자란 애벌레는 자신이 쓰던 방에서 번데기로 변신을 합니다. 황갈색시루뻔버섯은 애벌레에게 필요한 모든 걸 다 챙겨 주는 엄마 같은 존재입니다.

### 황갈색시루뻔버섯에서 나온 세줄가슴버섯벌레

황갈색시루뻔버섯이 연구실에 온 지 한 달이 지났습니다. 기다리고 기다리던 어른벌레가 황갈색시루뻔버섯에서 모습을 드러냈습니다. 버섯 사이를 유유히 걸어 다니는 어른벌레는 언뜻 봐도 참 아름답습니다. 길쭉한 계란형 몸매에 화려한 무늬의 갈색 딱지날개까지. 하도 반가워 요리 보고 조리 보고 자꾸 보게 됩니다.

버섯벌레 집안 식구인 건 확실한데, 누구일까요? 연구실에 있는 자료를 전부 뒤집니다. 안타깝게도 녀석에겐 아직 우리 이름국명이 없습니다. 그저 1992년

계란형 몸매에 화려한 노란 무늬가 그려진 갈색 딱지날개를 가진 세줄가슴버섯벌레

제주도에서 일본 학자와 국내 학자가 녀석을 조사한 기록만 있습니다. 그때 이름을 지어 줬으면 좋았을 텐데……. 이번에는 꼭 이름을 지어 줘야겠지요. 우스갯소리지만 이러다가 '곤충 작명소'를 차리는 건 아닌지……. 제 눈에는 녀석의 딱지날개 색깔이 무척이나 돋보입니다. 갈색 바탕에 그려진 노르스름한 띠무늬가 참 강렬합니다. 띠무늬가 모두 세 줄이니 녀석의 이름을 '세줄가슴버섯벌레(*Microsternus tokiensis* Nakane)'라고 지어야겠습니다.

세줄가슴버섯벌레는 몸 크기가 5밀리미터 정도로 버섯살이 곤충치고는 제법 큰 편입니다. 몸 색깔은 전체적으로 갈색이고 딱지날개에만 아름다운 무늬가 그려져 있습니다. 여느 버섯벌레들처럼 녀석의 몸도 매니큐어를 발라 놓은 것처럼 반질반질합니다. 파리가 앉았다가 쭈르륵 미끄러질 지경입니다. 몸이 미끄러우면 버섯 부스러기나 아주 작은 미생물들이 달라붙지 않을 테니 녀석으로서는 손해날 건 없습니다. 더듬이도 버섯벌레 집안의 자손답게 곤봉 모양입니다. 끝의 세 마디가 넓고 편편하게 퍼져 있어 주변 환경 변화를 척척 알아채는 것도 같습니다. 더듬이에는 감각기관이 들어차 있는데, 특히 끝의 곤봉 모양 부분에 더 많은 감각기관이 모여 있어 주변 환경이 살짝만 변해도 금방 눈치챕니다.

몇 년 동안 관심을 갖고 주의 깊게 조사하고 관찰해 보니 세줄가슴버섯벌레는 황갈색시루뻔버섯에서만 삽니다. 앞으로 좀 더 조사하면 다른 버섯을 먹는 것이 관찰될지도 모르겠지만 아직까지는 그렇습니다. 그 후 해마다 만나는 세줄가슴버섯벌레입니다. 올해도

곤봉 모양의 더듬이, 매끄러운 피부, 화려한
딱지날개를 장착한 세줄가슴버섯벌레 어른벌레

적당히 썩어 세줄가슴버섯벌레들이 좋아하는 상태에 이른 황갈색시루뻔버섯

또 만날 것을 생각하니 벌써부터 마음이 설렙니다.

### 싱싱한 것 싫어, 적당히 썩은 버섯이 좋아

세줄가슴버섯벌레는 입맛이 좀 까다롭습니다. 황갈색시루뻔버섯이라고 해서 무조건 좋아라 먹지는 않습니다. 녀석은 나무에 막 피어난 새 버섯은 싫어합니다. 돋아난 지 한참 되어 적당히 썩은 버섯을 좋아합니다. 단단하던 황갈색시루뻔버섯은 썩기 시작하면 약간 부드러워져서 파먹거나 굴을 파고 들어가기 좋거든요. 세줄가슴버섯벌레 애벌레가 어느 정도 썩은 버섯을 좋아하는지 실험한 적이 있었습니다. 황갈색시루뻔버섯의 부패 정도를 모두 5단계로 구분해서 실험

했는데, 막 피어나 나무처럼 질긴 버섯에는 아예 가려고 하지도 않습니다. 녀석들이 제일 좋아하는 부패 단계는 막 썩기 시작해 적당히 부드러워진 버섯이에요. 그렇다고 부스러기만 남을 정도로 다 썩은 버섯에도 가지 않습니다. 먹을 게 없으니까요. 사람들은 무엇이든 싱싱한 것만 찾는데 녀석들은 왜 싱싱한 버섯에는 가지 않을까요? 버섯이 내놓는 화학물질을 피하려는 속셈입니다.

    활동성이 없는 버섯은 자기 자신을 방어하기 위해 화학물질을 만들어 냅니다. 버섯이 처음 피어날 때 가장 많이 뿜어내지요. 화학물질이 많은 버섯을 먹으려면 버섯이 가진 독성을 이겨 내야 하는데, 굳이 그럴 필요가 없습니다. 기다리면 되니까요. 시간이 흘러 버섯이 썩어 분해되면 더 이상 화학물질을 만들지 않을 테니 버섯의 방어물질은 거의 사라집니다. 휘발성 물질은 날아가 버릴 테고, 버섯이 썩어가면서 버섯에 있던 여러 물질도 같이 분해될 테니까요. 그 사실을 알고 있는 것인지 세줄가슴버섯벌레는 황갈색시루뻔버섯이 썩기를 기다립니다. 적당히 부드러워 먹기도 좋고, 버섯의 독성도 어느 정도 사라질 때까지요. 똑똑한 세줄가슴버섯벌레가 새삼 근사해 보이지 않나요.

# 가시투성이 넓적가시거저리가 사는 집, 아까시재목버섯

치악산으로 갑니다. 국립공원인지라 주차장은 거대하고, 산으로 들어가는 진입로는 도시의 도로처럼 말끔하게 정돈되어 있습니다. 솔직히 저는 이렇게 사람 손길에 깔끔하게 잘 다듬어진 곳은 정나미가 뚝 떨어집니다. 얼른 차를 돌려 되돌아 나옵니다. 차창을 열고 천천히 달립니다. 도로 옆구리로 나 있는 한적한 오솔길이 눈에 들어옵니다. 차머리를 얼른 그쪽으로 돌립니다. 들어가면 갈수록 산길은 끝 간데없이 이어집니다. 흙길이라 차는 오리처럼 뒤뚱거립니다. 조팝나무 꽃이 눈 덮인 나뭇가지처럼 하얗게 피었고 노란 애기똥풀 꽃은 바람 따라 방글방글 웃고 있으며 버드나무 씨앗은 솜처럼 바람에 휘날립니다. 아, 말 그대로 별천지입니다.

얼마나 달렸을까요. 오두막집이 한 채 보입니다. "아, 이곳에 사람이 살고 있었네." 하는 감탄 섞인 말이 절로 흘러나옵니다. 할머니와 할아버지, 두 분만

철판에 잘 구운 호떡을 차곡차곡 쌓아 놓은 듯 나무에 매달려 있는 아까시재목버섯

이 오붓이 살아가시는 정겨운 시골집입니다. 낯선 객에 놀라셨을 어른들께 인사를 드리고 오두막의 뒷산으로 오릅니다. 산에는 유난히 나이 많은 나무들로 가득합니다. 그러니 쓰러져 있는 나무, 썩어 가는 나무 역시 많습니다. 저만치 아까시나무가 땅 위에 길게 누워 있습니다. 누운 아까시나무에는 큰 접시를 반 쪼개 붙여 놓은 것 같은 버섯이 층층이 쌓여 있네요. 아까시나무에 얹혀사는 아까시재목버섯(*Fomitella fraxinea* (Bull.) Imazeki)이군요. 올해 새로 핀 것은 아니고 작년에 난 것인 모양입니다. 많이 쇠약해지고 늙었습니다. 버섯 한 조각을 땁니다. 순간 팥알만 한 거무칙칙한 곤충들이 뚝뚝 땅으로 떨어집니다. 아직 떨어지지 못

한 녀석들은 버섯 표면에 붙어 죽은 척 꼼짝도 안 합니다. '누굴까? 거저리인 것은 확실한데……' 아무리 살펴봐도 실물로는 처음 보는 친구들입니다.

### 넓적가시거저리는 일편단심 아까시재목버섯만 좋아해

와, 이렇게 깊은 산골짜기에 핀 아까시재목버섯에서 논문 자료에서나 봤던 거저리를 만나다니……. 분명 녀석들은 넓적가시거저리(*Bolitophagiella pannosa* (Lewis))입니다. 가슴이 마구 두근거립니다. 거무칙칙한 갓 아랫면 어두컴컴한 곳에 수십 마리나 붙어 있네요. 너무 떨려 까무러칠 것 같습니다. 가방에서 손수건을 꺼내 녀석이 붙어 있는 아까시재목버섯 밑에 깔고 조심스럽게 버섯을 땁니다. 우박 떨어지듯 녀석들이 손수건 위로 뚝뚝 떨어집니다. 녀석들을 살살 거두어 모아 놓고 확대경으로 꼼꼼히 들여다봅니다, 마치 수사관처럼……. 몸이 참 희한하게도 생겼습니다. 어찌 그리도 많은 가시돌기를 몸에 붙이고 다니는 것일까요. 도자기 피부까지는 바라지도 않습니다. 최소한 쓰다듬으면 반질거리는 맛은 있어야 하는데, 이 녀석은 우툴두툴한 것이 영락없는 두꺼비 피부 같습니다. 넓적한 몸매는 두루뭉술한 절구통 같은데 넓적하기까지 하네요. 다리는 짧아서 있는지 없는지 표도 안 나고 아무래도 미모가 좀 떨어집니다.

그나마 더듬이를 펴고 있으면 깜찍한 구석이 조금 있습니다. 위험하다 싶으면 겁을 먹고 머리 아래쪽으로 더듬이를 접어 넣었다가, 주변이 고요해져 안심이 되면 감춰 두었던 더듬이를 꺼냅니다. 짤막하고 몽땅한 몸매처럼 더듬이도 길지는 않지만 꿈틀꿈틀 흔들고 다닐 때면 귀엽기까지 합니다. 짧은 다리로 아장아장 걸어가는 녀석을 슬쩍 건드립니다. 잽싸게 펼쳤던 더듬이와 다리 여섯

우툴두툴하고 너부죽한 몸매를 가진 넓적가시거저리

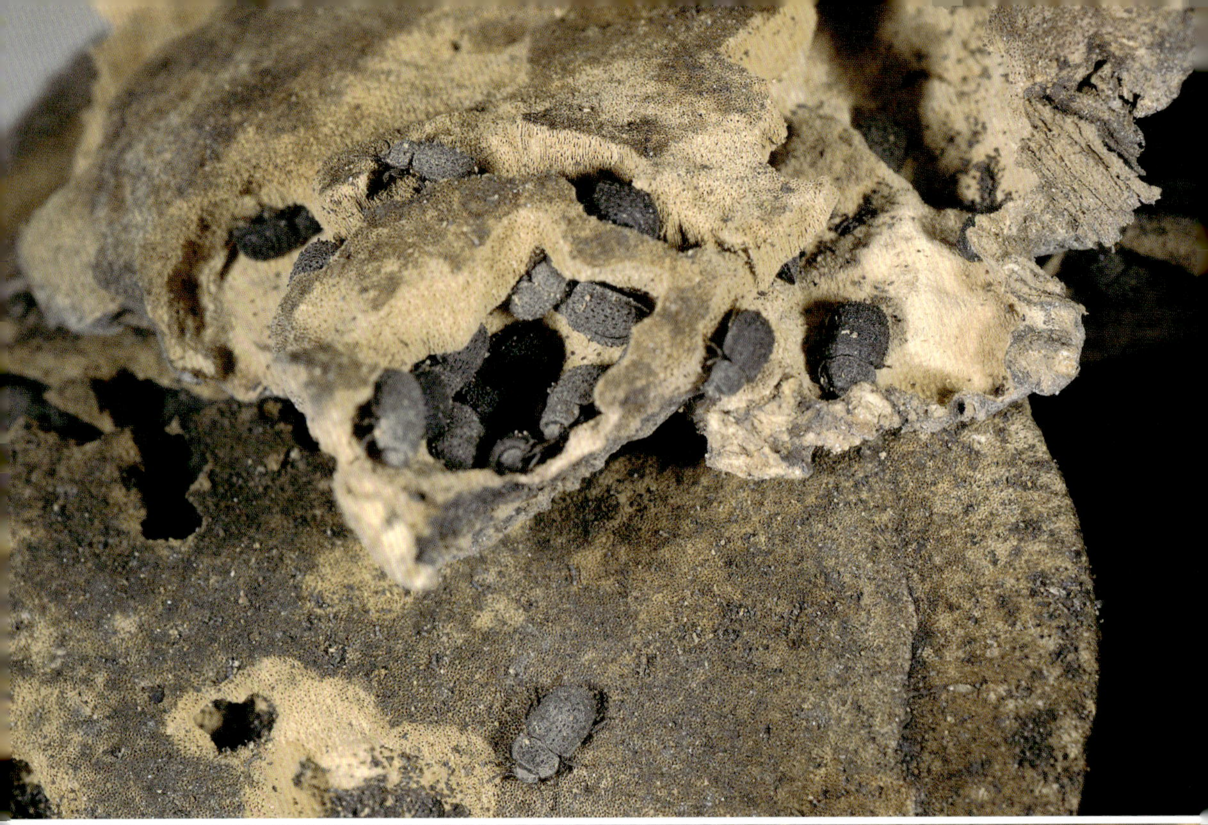
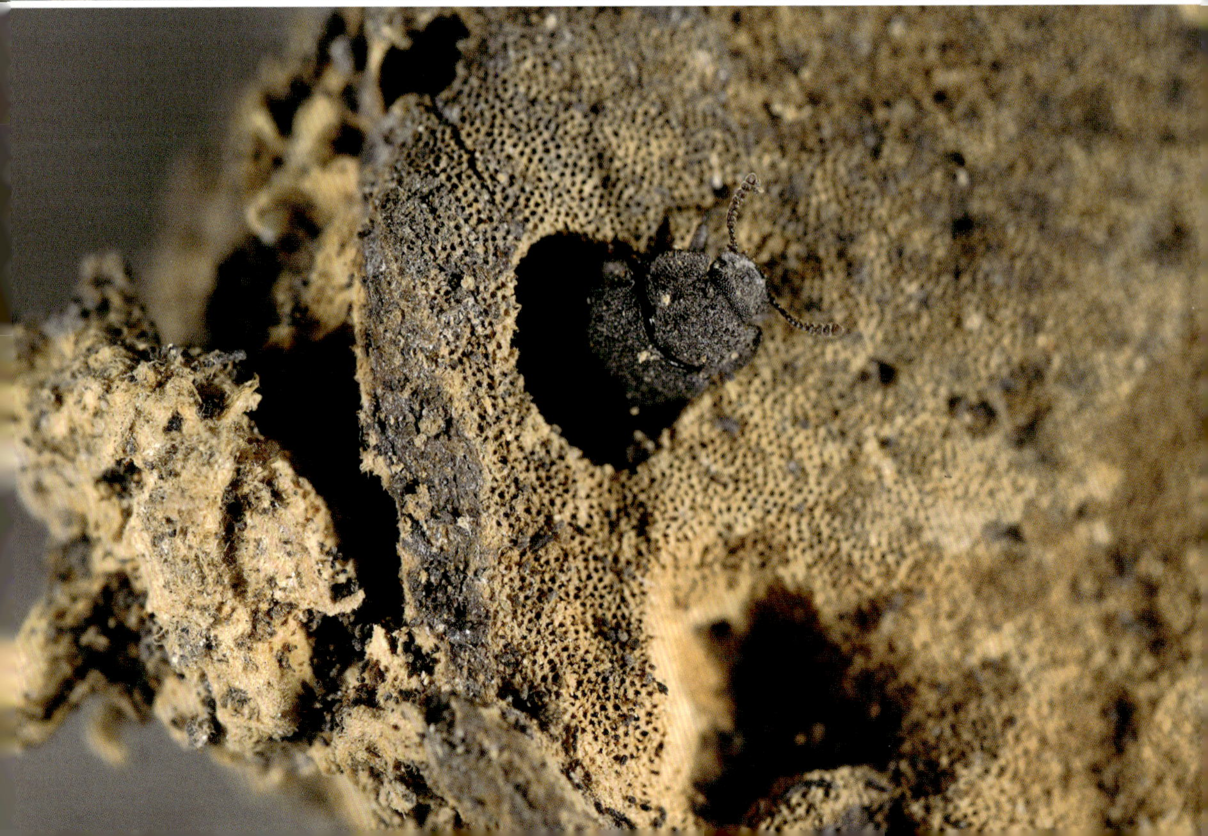

개를 움츠려 몸 아랫면으로 집어넣고는 죽은 듯 꼼짝도 안 합니다. 죽은 척만 하는 것이 아니라 시큼한 냄새까지 풍깁니다. 녀석들은 천적이 자신을 공격해 오면 곧바로 화학무기를 발사합니다. 물론 녀석들의 배 속에서 즉석으로 제조한 것입니다. 이삼 분쯤 지났을까요? 녀석의 더듬이와 다리가 꾸물꾸물 움직이기 시작합니다. 잠시 혼수상태에 빠졌던 정신이 돌아온 것입니다. 녀석들은 천적이 자신을 공격하려고 가까이 다가오면 가짜로 죽어 버립니다. 생존 전략치고는 참으로 비장합니다.

### 봄은 사랑을 나누는 계절

아까시재목버섯은 지름이 5센티미터 내외로 꽤 큰 편이라서 넓적가시거저리들에게는 공동주택으로 이용됩니다. 이 녀석들도 여느 거저리류처럼 따로따로 살지 않고 모여 삽니다. 먹이가 동날 때까지 한집에서 한솥밥을 먹으며 사는 겁니다. 웬만한 크기의 버섯 조각 하나에 50마리가 넘게 모여 사는 것을 본 적도 있습니다. 녀석들은 큰턱이 발달해서 나무처럼 딱딱한 아까시재목버섯의 표면을 베어 씹어 먹습니다. 녀석이 먹고 난 버섯은 곰보처럼 움푹움푹 패여 있습니다. 맛나게 버섯밥을 먹다 마음에 드는 짝을 만나면 그 자리에서 사랑도 나눕니다. 버섯의 갈라진 틈, 나무와 버섯이 맞닿는 빈틈, 버섯의 표면 등 어두컴컴한 곳이 녀석들의 침실이 됩니다. 그러다 보니 이들의 짝짓기 모습을 엿보는 것은

↖ 아까시재목버섯에 모여 사는 넓적가시거저리
← 굴을 나오기 전에 더듬이를 바짝 세우고 주위를 살피는 넓적가시거저리

하늘에 있는 별 따기만큼이나 어렵습니다. 넓적가시거저리도 수컷이 암컷 등 위로 올라가 사랑을 나누는데, 건드리지만 않으면 최소한 30분 이상 지속됩니다.

　　봄이 되면 모든 생명이 움트고 꿈틀댑니다. 넓적가시거저리도 봄이 되면 겨울잠에서 깨어나 일 년 농사를 시작합니다. 봄은 녀석들에게도 사랑의 계절이거든요. 겨우내 처녀 총각으로 잠을 자고 난 녀석들은 짝을 찾아 짝짓기를 하고 알을 낳습니다. 물론 짝짓기는 봄철뿐만이 아니라 가을까지 이어집니다. 왜냐하면 녀석들의 한살이 주기는 개체마다 다르기 때문이지요. 예를 들어 봄에 낳은 알에서 깨어난 애벌레는 여름쯤 어른벌레가 됩니다. 이 녀석들이 낳은 알에서는 가을쯤 애벌레가 태어나는데, 이 애벌레는 추운 겨울이 오기 전까지 아까시재목버섯을 부지런히 먹고는 겨울잠을 잡니다. 이듬해 봄에 잠에서 깨어난 애벌레는 버섯을 열심히 먹고 초여름쯤 어른벌레가 됩니다. 상황이 이러니 녀석들의 짝짓기 철은 딱히 정해져 있지 않습니다. 그래도 어른벌레로 겨울을 나는 녀석들이 많은 편이라 짝짓기는 봄철에 제일 많이 합니다.

다닥다닥 붙어 있는 애벌레 방에 쌓여 있는 과립형의 넓적가시거저리 똥

### 아까시재목버섯에 굴을 파고 들어앉은 넓적가시거저리 애벌레

짝짓기를 마친 넓적가시거저리 어미는 알을 낳습니다. 알은 대개 아까시재목버섯 아랫면의 관공 속에 낳습니다. 바늘로 뽕뽕 구멍을 뚫은 것처럼 생긴 관공 입구에 말이지요. 알은 작아서 맨눈으로는 안 보입니다. 알에서 깨어난 새끼는 버섯을 갉아먹으면서 구멍관공을 타고 버섯 속으로 내려갑니다. 먹을 것이 많은 버섯살조직에 닿으면 본격적으로 굴을 파고 그 속에 들어가 살아갑니다. 배가 고프면 자신의 방 벽을 갉아 먹고, 배설하고 싶으면 자신의 방에 싸고, 허물도 그 방 안에서 벗습니다. 녀석들의 똥은 원통 모양이며, 혹 불면 모래알처럼 굴러다닙니다. 신기하게도 이 친구들은 남의 집을 탐내지 않습니다. 서로 남의 집을 침범하지 않으면서 제 방을 넓혀갑니다. 엄밀하게 따지면 방을 넓히는 것이 아니라 버섯을 갉아먹다 보니 방이 넓어지는 것이지요. 잘 보이지도 않는 굴속에 살면서 옆집을 침범하지 않는다니 참 기특합니다. 실세로 어른이 되이 너석들이 탈출한 방들을 보면 다닥다닥 붙어 있습니다.

애벌레는 어른벌레와는 다르게 귀티 나게 생겼습니다. 몸은 오동통한 소시지 같고, 몸 색은 우유 빛깔에 광택까지 납니다. 피부엔 짧은 털들이 나기는 했지만 곱고 반들거리는 것이 완전 도자기 피부입니다. 어미와는 영 딴판이네요. 녀석들은 늘 방 안에서 구부정하게 몸을 구부리고 지냅니다. 타원형 방에서 살려면 적당히 구부려야겠지만 '허리'도 못 펴고 사는 것 같아 안쓰럽기만 합니다. 멀리 이동할 일도 없으니 다리가 짧습니다. 방 밖으로 꺼내 놓으면 느릿느릿 꿈틀꿈틀 걸어갑니다. 그래도 풍뎅이 새끼인 굼벵이보다는 빠릅니다.

버섯 속 자신의 방에서 허물을 두 번 벗어야 애벌레에서 번데기로 변신할 수 있습니다. 번데기 역시 애벌레가 쓰던 방을 재활용합니다. 번데기 시절을 무사히 넘기고 어른이 된 넓적가시거저리는 새끼들이 밥을 먹으면서 뚫어 놓은 굴을 빠져나옵니다. 한 마리, 두 마리, 세 마리……, 어른으로 변신한 녀석들은 약속이라도 한 것처럼 차례차례 갓 아랫면 표면에 모여 제 어미가 그랬던 것처럼 버섯밥을 먹으며 새로운 한살이를 시작합니다.

알에서 어른벌레로 변신하기까지 54일 정도 걸렸습니다. 밤과 낮의 온도 차이가 심한 야외에서는 시간이 더 걸리겠지요. 아무리 짧아도 석 달은 걸릴 것 같습니다. 넓적가시거저리 어른벌레는 장수만세 프로그램에 나가도 순위 안에 들 수 있을 것 같습니다. 오래 사는 녀석은 석 달 정도를 사니까요. 알을 낳으면 바로 죽는 여느 곤충들에 비하면 굉장히 오래 사는 편이지요. "장수버섯을 먹어 장수하는 것이 아닐까요……."

### 아까시재목버섯은 넓적가시거저리에게 양보하세요

지난여름 어마어마한 태풍이 지나갔습니다. 산신령도 그 위력을 막지 못했는지 산 속에는 나무들이 쓰러져 제멋대로 나뒹굴고 있습니다. 마치 폭탄이라도 맞은 것 같습니다. 유난히 많이 쓰러져 있는 나무가 눈에 띕니다. 아까시나무입니다. 태생이 뿌리를 땅에 깊게 내리지 못하다 보니 거센 태풍에 힘 한 번 못 쓰고 그대로 쓰러져 누웠습니다. 쓰러진 아까시나무 밑동에 커다란 버섯이 피었습니다. 마치 철판에 잘 구운 호떡을 차곡차곡 쌓아 올린

1 뽀얀 몸을 구부정하게 굽힌 채 좁은 방에 들어앉은 넓적가시거저리 애벌레 2 방을 나와 꿈틀거리며 움직이는 넓적가시거저리 애벌레 3, 4 애벌레 허물을 벗어 던지고 탈바꿈에 성공한 넓적가시거저리 번데기의 배와 등 5 아까시재목버섯에서 막 우화하여 몸이 굳기를 기다리는 넓적가시거저리 6 아까시재목버섯에 터를 잡은 어른 넓적가시거저리

것처럼……. 하도 커서 몇 걸음 떨어져 있는데도 금방 알아볼 수 있겠네요. 아까시재목버섯입니다. 이 버섯의 이름은 외우기가 참 쉽습니다. 아까시나무에 얹혀산다고 아까시재목버섯이라 했으니 말이지요. 만일 제가 이름을 붙였다면 더 간단하게 '재목'도 빼 버리고 '아까시버섯'이라 했을 텐데…….

때때로 아까시재목버섯은 참나무류나 벚나무류에 얹혀살기도 하니 나지막한 뒷산에만 가도 심심찮게 볼 수 있습니다. 크기는 또 얼마나 큰지 언뜻만 봐도 대번에 알아차릴 수 있습니다. 크게 자란 녀석은 갓의 지름이 20센티미터나 되고, 두께도 2센티미터 정도로 두툼하여 '대형 버섯 클럽'에 들어갈 만합니다. 생긴 건 영락없는 반달 모양으로 자루 없이 아까시나무에 바짝 붙어 핍니다. 색깔은 불그스름하고 거무칙칙한 갈색인데, 막 자라날 때는 가장자리가 노란색이라 나름 개성도 있습니다. 만져 보면 얼마나 딱딱한지 나무줄기는 저리 가라입니다. 쪼개려고 덤벼들면 되레 제 손이 얼얼하게 아플 정도이니까요. 그래도 아까시재목버섯으로 자라려고 폼 잡는 아기 버섯균은 노란 고약처럼 나무에 딱 붙어 나름 화려함을 자랑합니다. 보면 볼수록 눈길이 가는 버섯입니다.

아까시재목버섯은 유난히 사람들의 눈길을 끕니다. 아니 눈길을 끄는 정도가 아니라 '왕' 대접을 받습니다. 왜 그럴까요? 성인병을 예방해 주고 암을 치료하는 데도 효과가 있기 때문이지요. 그래서 붙은 별명이 '장수버섯' 또는 '만년버섯'이니 말 다 했지요. 아직 먹어 보지 않아 그 맛이 어떤지는 모르지만 끓여 마시면 고소한 숭늉 맛이 난다고 하네요. 아무 데서나 쉽게 볼 수 있는 것에 비해 제법 쓸모가 있지요. 그렇다고 보이는 대로 따 가서 아까시재목버섯의 씨를 말리지는 마세요. 아까시재목버섯 한 조각이면 평생을 살아갈 수 있는 넓적가시거저리가 있거든요. 아니, 버섯 한 조각도 다 필요 없습니다. 넓적가시거저리가 한

나무를 타고 층층이 쌓아 올라가는 아까시재목버섯의 아랫면(왼쪽)과 가장자리의 노란색이 막 피어난 버섯임을 나타내는 아까시재목버섯(오른쪽)

평생을 사는 데 필요한 방 길이는 고작 2센티미터에 불과합니다. 사람들이 꿈꾸는 고급 저택이나 넓은 평수의 아파트를 통째로 준다고 해도 녀석들은 손사래를 칠 겁니다. 녀석들은 욕심이 없습니다. 먹을 게 없으면 굶어 죽을지언정 먹이를 따로 비축하지도 않습니다. 그저 있으면 먹고, 없으면 못 먹어 죽고……, 녀석들의 삶의 방식입니다.

이렇게 욕심 없는 친구들이 사는 아까시재목버섯이 욕심 많은 사람들 때문에 몸살을 앓습니다. 건강에 좋다는 이야기에 눈에 띄었다 하면 싹쓸이해 가는 통에 숲에 버섯이 남아나질 않습니다. 심지어 갓이 피기도 전인 유균까지 긁어 갑니다. 우리 넓적가시거저리는 어찌 살란 말인지……. 넓적가시거저리는 입맛이 까탈스러워 편식을 합니다. 지금까지 관찰한 바로는 녀석들은 오로지 아까시재목버섯만 먹습니다. 사람은 아까시재목버섯을 먹지 않아도 사는 데 아무런 지장이 없지만 넓적가시거저리는 아까시재목버섯을 먹지 못하면 가문의 문을 닫아야 할지도 모릅니다. 이제는 숲길을 걷다가 아까시재목버섯을 만나더라도 그냥 흐뭇하게 바라만 볼 일입니다.

# 덕다리버섯 속의 빨간 보석, 르위스거저리

6월이 주춤거리나 싶더니 어느새 7월입니다. 세월에 바퀴가 달렸는지 한번 내달리기 시작하면 좀처럼 멈춰 설 줄을 모릅니다. 이제는 여름답게 한낮이면 햇볕이 정수리를 뜨겁게 달굽니다. 오늘은 길동생태공원에 파묻혀 놉니다. 이 공원은 자그마한 연못이 많아 좋고, 풀밭이 넓어 좋고, 흙냄새가 짙어 좋고, 재잘거리는 새들의 노랫소리가 끊이지 않아 좋고……. 아파트 숲과 아스팔트 도로에 갇힌 서울 한 귀퉁이에 이런 '시골'이 있다니!

    천천히 숲으로 이어진 길을 따라 걷습니다. 좁다란 흙길에는 나무 그늘이 카펫처럼 깔려 있습니다. 지나가는 바람에 나뭇잎이 선들거리고, 애기세줄나비 한 마리가 나풀나풀 날아 갈참나무 잎에 앉았다 다시 나풀나풀 날아올랐다 또 다시 앉기를 반복하며 재롱을 피웁니다. 이따금씩 꾀꼬리가 은쟁반에 물방울 구르듯 맑은 목소리로 노래를 부릅니다. 저절로 제 머리 속의 잡념들이 말끔히 비

길동생태공원에서 만난 덕다리버섯

위집니다. 천국이 따로 없습니다, 이곳이 바로 무릉도원입니다. 선녀가 날개를 달고 하늘로 오르듯 발걸음이 사뿐사뿐 가볍습니다. 그렇게 꿈길을 걷듯 노니는데 아름다운 버섯과 딱 마주쳤습니다. 버섯은 단번에 제 눈을 사로잡습니다.

　쓰러진 갈참나무 그루터기에 활짝 핀 반달같이 어여쁜 버섯! 한 송이도 아니고 너덧 송이가 겹쳐 피었습니다. 얼마나 반갑던지……, 무슨 버섯일까요? 큰 접시를 반 쪼갠 것만큼 크기가 커서 눈맛마저 시원한 덕다리버섯(*Laetiporus sulphureus* (Bull.) Murrill)입니다. 반사적으로 버섯 앞에 쪼그려 앉습니다. 그런데 버섯 아랫면에 빨간 강낭콩 같은 것이 다닥다닥 붙어 있습니다. 직감적으로 거

덕다리버섯에 사는 르위스거저리

저리일 거란 생각이 번개처럼 스쳐 갑니다. 아예 무릎까지 꿇고 엎드려 버섯의 아랫면을 들여다봅니다. 역시 거저리네요. 보석처럼 아름다운 '르위스거저리(*Diaperis lewisi lewisi* Bates)' 입니다.

### 덕다리버섯, 떡다리버섯, 잔나비걸상

한번은 강원도 평창에 숲해설가 교육 강연을 하러 간 적이 있습니다. 그곳 분들은 순수하고 영혼이 맑게 느껴져 정이 갑니다. 주요 이야깃거리는 단연 버섯살이 곤충이지요. 이야기 도중 한 분이 강원도 깊은 산골엔 '떡다리버섯'이 굉장히 많다고 자랑을 하십니다. '아, 그러면 덕다리버섯만 먹고 사는 르위스거저리가 천지일 텐데…….' 갑자기 온몸에 전율이 일면서 두 귀가 쫑긋 섰습니다. 내친 김에 하룻밤을 묵고 그분들의 안내를 받아 '덕다리버섯'을 찾아 나섰습니다. 그런데 아무리 찾아도 덕다리버섯은 없고 '잔나비걸상'만 잔뜩 보였습니다. '덕다리버섯'이 아니라 '잔나비걸상'인데……. 나중에 알고 보니 강원도 지방에선 '잔나비걸상'을 '떡다리버섯'이라고 부르더군요. 잔나비걸상과 덕다리버섯은 촌수가 달라도 한참 다릅니다. 그러니 그날 덕다리버섯만 좋아하는 르위스거저리 구경은 완전히 물 건너갔지요. 하지만 거짓말을 조금 보태면 집채만 한 '잔나비걸상' 구경만큼은 실컷 했습니다.

덕다리버섯은 지름이 20센티미터나 될 만큼 큼직해서 눈에 금방 띕니다. 색깔도 주황빛 나는 노란빛이라 하나만 피어나도 어두컴컴하던 숲 속이 다 환해질 지경입니다. 어렸을 때는 노란색을 띠다가 다 자라면 색이 바래서 노란색이 감도는 희끄무레한 색으로 변합니다. 갓 표면에는 밭고랑같이 자잘한 줄이 패여 있고, 가장자리는 마치 구불구불거리는 주름치마를 보는 것 같습니다. 뒤집어서 갓 아랫면을 보면 바늘로 콕콕 찌른 것처럼 구멍이 빽빽하게 났습니다.

단단한 덕다리버섯도 막 피어날 때는 질긴 닭 가슴살 찢기듯이 쭉쭉 찢어집니다. 맛도 닭고기 맛이 난다고 해서 '닭고기버섯'이라고도 하지요. 냄새는 뭐랄까……, 어찌 표현해야 할지 모르겠는데 아무튼 한참 동안 맡고 있으면 속이 메스꺼워집니다. 이렇게 질긴 버섯이 바싹 말라 물기가 빠지면 신기하게도 파스스 두부 깨지듯이 힘없이 부서집니다. 북한에서는 '살조개버섯'이라고 부른다는데, 아마도 몸 색이 우윳빛깔이라서 그런 이름을 붙인 것 같습니다.

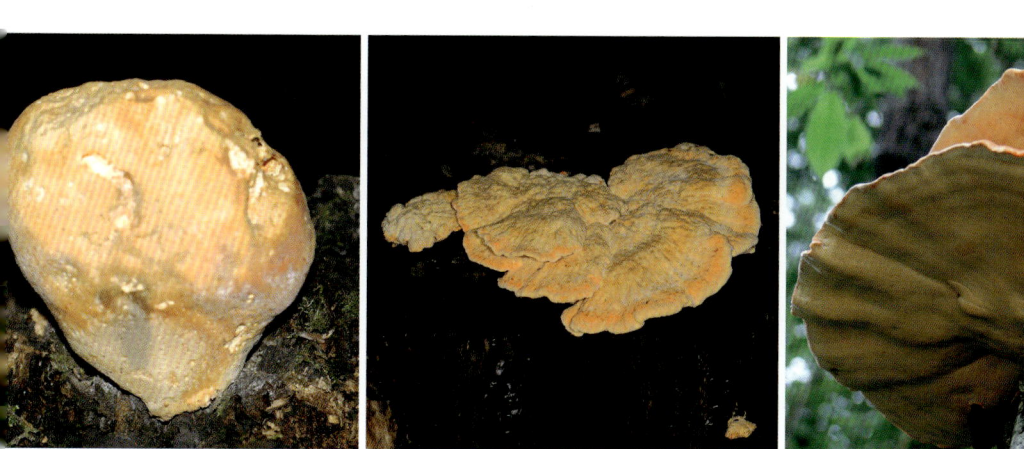

막 피어난 어린 덕다리버섯(왼쪽), 다 자란 덕다리버섯(가운데), 덕다리버섯의 아랫면(오른쪽)

### 위험이 느껴지면 방귀를 뀌는 르위스거저리

야트막한 언덕길 옆 밤나무 허리춤에 덕다리버섯이 달려 있습니다. 덕다리버섯이 세상구경을 한 지 여러 날 되었나 봅니다. 노란색이 많이 옅어져서 희끄무레합니다. 만날 땅바닥이나 땅에 쓰러진 나무에 난 버섯만 보다가 편하게 서서 버섯을 만날 수 있으니 오늘은 제 몸이 호강합니다. 덕다리버섯에 구멍이 숭숭 뚫렸습니다. 버섯에 구멍이 뚫려 있다는 것은 이미 곤충이 버섯 속에서 살다가 어른이 되어 나갔다는 증거입니다. 르위스거저리를 만날 수 있을 것 같다는 예감에 콧노래가 절로 나옵니다. 마음이 즐거우니 곤충을 찾는 제 눈도 신이 나 움직입니다. 드디어 제 두 눈이 갓 아랫면에 딱 멈춰 섭니다. 역시 있었습니다. 갓 아랫면 움푹 패인 곳에 르위스거저리가 무더기로 몰려 있네요. 이 녀석들을 만나다니, 오늘은 행운이 넝쿨째 굴러온 날입니다.

르위스거저리를 조심스럽게 건드려 봅니다. 제 손이 닿은 녀석들은 죄다 더듬이와 여섯 개의 다리를 오그려 몸 아래쪽으로 밀어 넣고는 잔뜩 움츠립니다. 슬쩍 건드려도 깨어나질 않네요. 꼼짝도 않는 품새가 붉은 강낭콩이 소복이 쌓여 있는 것 같습니다. 꼼짝도 하지 않는 녀석들이 신기하게도 냄새를 풍기기 시작합니다. 시큼하고 향긋한 '거저리 냄새……' 대부분의 거저리들은 위험을 느끼면 '방귀'를 뀝니다. 말하자면 몸속에서 방귀 가스화학폭탄를 재빨리 만들어 뿌리는 것입니다. 힘 약한 녀석들이 힘센 천적들에게 잡아먹히지 않으려 오랜 세월 동안 진화 과정을 거쳐서 몸속에 폭탄 제조공장을 차린 것이지요. 이 친구

덕다리버섯 갓 아랫면에 모여 사는 르위스거저리 ↗
잔뜩 긴장해서 더듬이와 다리를 몸 아래로 오그려 넣은 르위스거저리 →

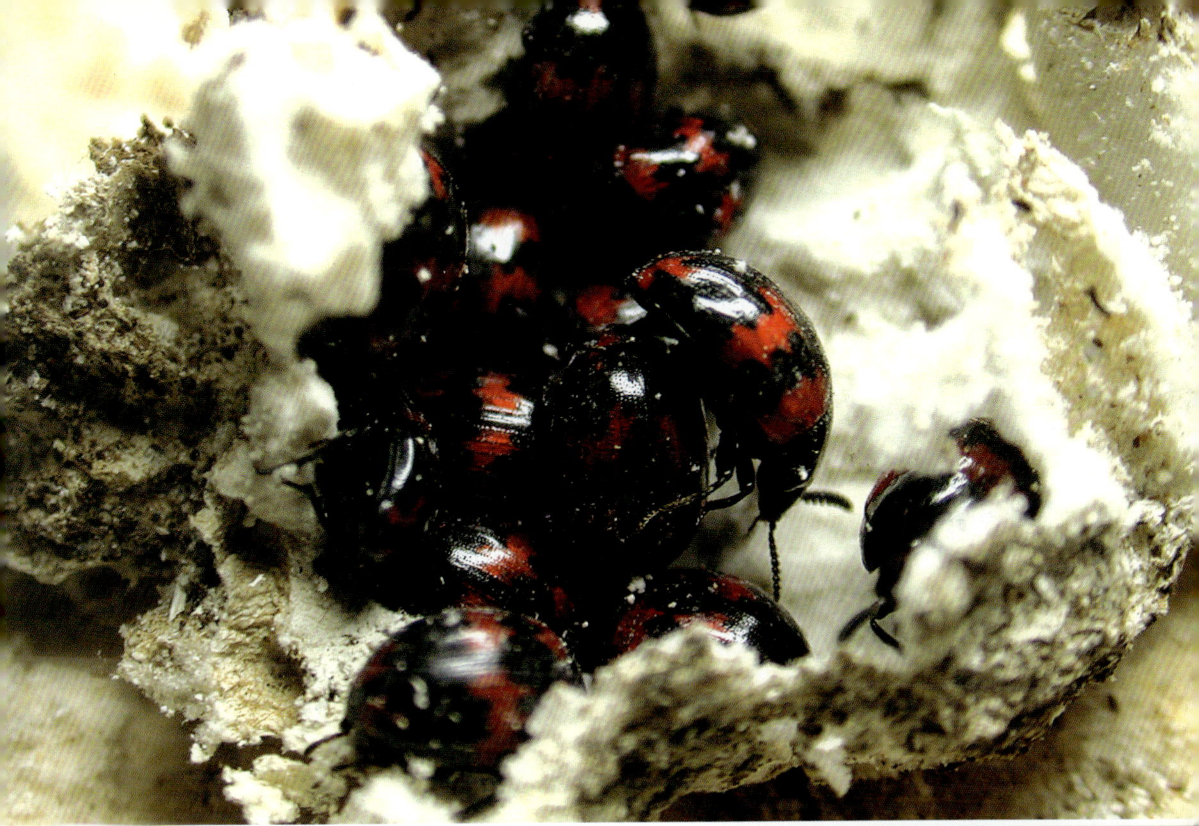

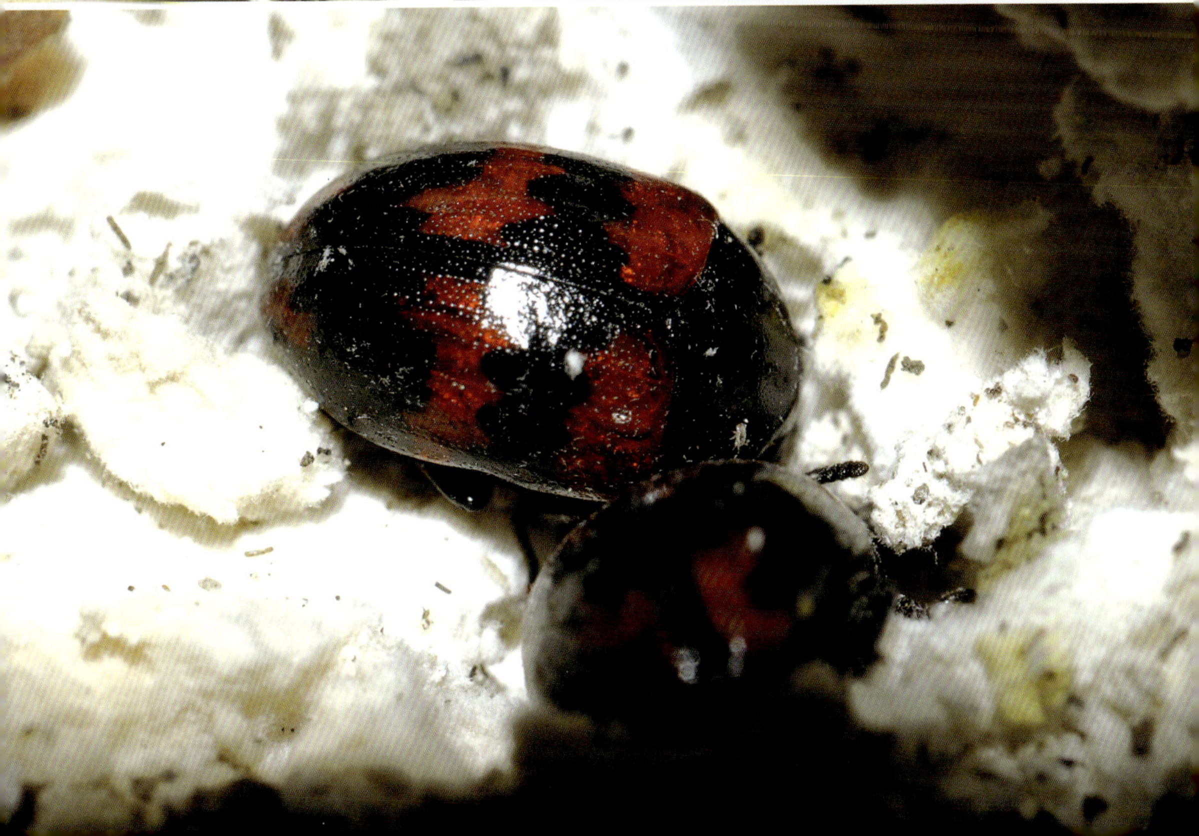

수수깡 안테나처럼 생긴 더듬이를 가진 르위스거저리의 몸 색이 하얀 덕다리버섯과 대비된다.

들이 만든 화학무기 속에는 자극적이고 시큼한 냄새가 나는 벤조퀴논이란 성분이 많이 들어 있습니다. 그래서 거저리 천적들은 녀석을 잡아먹으려고 섣불리 들이댔다가는 폭탄 세례를 맞으니 조심해야 합니다.

르위스거저리의 몸길이는 7밀리미터 정도니 곤충 중에서는 제법 큰 축에 들어갑니다. 서리태 콩만 하지요. 얼마나 등 면이 볼록한지 톡 치면 떼구루루 굴러갈 것 같습니다. 몸은 투명한 매니큐어를 칠한 것처럼 반짝반짝 윤기가 흐릅니다. 혹시 녀석들을 만나거든 꼭 더듬이를 보세요. 생긴 게 참말로 희한합니다. 수수깡을 아주 짧게 잘라 굴비 엮듯이 실에 꿰어 놓은 것 같습니다. 우리나라에 사는 거저리 가운데 이런 더듬이를 가진 녀석은 오로지 르위스거저리뿐이에요.

뭐니 뭐니 해도 녀석을 아름답게 만드는 것은 딱지날개입니다. 윤기가 자르르 흐르는 검은색 바탕에 빨간색 물결무늬가 있어 마치 날개에서 파도가 일렁이는 것 같습니다. 하얀색에 가까운 덕다리버섯에 딱 붙어 있는 모습은 한 폭의 그림 같습니다. 아니, 얼마나 고운지 보드라운 천에 예쁘게 달아 놓은 브로치 같습니다. 덕다리버섯을 만나거든 예쁜 르위스거저리를 꼭 찾아보세요.

### 외래종? 토종 우리 곤충

'르위스거저리'는 이름만 들으면 외국에 살다가 우리나라로 이사 온 친구 같지요? 하지만 녀석들은 우리나라 토종입니다. 그런데 왜 이런 이름이 붙었을까요? 처음 이름을 지은 사람 마음입니다. 물론 동식물의 이름을 지을 때는 생김새나 버릇, 특징을 염두에 두기는 합니다. 그런데 르위스거저리는 르위스Lewis란 사람이 처음 발견해서 디아페리스 르위스(Diaperis lewisi)라고 이름을 붙였어요. 디아페리스 르위스는 세계 어디를 가도 통하는 이름학명입니다. 누구인지는 몰라도 우리 이름으로 바꾸면서 학명에 들어 있는 르위스를 가져다 붙여 르위스거저리가 되어 이름만 들어서는 외래종 같습니다. 이래서 동식물의 이름도 잘 지어야 오해를 받지 않습니다. 녀석은 우리나라 방방곡곡 구석구석 덕다리버섯만 있으면 둥지를 틀고 삽니다. 엄연한 토종이에요.

### 얄팍한 버섯 속에 집을 지은 르위스거저리

수명이 다한 덕다리버섯에는 구멍이 뽕뽕 뚫려 있습니다. 곤충이 애벌레 시절을 보낸 뒤 어른벌레로 변신해 탈출한 구멍들이지요. 이 무렵에는 버섯을 쪼개면 쉽게 부스러집니다. 덕다리버섯의 속살은 하얗습니다. 그곳에 사는 곤충의 몸이 백설기처럼 하얗기라도 하면 그 곤충은 사람 눈에 쉬이 안 띕니다. 그래서 쪼개진 덕다리버섯 안쪽에 파여진 굴을 추적합니다. 굴속에 쌓인 버섯 부스러기를 살살 걷어 내니 역시 하얀색 애벌레가 있네요. 르위스거저리의 애벌레입니다. 크기가 제법 커서 눈대중으로 1센티미터 정도는 되어 보입니다.

덕다리버섯 굴속에 얌전히 들어앉아 있는 르위스거저리 애벌레는 몸이 원통 모양으로 길쭉하게 날씬한 편이지만 그래도 제법 통통합니다. 아무리 봐도 앉아 있는 자세가 가관입니다. 굼벵이처럼 C자로 구부러진 것도 아니고, 철사처럼 일(一)자로 쭉 펴진 것도 아니고, 무당거저리 애벌레처럼 미꾸라지가 손에서 빠져나가듯 날렵하게 돌아다니지도 않습니다. 그저 말굽자석처럼 U자 모양으로 몸을 구부리고 있습니다. 정확히 몸길이의 삼 분의 일쯤에서 접고 있습니다. 마치 요가라도 하는 것 같습니다. 그 좁은 공간에서 늘 몸을 접고 살아야 하니 얼마나 힘이 들까요?

르위스거저리 애벌레의 피부표피는 반짝반짝 윤이 납니다. 얼마나 야들야들하고 팽팽해 보이는지 슬쩍 건드려도 툭 터질 것 같습니다. 하지만 녀석의 피부는 키틴질 성분으로 만들어져 꽤 질깁니다. 자신의 몸속 기관을 지키면서 몸속에 있는 물기가 증발되는 것도 막아야 하기 때문에 본능적으로 피부가 단단하고 질겨진 듯합니다. 보기와는 영 딴판이지요. 사람으로 치면 녀석의 야들야들하고 질긴 피부는 뼈에 해당합니다.

다 자란 새끼종령 애벌레 르위스거저리의 몸길이는 1센티미터나 됩니다. 이 정도 크기의 녀석이 두께가 2센티미터쯤 되는 덕다리버섯에 굴을 파고 산다는

윤이 자르르 흐르는 몸을 U자 모양으로 접고 있는 르위스거저리 애벌레

것이 신기하기만 합니다. 녀석들은 애벌레로 지내는 동안 버섯 굴을 떠나서는 살 수 없습니다. 그러니 좁은 버섯 굴에서의 움직임을 최대한 줄여야 하겠지요. 그저 밥을 먹기 위해 움직일 뿐 그 외에는 밥을 먹으면 저절로 생긴 굴속에서 꼼짝 않고 지냅니다. 이러니 르위스거저리 애벌레의 여섯 개나 되는 다리는 할 일이 그리 많지 않습니다. 자연스레 녀석들의 다리는 점점 짧아집니다. 좁은 공간에서 살아야 하니 굳이 걸리적거리는 긴 다리를 가질 필요가 없겠지요. 대신 좁은 공간이라도 앞뒤로는 움직여야 하므로, 배 꽁무니 쪽마지막 배마디에는 넓고 둥글게 생긴 돌기가 생기고 단단한 가시털이 붙어 있습니다.

르위스거저리 애벌레가 지나간 덕다리버섯 굴속은 똥과 먹이 부스러기로 가득 차 있습니다. 먹었으니 싸야겠지요. 굴속은 오직 한길이라 배설물을 달리

버릴 때가 없으니 자신의 똥하고 같이 지내는 수밖에요. 재미있는 건 흰 덕다리 버섯을 먹고 싼 배설물이라 녀석들의 똥도 허연색입니다.

한길 굴속에 갇혀 살다시피 하니 천적이라도 만나는 날이면 꼼짝없이 당할 밖에 도리가 없습니다. 내가 훔쳐보고 있던 굴속까지 약대벌레 애벌레가 파고듭니다. 새끼 르위스거저리는 아는지 모르는지 천하태평입니다. 약대벌레 애벌레가 주저 않고 큰턱으로 새끼를 물어 버리네요. 새끼 르위스거저리는 꿈틀꿈틀 요동을 칩니다. 이 일을 어쩌지요. 도망가고 싶어도 도망칠 수가 없네요. 사방이 온통 버섯살로 막혀 있으니 제 굴에서 꼼짝 없이 잡혀 먹히네요. 그래도 사방이 다 노출된 환경에 사는 곤충에 비하면 르위스거저리 애벌레의 경우는 양반이라 할 수 있어요. 녀석들의 굴은 버섯 속이라 버섯 벽이 막아 주기도 하니까요. 식물 잎사귀에서 한평생을 살아가는 잎벌레류는 늘 천적에 몸을 드러낸 채 사는 셈이거든요.

### 르위스거저리의 육아일기

이쯤 되면 연구자로서 갈등이 생기지 않을 수 없습니다. 덕다리버섯 속에서 살고 있는 르위스거저리 애벌레를 연구실로 데려가야 할까 그냥 두어야 하나. 녀석들을 연구실로 데려가는 일은 여간 조심스러운 일이 아닙니다. 숲 속에 있는 나무에 붙어 사는 버섯이 정녕 그들의 집이거늘······. 사생활이 아직 알려지지 않은 녀석들의 종을 보호하고 보전하는 데 필요한 기초 자료라도 얻으려면 데려다 키워 보고도 싶습니다. 한참을 망설이다 마음을 정합니다. 녀석이 별 탈 없이 잘 자라 주길 빌면서.

아기 르위스거저리와 같이 산 지 두 달이 지났습니다. 녀석은 드디어 어른 벌레로 다시 태어났습니다. 얼마나 기쁜지 제 입은 귀에 걸려 내려올 줄 모릅니다. 나와 함께 지내면서 녀석은 저만의 은밀한 사생활을 엿볼 수 있게 해 주었습니다.

르위스거저리는 알에서 깨어나서 번데기가 되기까지 40일쯤 걸렸습니다. 이는 애벌레 시절이 40일이나 된다는 말이니 꽤 긴 셈이지요. 애벌레로 지내면서 녀석들은 허물을 3번 벗습니다. 이 친구들의 피부는 단단한 키틴질로 되어 있어서 때를 맞추어 갑옷을 갈아 입지 않으면 죽습니다. 단단한 갑옷에 부쩍부쩍 자라는 몸뚱이가 끼여 갇혀 버리니까요. 가장 크게 자란 애벌레의 몸길이는 자그마치 11밀리미터나 됩니다. 좁은 버섯 굴속에 사는 곤충치고는 큰 편이지요. 르위스거저리 애벌레는 말씀드렸던 것처럼 몸을 U자 모양으로 접고서 버섯 방에서 혼자 삽니다. 워낙 독신 생활을 좋아해서 절대 남의 방은 탐내지도, 침범하지도 않습니다. 혼자서 씩씩하게 잘 먹고 잘 살다 번데기가 될 때쯤이면 녀석은 아무것도 안 먹습니다. 자신의 방에서 꼼짝 않고 쉽니다. 몸은 약간 쪼그라들고, 윤기 나던 탱탱한 피부는 온데간데없이 창백해집니다. 번데기가 될 준비를 하는 것입니다. 말하자면 '앞번데기前蛹' 기간입니다.

4일 정도의 전용 시절이 지나면 드디어 입고 있던 애벌레 옷을 말끔히 벗어 던지고 번데기가 됩니다. 번데기도 윤기가 흐르는 우윳빛입니다. 번데기가 되어서도 자신이 애벌레 시절을 보낸 방에 계속 머뭅니다. 재활용을 참 잘하는 알뜰한 녀석들입니다. 번데기 시절에는 거의 움직이지 않습니다. 그러나 살짝만 건드려도 화난 듯 배 부분을 왼쪽 오른쪽으로 원을 그리며 세차게 요동을 칩니다. 몸이 연약해서 이때 잘못 건드리면 장애가 있는 기형이 됩니다. 혹시라도 더듬

| 1 | 2 |
|---|---|
| 3 | 4 |
| 5 | 6 |

1 덕다리버섯 속에 만든 르위스거저리 애벌레 방 2 르위스거저리 애벌레 3 날개돋이 후 덕다리버섯에서 탈출하는 르위스거저리 애송이 4 덕다리버섯으로 식사 중인 르위스거저리 어른벌레 5 여럿이 모여 사는 르위스거저리 6 색이 짙은 어른 르위스거저리의 똥

이 부분을 잘못 건드리면 어른벌레가 되었을 때 더듬이가 머리에 붙어 안 떨어집니다. 그러니 르위스거저리 번데기를 만나더라도 절대 만져서는 안 됩니다.

번데기가 된 지 열흘이 지나자, 드디어 등 쪽에 있는 탈피선이 갈라집니다. 어른벌레로 변신하는 중입니다. 아쉽게도 관찰할 수 없는 버섯 속에서 일어나는 일이라 엿볼 수는 없지만 녀석들은 온 힘을 쏟아 어른이 되려고 노력하고 있겠지요. 별 탈 없이 어른으로 재탄생하길……

버섯 속에서 어른벌레로 다시 태어난 르위스거저리는 한참이나 몸을 말려야 합니다. 특히 날개가 딱딱하게 굳으려면 적어도 일주일은 참고 기다려야 합니다. 몸은 어른이지만 아직 애송이 티를 벗지는 못한 셈이지요. 이 무렵에는 먹이도 거의 먹지 않고 어른벌레로 변신한 버섯 방에서 쉽니다. 드디어 몸이 단단해지면 사방이 버섯살로 막혀 있는 덕다리버섯 방을 뚫고 세상 밖으로 나옵니다. 얼마나 감동적인지 "축하합니다, 축하합니다……." 노래라도 불어 주고 싶은 심정입니다. 머리 쪽을 버섯 밖으로 쏙 내밀더니 더듬이가 꼬물꼬물 움직입니다. 이윽고 가슴과 날개 부분까지 모습을 드러냅니다. 마치 보석이 버섯 속에서 스르르르 밀려 올라오는 것 같습니다. 까만 몸에 그려진 새빨간 물결무늬가 정말 예쁩니다. 아니 아름답습니다.

이제 녀석들은 다시 덕다리버섯의 갓 아랫면에 모여 버섯밥을 먹으며 짝짓기를 하고 알을 낳을 테지요. 재미있게도 어른 르위스거저리들은 여럿이 모여서 삽니다. 늘 몇 십 마리가 모여 사이좋게 버섯밥을 나눠 먹습니다. 그래야 짝을 만나기도 쉬울 테니 '누이 좋고 매부 좋고'이겠지요. 까칠하게 혼자서 생활하는 새끼와는 영 딴판입니다.

# 표고도 먹고 덕다리버섯도 먹는

## 노랑테가는버섯벌레

덕다리버섯이 제 전용식당인 줄 알고 아예 눌러앉아 사는 곤충이 또 있습니다. 누굴까요? 바로 노랑테가는버섯벌레(*Dacne picta* Crotch)입니다. 이름만 듣고도 오로지 버섯만 먹고 사는 곤충이란 것은 눈치챌 수 있겠지요. 이름이 낯선데 길고 어렵기까지 해서 이 친구를 아시는 분은 그리 많지 않을 것 같네요. 오래전부터 지금까지 숲 속에서 버젓이 살고 있는데 말이지요. 하긴 평생을 버섯 속에서만 살아 통 모습을 보여 주지 않으니 그럴 만도 하지요. 크기까지 3밀리미터 정도밖에 되지 않아 눈에도 잘 띄질 않습니다. 눈에 불을 켜고 찾아야만 만날 수 있는 노랑테가는버섯벌레, 저와 함께 천천히 숲 속을 거닐면서 녀석과 데이트해 보실래요?

덕다리버섯을 먹으며 옹기종기 모여 있는 노랑테가는버섯벌레들

### 덕다리버섯에서 만난 노랑테가는버섯벌레

 이제 봄은 지나갔습니다. 6월 말의 숲은 여름을 맞느라 바쁩니다. 숲 바닥에서 꽃을 피웠던 풀들은 그새 열매를 맺었으며, 키가 크고 작은 나무들도 연초록 잎사귀를 진한 초록색으로 물들여 갑니다. 기온이 점점 올라가니 썩어가는 나무 그루터기에도 생명이 꿈틀댑니다. 나무 그루터기 위쪽에 멀리서도 눈에 확 띄는 덕다리버섯이 자리를 잡았습니다. 특유의 덕다리버섯 냄새가 숲 바람을 타고 날아와 제 코끝을 간질입니다. 자석에라도 이끌리듯이 덕다리버섯 쪽으로 다가갑니다. 갓 표면이 세로줄로 얕게 패여 있어 그 결대로 쭉쭉 찢어질 것 같은 덕다리버섯 갓 아랫면에 팥알보다도 더 작은 곤충이 달라붙어 있네요. 열 마리가

넘습니다. 노랑테가는버섯벌레들이 모여 식사 중입니다. 덕다리버섯의 관공 주변을 먹는 녀석, 갓 윗면의 버섯살을 구덩이라도 파듯이 움푹 파먹는 녀석도 있습니다. 버섯의 어느 부위를 먹든 녀석들은 큰턱으로 버섯을 한입씩 떼 내어 씹어 먹습니다.

갓 아랫면을 보려고 살짝 건드렸는데 진동이 느껴졌나 봅니다. 식사 중이던 녀석들이 놀라 일제히 갓 위쪽 표면을 가로질러 빛이 들어오지 않는 쪽으로 재빠르게 줄행랑을 놓습니다. 버섯벌레치고는 행동이 꽤 빠른 편입니다. 이 녀석들은 급하면 날아서 도망치기도 하지만, 대개는 경보선수처럼 재빨리 걷습니다. 허둥지둥 뛰듯이 걷는 모습이 참 깜찍합니다. 녀석들을 놀라 도망치게 만들었으니 이제는 제가 기다릴 차례입니다. 한참을 기다리니 도망갔던 녀석들이 돌아와 다시 식사를 합니다. 이제야 녀석들을 관찰할 수 있겠네요. 찬찬히 녀석들을 들여다봅니다.

### 귀엽고 깜찍한 노랑테가는버섯벌레

노랑테가는버섯벌레는 아무리 커 봤자 몸길이가 3밀리미터 정도로 작습니다. 꼭 쌀알만 합니다. 몸매는 달걀처럼 생겨 암만 봐도 유려합니다. 그 작은 몸에 노란색과 까만색 옷을 차려 입고 있는 대로 멋을 부렸습니다. 머리와 앞가슴 등판은 노란색이고, 딱지날개는 까만색인데 어깨부분에는 긴 타원 모양의 노란 반점이 콕 찍혀 있습니다. 몸은 참기름이라도 바른 듯이 반짝반짝 윤까지 납니다. 이 녀석들의 몸등면은 바늘로 콕콕 찌른 것 같은 점각이 빼곡히 나 있습니다. 참 앙증맞고 예쁩니다. 뭐니 뭐니 해도 특이한 것은 녀석들의 더듬이입니다. 곤

머리와 겹눈, 곤봉 모양의 더듬이 그리고 윤기 나는 등과 등 위의 점각 들이 선명한 노랑테가는버섯벌레

봉 모양의 더듬이는 버섯벌레 집안버섯벌레과의 특허품입니다. 모두 11마디로 되어 있는데 끝 쪽의 3마디가 유독 넓어서 밥주걱처럼도 보입니다. 밥주걱곤봉 모양 같은 더듬이 두 개를 휘휘 저으며 다니는 녀석들을 바라보고 있으면 절로 웃음이 나옵니다. 이 친구들은 더듬이 끝부분을 왜 넓게 부풀렸을까요? 감각기관이 밀집해 있는 더듬이는 면적이 넓으면 넓을수록 주변의 환경 변화를 알아채기가 수월합니다. 그리고 먹이가 다 떨어져 다른 먹이를 찾으러 떠날 때나 마음에 드는 짝을 찾을 때도 요긴하게 쓰입니다. 몸은 작아도 이렇듯 있을 건 다 있어서 캄캄한 버섯 속에서도 잘 살아갈 수 있는 것이겠지요.

### 버려진 덕다리버섯에 둥지를 튼 생명

누군가 따서 숲 바닥에 팽개쳐 버린 덕다리버섯 한 조각을 연구실로 고이 모셔 왔습니다. 겉보기로는 곤충이 사는 흔적은 보이지 않습니다. 그래도 기다려야 합니다. 기다리다 보면 혹시라도 누군가 버섯 속에 낳아 놓은 알이 깨어 애벌레가 나올지도 모르니까요. 버섯살이 곤충을 연구하는 일은 기다림의 연속입니다. 하루 이틀이 아니라 한 달 아니 어떤 때는 6개월이 넘게 기다릴 때도 있습니다. 그래서 버섯살이 곤충을 연구하는 일은 때론 도 닦는 것 같기도 합니다. 숲에서 가져온 덕다리버섯을 플라스틱 통 안에 넣어 어두운 곳에 잘 모셔 둡니다. 일주일에 한 번 꼴로 꺼내 꼼꼼히 살펴봅니다. 물론 알에서 갓 태어난 애벌레들은 너무 작아 현미경이라야 제대로 보입니다.

아무런 소득 없이 보름이 흘렀습니다. 앗, 그런데 기대했던 대로 대박이 터졌습니다. 덕다리버섯 갓 아랫부분에 버섯 부스러기와 동글동글한 똥이 조금 쌓여 있네요. 버섯 속에 생명이 자라고 있다고 똥으로 제 존재를 알려 줍니다. 아직 어떤 곤충인지는 모르겠지만 덕다리버섯을 주워 오기 전에 버섯 속에 알을 낳아 놓았던 것입니다. 이럴 때 느끼는 희열은 이루 말로 표현할 수가 없습니다. 그저 가슴만 콩닥콩닥 뛸 뿐……. 조심스럽게 버섯 한 귀퉁이를 살짝 벌려 봅니다. 하얀 애벌레가 꼬물거립니다. 한두 마리도 아니고 열 마리가 넘습니다. 반가운 마음에 나도 몰래 손을 뻗다가 주춤합니다. 하도 연약해 보여 살짝만 건드려도 다칠까 봐 망설여집니다. '이 애벌레들의 어미는 누구일까?' 궁금하기 짝이 없습니다. 어미의 정체를 밝혀내려면 아무리 못 걸려도 한 달은 더 기다려야 합니다. 정말이지 궁금하고 또 궁금합니다.

### 소시지 같이 오동통한 애벌레

이 애벌레의 몸매는 오동통한 소시지처럼 생겼습니다. 색깔은 전제적으로 우윳빛인데, 다리 여섯 개가 유난히 투명해서 속살이 다 비칠 듯합니다. 피부<sub>표피</sub> 역시 얼마나 보드랍게 생겼는지 손가락으로 살짝만 눌러도 몸속의 내장들

솜털, 센털, 짧은 다리, 머리의 구조가 선명한
노랑테가는버섯벌레의 애벌레
_ 사진 속 버섯은 마른 뽕나무버섯

이 터져 나올 것만 같습니다. 피부 전체에는 아주 가느다란 솜털이 보일 듯 말 듯 쫙 깔려 있고, 등과 옆구리 부분에는 제법 기다랗고 억센 센털이 다발로 군데군데 규칙적으로 줄을 지어 나 있습니다. 이 털들은 중요한 감각기관으로 어두운 버섯 속에서 사는 녀석들에게는 굉장히 중요합니다.

애벌레들은 덕다리버섯의 버섯살조직을 파먹으면서 굴을 파 들어갑니다. 머리 부분이 웬만큼 튼튼해서는 단단한 덕다리버섯살을 파고 들어가기가 힘들겠지요. 그러다 보니 녀석들의 머리는 몸의 다른 부분에 비해 훨씬 단단합니다. 큰턱은 버섯살을 베어 먹기 좋게 튼튼하고, 큰턱 안쪽의 어금니는 맷돌처럼 주름져 있어 포자나 버섯살을 잘 갈아 먹을 수 있습니다.

다리는 짧은 편입니다. 버섯 속에서 살다 보니 다리가 길면 되레 거추장스럽겠지요. 애벌레를 살살 건드려 봅니다. 몸을 구부리네요. 그러더니 이내 몸을 펴서 슬금슬금 기어갑니다. 달리지도 못하고 굼벵이처럼 둥그러지지도 않고 유유히 걷습니다. 녀석이 잡고 있는 버섯을 거꾸로 들어 올려도 떨어지지 않습니다. 다리에 난 털과 발톱으로 버섯을 꽉 잡고 있기 때문이지요. 심지어 배마디 끝부분에 붙은 돌기까지 거들어 주니 웬만해서는 버섯에서 떨어지지 않습니다.

### 덕다리버섯 속 애벌레, 드디어 날개돋이를 하다

애벌레 알이 들어 있는 덕다리버섯이 연구실로 이사 온 지도 한 달이 넘었습니다. 그동안 애벌레가 한 일이라고는 부지런히 버섯밥을 먹은 것밖엔 없습니다. 제 몸을 키우면서 방도 커졌습니다. 재밌게도 이 녀석들은 다른 애벌레의 방을 침범하지 않고 자신의 방에서만 지냅니다. 제 방의 버섯을 먹으면서 말입니

덕다리버섯 속에 만들었던 애벌레 방에 그대로 머무는 노랑테가는버섯벌레의 번데기

다. 그렇게 버섯을 먹고 몸이 커지면 허물을 벗고, 또 먹고 몸이 자라면 허물을 벗고……. 그렇게 두 번3령에서 종종 세 번4령의 허물을 벗고 나서야 번데기가 될 준비를 합니다. 번데기가 될 때쯤이면 다 자란 애벌레의 몸이 쭈그러들면서 살짝 굽은 C자 모양으로 구부러집니다. 이때쯤이면 갓 아랫면에는 녀석들이 싼 좁쌀같이 동글동글한 똥과 버섯 부스러기가 싸라기눈처럼 소복소복 쌓입니다.

　번데기로 몸을 바꾸는 것도 애벌레 시절 내내 자신이 먹고 생활하던 타원형 버섯방에서 이루어집니다. 몸을 살짝 구부리고 꿈틀꿈틀 움직이면 머리에서 가슴등판까지 나 있는 탈피선이 갈라집니다. 애벌레 시절에 입고 있던 허물이 벗겨지면서 새하얀 번데기 속살이 드러납니다. 번데기도 뽀얀 우윳빛입니다. 여

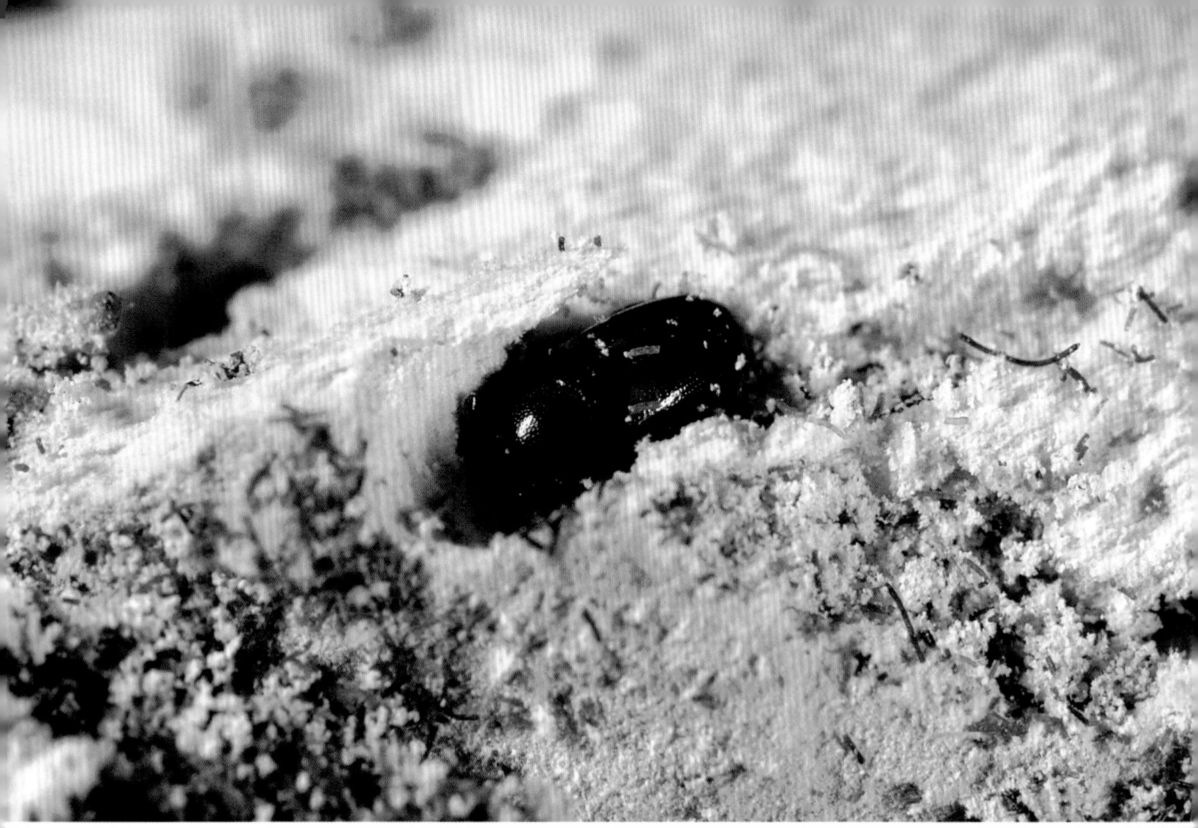
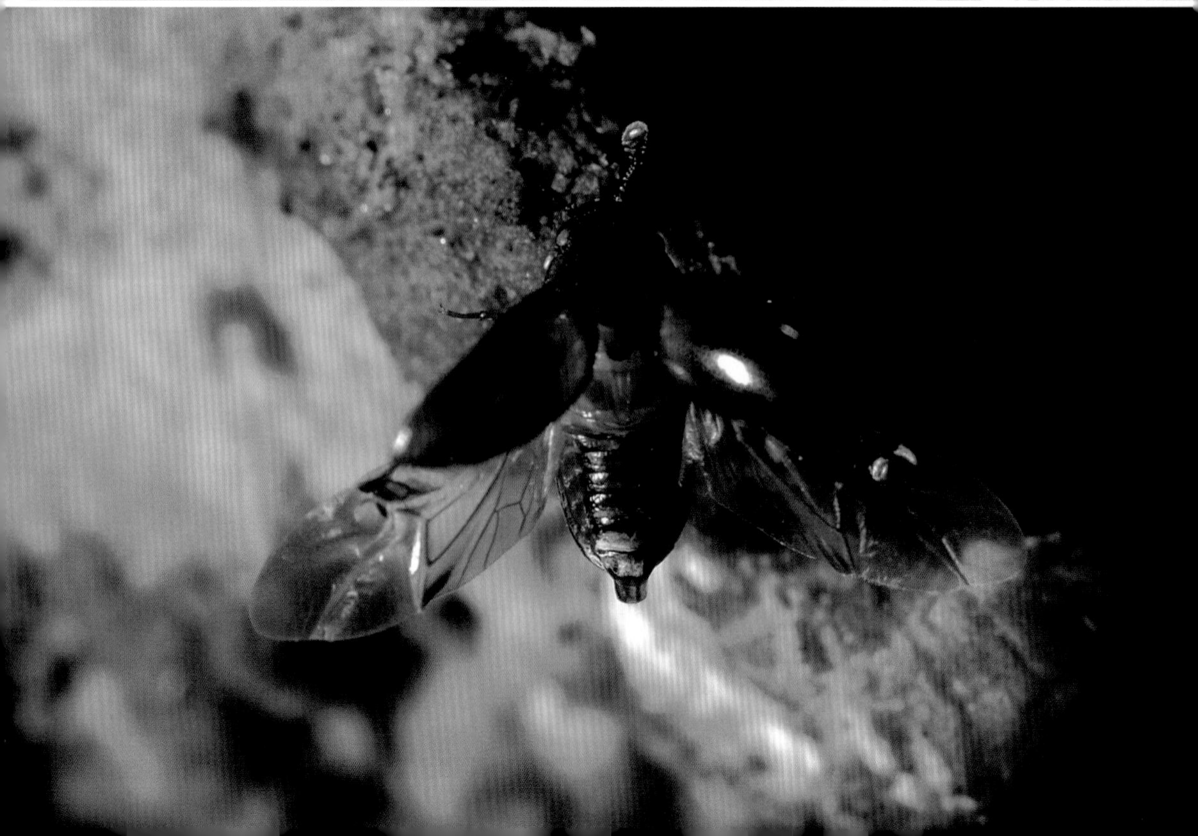

느 딱정벌레목 곤충처럼 녀석의 번데기도 나용裸蛹입니다. 희미하게나마 더듬이, 날개, 다리 등이 될 기관이 드러나 보입니다. 최대한 조심스럽게 번데기를 건드려 봅니다. '날 건드리지 마!' 위협이라도 하듯이 배 부분을 세차게 흔들어 댑니다. 왼쪽에서 오른쪽으로, 또는 오른쪽에서 왼쪽으로 원을 그리며 심하게 요동칩니다. 슬쩍 미안한 생각이 드네요.

번데기가 된 지 일주일이 지났습니다. 번데기는 어느덧 눈, 더듬이, 날개, 다리 부분이 언뜻언뜻 거무튀튀한 색으로 변했습니다. 드디어 등 쪽에 나 있는 탈피선이 갈라집니다. 어른벌레로 변신 중입니다. '젖 먹던 힘'까지 다해 번데기에서 빠져나온 어른벌레는 잠시 번데기 방에서 쉽니다. 아직 완전한 제 색깔을 내지 못하고 희끄무레하지만 녀석이 누군지는 금방 알겠습니다. 노랑테가는버섯벌레입니다. 녀석의 딱지날개와 몸이 단단하게 굳고, 예쁜 제 몸 색으로 치장하려면 5일은 더 기다려야 합니다.

누군지도 모른 채 한 달 넘게 공을 들여 키운 녀석의 정체를 알아냈을 때의 기분이란……, 경험해 보지 못한 사람은 절대 모를 일입니다. 뭐라 말로 표현할 수 없는 짜릿한 감동 그 자체입니다. 저는 이렇게 해서 노랑테가는버섯벌레의 사생활을 제대로 엿봤습니다. 20일 정도의 애벌레 기간을 거쳐 번데기 시절은 7일쯤 보냈습니다. 덕다리버섯에서 한집살이를 하기도 하는 거저리과 곤충의 한살이 주기가 70일 정도인 것에 비하면 한살이 주기가 짧은 편입니다.

↖ 날개돋이 후 몸이 굳기를 기다리는 노랑테가는버섯벌레 애송이
← 몸이 굳은 후 날개를 펴는 노랑테가는버섯벌레 어른벌레

### 크기는 작아도 환경 적응력은 최고!

노랑테가는버섯벌레 애벌레의 몸 색은 흰색입니다. 덕다리버섯의 속살과 색깔이 비슷해서 녀석들과 데이트를 하려면 이만저만 힘든 게 아닙니다. 일단 녀석을 찾으려면 버섯 속을 한참 뒤져야 합니다. 왜 노랑테가는버섯벌레 애벌레의 몸은 흰색일까요? 대개 동굴이나 버섯 속에서 사는 곤충들의 몸에는 색소가 거의 없습니다. 주변 환경에 적응한 결과이지요. 버섯 속에서 사는 대부분의 애벌레 몸이 허옇고 창백한 이유이기도 합니다.

어두컴컴한 숲 속에 사는 것은 둘째치고라도 애벌레는 평생을 깜깜한 버섯 속에서 살아야 하니 화려한 색으로 멋을 부려 본들 누가 알아봐 주겠어요. 특히 멜라닌 같은 색소는 주로 햇빛에서 나오는 자외선을 막아 주는데 버섯 속에는 햇빛이 거의 닿지 않습니다. 버섯 속에서 한평생을 사는 노랑테가는버섯벌레의 애벌레는 햇빛 볼일이 거의 없는 셈이지요. 그러니 피부를 보호하기 위해 분비하는 색소는 사치나 마찬가지겠지요. 아무 짝에도 쓸모없는 색소를 분비하느라 굳이 아까운 에너지를 쓸 필요가 없는 것입니다.

노랑테가는버섯벌레 번데기가 날개돋이를 해서 어른벌레로 변신을 마치면 버섯에서 탈출을 합니다. 큰턱으로 질긴 버섯살을 오물오물 뚫고서 영광의 탈출을 합니다. 하나, 둘, ……, 수십 마리의 어른 노랑테가는버섯벌레가 버섯을 뚫고 세상 속으로 날아오르면 덕다리버섯에는 숭숭 구멍이 뚫려 마치 뼈엉성증에라도 걸린 것 같습니다. 버섯에서 벗어난 어른 노랑테가는버섯벌레는 바로 자리를 뜨지 않고 구멍이 숭숭 뚫린 버섯 속을 부지런히 들락거리며 버섯밥을 먹습니다. 버섯 부스러기를 잔뜩 뒤집어 쓴 채 갓 아랫면의 버섯살까지 맛있게 갉아먹기도 합니다.

덕다리버섯 부스러기를 잔뜩 뒤집어 쓴 노랑테가는버섯벌레(왼쪽)와 덕다리버섯을 뚫고 세상으로 나간 노랑테가는버섯벌레의 흔적(오른쪽)

　애벌레 때는 독방에서 혼자 지내던 녀석들이 놀랍게도 늘 뭉쳐 있습니다. 한 마리씩 따로따로 떨어져 있는 법이 없습니다. 어떤 때는 버섯의 갓 아랫면에 100마리가 넘게 모여서 만찬을 즐기기도 합니다. 녀석들은 어떻게 한곳에 모일 수 있는 것일까요? 동물이나 곤충은 말言語 대신 특유의 물질인 페로몬을 내뿜어 동족에게 제 의사를 전합니다. 예를 들어 위험을 알리는 경보 페로몬, 짝짓기를 하려고 이성을 꾀는 성 페로몬 등을 뿜는 것이지요. 바로 이 자기들만의 대화법인 페로몬 중에서 집합 페로몬을 내뿜어 멀리 흩어져 있던 친구들을 불러 모읍니다. 곤충들 세계에서도 '뭉치면 살고 흩어지면 죽는다.'는 말이 통하나 봅니다. 혼자 있는 것보다는 여럿이 함께 모여 있으면 천적한테 덜 잡아먹히는 모양입니다. 특히 노랑테가는버섯벌레는 몸 색깔이 노란색과 까만색이 교묘히 섞여 있어서 경고색의 효과를 보기도 합니다. 수십 마리가 한데 뭉쳐 몰려 있으면 알

덕다리버섯 속에 모여 사는 어른 노랑테가는버섯벌레

록알록하여 훨씬 눈에 잘 띕니다. 눈에 잘 띄면 새 같은 천적이 냉큼 와서 잡아먹지 않겠느냐고요? 아니요, 화려한 색깔을 띠는 녀석들은 독이 있을 것이라고 지레 짐작한 포식자들이 공격하지 않습니다. 덩치 작은 곤충들의 참으로 유쾌한 생존 전략이지요.

한데 모여 살면 좋은 점이 하나 또 있습니다. 짝짓기할 상대를 만나기가 수월합니다. 녀석들은 식사를 하다가도 마음에 드는 짝이 있으면 바로 사랑을 나눕니다. 그리고는 버섯 곳곳에 알을 낳습니다. 알을 낳은 뒤에는 힘이 빠져서 서서히 죽어갑니다. 어른벌레로 변신해서는 길어 봤자 채 열흘도 못 사는 벌레 인생. 그 짧은 삶을 살겠다고 버섯 한 조각에서 기를 쓰고 살아온 녀석들을 생각하니 마음이 짠해집니다.

### 표고도 즐겨 먹는 노랑테가는버섯벌레

노랑테가는버섯벌레는 먹성이 좋아 아무 버섯이나 잘 먹습니다. 뽕나무버섯도 잘 먹고 표고도 잘 먹습니다. 우리 밥상에 단골로 오르는 표고를 모르는 사람은 아마도 없을 겁니다. 표고에는 암을 이겨 내는 물질과 비타민 전 단계 물질인 프로비타민이 풍부해 많이 먹으면 먹을수록 좋다고 합니다. 그래서인지 웬만한 우리 전통 요리에는 빠지지 않고 들어가지요. 표고에는 표고만의 특유의 향이 있습니다. 렌티오닌lenthionine이라는 물질인데요, 아마도 표고가 내는 여러 향 가운데 노랑테가는버섯벌레의 식욕을 당기게 하는 물질도 렌티오닌일 것이라 추측하고 있습니다.

노랑테가는버섯벌레는 표고의 갓이 채 펴지기도 전에 귀신같이 표고 냄새를 맡고 찾아옵니다. 그리곤 새하얀 갓 아래면의 주름살을 갉아먹습니다. 몸집이 작은데다가 위험하다 싶으면 주름살 사이로 냉큼 들어가 숨어 버리니 웬만해선 사람 눈에 잘 띄지도 않습니다. 이 녀석들은 짝짓기를 한 뒤에 싱싱한 표고 주름살 사이에 알을 낳기도 합니다. 사람들은 그 사실을 까맣게 모르고 표고를 따서 맛있게 먹습니다. 어쩌면 노랑테가는버섯벌레의 알과 애벌레도 우리 입안으로 딸려 들어갔을지도 모릅니다.

노랑테가는버섯벌레가 표고에서 평생을 사는 것이 가능할까요? 물론입니다. 단, 바짝 마른 표

**짝짓기를 하기 위해 준비 중인 노랑테가는버섯벌레**
_ 사진 속 버섯은 뽕나무버섯

고라야 가능합니다. 아시다시피 표고는 질기고 단단한 편이라서 잘 말리면 나무에 나는 버섯민주름버섯목 못지않게 딱딱합니다. 그러니 먹성 좋은 노랑테가는버섯벌레가 알을 낳고, 애벌레가 자라 번데기를 만들고, 어른벌레가 되기에 딱 좋습니다. 집에 말린 표고가 있다면 혹시 곤충이 있는지 잘 들여다보세요. 노랑테가는버섯벌레가 살고 있을지도 모릅니다. 표고가 새로 피어날 때 재빨리 달려와 알을 낳은 친구가 있었다면 말입니다.

### 버섯 한 조각은 수백 마리 곤충의 삶터

더 이상 쓸모없을 것 같은 썩은 나무에서만 사는 버섯, 그 버섯을 먹고 사는 곤충. 그 버섯과 곤충이 있어 숲에 나 뒹구는 썩은 나무들은 잘디잘게 분해되었다가 수많은 미생물에 의해 더 작은 원소로 분해되어 식물의 거름이 됩니다. 한 조각의 버섯만 있어도 감지덕지하며 찾아와 둥지를 트는 곤충들은 큰 욕심이 없습니다. 평생 동안 살아가는 데 필요한 버섯 한 조각만 있으면 족합니다. 지름 10

식성 좋은 노랑테가는버섯벌레가 좋아하는 버섯들_ 왼쪽부터 덕다리버섯(어른벌레), 뽕나무버섯(애벌레), 표고(어른벌레)

센티미터, 두께 2센티미터 정도 크기의 버섯 한 자루에 50마리도 넘는 노랑테가는버섯벌레가 모여 먹이 걱정 없이 일생을 편안히 살 수 있습니다. 누가 알려 주지 않았는데도 버려진 썩은 나무에 붙어 사는 덕다리버섯에 그렇게 많은 곤충이 깃들어 살고 있다니 그저 놀라울 뿐입니다.

　이제 숲에 들었다가 나무에 붙어 있는 버섯이나, 땅에 돋은 버섯을 아무 생각 없이 따서 보고는 휙 버리거나 툭툭 건드릴 일이 아닙니다. 무심코 내팽개쳐 버린 버섯을 평생의 삶터로 여기며 살고 있는 귀한 생명들, 곤충이 살고 있을지도 모르니까요.

한때는 노랑테가는버섯벌레의 최고 밥상이었으나 이제는 늙고 색 바랜 덕다리버섯에 새 생명이 깃들었을지도 모른다.

# 무지갯빛 영롱한 줄무당거저리를 품은 단색털구름버섯

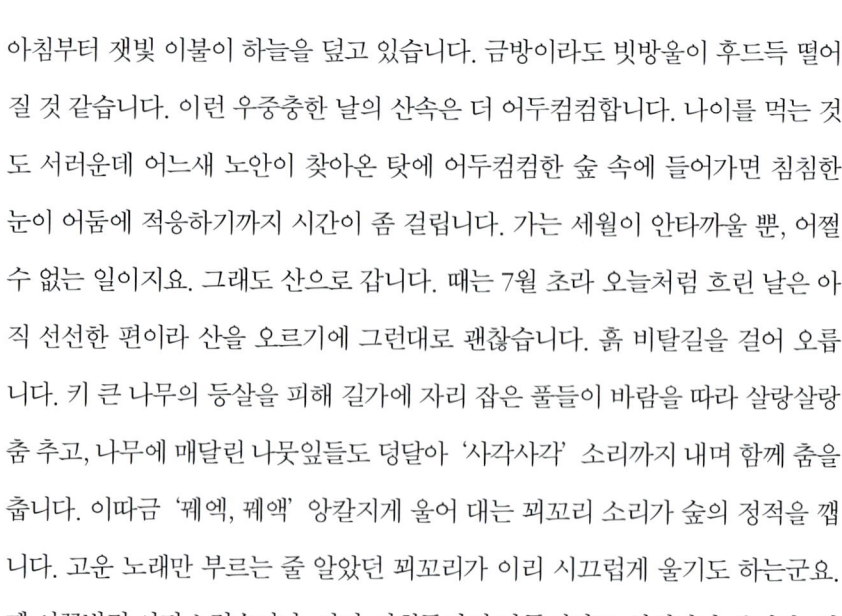

아침부터 잿빛 이불이 하늘을 덮고 있습니다. 금방이라도 빗방울이 후드득 떨어질 것 같습니다. 이런 우중충한 날의 산속은 더 어두컴컴합니다. 나이를 먹는 것도 서러운데 어느새 노안이 찾아온 탓에 어두컴컴한 숲 속에 들어가면 침침한 눈이 어둠에 적응하기까지 시간이 좀 걸립니다. 가는 세월이 안타까울 뿐, 어쩔 수 없는 일이지요. 그래도 산으로 갑니다. 때는 7월 초라 오늘처럼 흐린 날은 아직 선선한 편이라 산을 오르기에 그런대로 괜찮습니다. 흙 비탈길을 걸어 오릅니다. 키 큰 나무의 등살을 피해 길가에 자리 잡은 풀들이 바람을 따라 살랑살랑 춤 추고, 나무에 매달린 나뭇잎들도 덩달아 '사각사각' 소리까지 내며 함께 춤을 춥니다. 이따금 '꿰엑, 꿰액' 앙칼지게 울어 대는 꾀꼬리 소리가 숲의 정적을 깹니다. 고운 노래만 부르는 줄 알았던 꾀꼬리가 이리 시끄럽게 울기도 하는군요. 꽤 시끌벅적 야단스럽습니다. 아마 저희들끼리 다툼이라도 일어났나 봅니다. 꾀

꼬리들의 요란한 울음소리 덕분에 잠자는 듯 고요하던 숲에 술렁임이 일며 생동감이 넘칩니다.

꾀꼬리 소리를 뒤로 둔 채 한참을 걷습니다. 넋 놓고 무작정 걷는 것이 아니라 제 두 눈은 버섯을 찾느라 이리저리 구르느라 바쁩니다. 힘이 빠져 시름시름 앓는 갈참나무 한 그루가 길옆에 서 있는 모습이 제 눈에 들어옵니다. 나무껍질에는 무슨 버섯인지 겹겹이 붙어 있습니다. 총총 걸음으로 다가가 보니 구름버섯과 비슷하게 생긴 단색털구름버섯(Cerrena unicolor (Fr.) Murr)입니다. 다 자라서 반달처럼 나무에 붙어 있는 버섯도 있지만, 이제 막 버섯이 되려는 균사체도 허옇게 붙어 있습니다. 단색털구름버섯을 구경하면서 몇 조각을 뒤집어 봅니다. 어머, 갑자기 무지개 색이 영롱한 곤충 한 마리가 후다닥 다른 버섯 조각 틈새로 몸을 숨깁니다. 제 눈과 손도 빠르지만 조심스럽게 버섯 사이를 누비며 녀석을 찾습니다. 갓 아래 주름살에 감쪽같이 숨어 있습니다. 색깔도 화려하고 크기도 애기 손톱만 한 게 맨눈에도 확 띕니다. 줄무당거저리(Ceropria striata, Lewis)입니다.

## 단색털구름버섯을 아시나요

멀리서 보면 구름버섯으로 착각하게 되는 버섯, 단색털구름버섯. 따지고 보면 단색털구름버섯은 구름버섯의 사촌입니다. 생김새도 닮았고, 썩은 나무에 사는 것도 닮았고, 층을 이루며 층층이 피어나는 것도 닮았으니까요. 물론 꼼꼼히 살펴보면 구름버섯과 다른 점도 있습니다. 무엇보다도 단색털구름버섯의 갓의 두께가 구름버섯보다 좀 더 두껍고, 관공 모양도 약간 침처럼 생겼습니다. 단

넘실대는 구름처럼 여러 조각이 뭉쳐나는 단색털구름버섯(위)과 독특한 모습으로 나무에 붙어 있는 단색털구름버섯의 갓 아랫면(아래)

영롱한 무지갯빛의 화려한 몸 색을 자랑하는 줄무당거저리

색털구름버섯은 나무에 나는 여느 버섯처럼 자루 없이 갓이 바로 나무에서 피어납니다. 갓 크기라야 은행잎보다도 작습니다. 그러니 갓이 하나만 있으면 있는 둥 마는 둥 눈에 잘 띄지도 않습니다. 흔히 수십 개도 넘는 갓이 겹겹이 자라 마치 구름이 이는 듯한 모습으로 피어납니다. 썩어가는 나무 한 그루를 빼곡히 덮고 있는 광경은 그야말로 장관입니다.

갓의 색깔은 갈색이 잘 섞인 허연색이고, 생긴 것은 꼭 조개껍질을 엎어 놓은 것 같습니다. 갓 표면에는 다양한 털들로 덮여 있습니다. 부드러운 털, 빳빳한 털, 누워 있는 털, 서 있는 털, 기다란 털, 짧은 털 등. 갓을 뒤집어 보면 갓 아랫면의 관공이 특이합니다. 관공은 마치 '미로 찾기'라도 하듯 미로 모양으로 쫙 깔려 있습니다. 관공의 가장자리는 바늘처럼 뾰족뾰족해서 만지면 꺼끌꺼끌합니다. 갓의 가장자리는 물결이라도 치듯이 넘실거립니다. 갓은 제 아무리 두꺼워 봤자 5밀리미터도 안 되지만 질기기는 쇠심줄 저리 가랍니다. 딱딱해서 손으로 쪼개려면 한참 애를 먹습니다. 버섯이 나무처럼 단단하니 웬만해서는 잘 썩지 않습니다. 그러니 한살이 기간이 긴 딱정벌레들이 살기에는 최고의 집이지요.

단색털구름버섯은 소나무나 전나무가 자라는 바늘잎나무 숲보다는 참나무류나 오리나무류 등이 잘 자라는 넓은잎나무 숲을 훨씬 더 좋아합니다. 그것도 한 자루만 외롭게 피어나는 것이 아니고 기와지붕에 기왓장 쌓듯이 수십 개도 넘는 버섯이 차곡차곡 피어오릅니다. 이런 모습 때문인지 북한에서는 '흰털기와버섯'이라고 부릅니다. 이름만 들어도 버섯의 생김새가 눈앞에 그려지니, 누가 지었는지 이름 한 번 참 잘 지었습니다.

### 단색털구름버섯 밥상의 단골손님 줄무당거저리

비가 온 뒤의 여름 숲은 후텁지근합니다. 이때를 기다렸다는 듯 썩어가는 나무에는 단색털구름버섯이 쏙쏙 피어납니다. 활짝 펼쳐진 갓도 있고, 아직 갓으로 피어나지 못한 균사 덩어리도 나무껍질을 덮고 있습니다. 밀가루처럼 허연 단색털구름버섯 균사 덩어리에 무지갯빛 찬란한 곤충이 붙어 있습니다. 살금살금 숨죽이며 기다시피 다가가니, 아, 거저리! 줄무당거저리가 밥을 먹고 있습니다. 나무껍질에 붙어 있는 균사 덩어리를 갉아 씹어 먹느라 혼이 빠져 내가 저를 쳐다보는 것도 모릅니다. 덕분에 녀석을 찬찬히 이리 뜯어보고 저리 뜯어봅니다. 어찌 저리도 화려할까요. 참 아름답습니다. 휘황찬란하게 반짝이는 줄무당거저리에게 홀딱 반해 침만 꼴깍꼴깍 삼킵니다. 그 화려함이 오죽했으면 이름에 '무당'이란 단어를 붙였을까요? 알록달록 화려한 무녀복을 입고 춤추는 무당에 견주어 붙인 이름, '무당거저리!' 아무리 들어도 딱 맞아떨어지는 이름입니다.

나무에 붙은 균사체를 먹느라
정신이 없는 줄무당거저리

줄무당거저리는 버섯을 먹고 삽니다. 그러니 이 녀석들을 만나려면 숲으로 가야 하고, 숲에서도 버섯을 찾아야 합니다. 버섯이라고 해서 아무 버섯이나 먹는 것도 아닙니다. 녀석들이 좋아하는 단색털구름버섯을 찾아내야 합니다. 쉬이 모습을 드러내지 않으니 몸값이 비싸도 한참 비싼 녀석입니다.

줄무당거저리의 몸매는 달걀을 닮아 매끄러운 타원형입니다. 적당히 볼록하고 미끈하게 잘 빠진 것이 어디 하나 흠잡을 데가 없습니다. 몸 색깔도 무지개 빛깔을 띠니 화사하기로 말하면 그 어느 곤충도 따를 것이 없습니다. 이리 보면 보라색, 저리 보면 파랑색, 어찌 보면 청동색, 또 어찌 보면 초록색……. 보는 각도나 방향에 따라 녀석들의 몸 색은 요술을 부립니다. 이렇게 색이 곱고 화사한데 몸길이도 1센티미터쯤 되니 눈에 번쩍 띕니다. 녀석의 더듬이는 특이하게도 톱니 모양입니다. 더듬이의 각 마디마다 털이 달려 있고, 하얀 별사탕방사형 같은 감각기관도 골고루 퍼져 있어서 주변 환경의 변화를 금세 알아차립니다. 기온이 어떤지, 습도가 어떻게 바뀌는지, 바람은 어느 쪽으로 불고, 사랑할 짝은 어디에 있으며, 맛있는 버섯밥은 어디로 가면 있는지……. 모든 정보는 더듬이를 통해 수집합니다.

달걀 닮은 몸매, 더없이 화려한 무지갯빛 딱지날개, 톱니 모양의 더듬이가 선명한 줄무당거저리 뭐니 뭐니 해도 줄무당거저리의 몸에서 가장 아름다운 곳은 딱지날개입니다. 휘황찬란하게 빛나는 무지갯빛 딱지날개에는 재봉틀로 박은 듯한 점각줄이 가지런히 나 있습니다. 세어 보면 모두 9줄인데 아무리 봐도 예술입니다. 암컷과 수컷의 앞다리는 재밌게도 서로 다르게 생겼습니다. 암컷의 앞다리는 무처럼 밋밋한 데 비해 수컷의 앞다리는 많이 휘어졌습니다. 특히 종아리마디는 안쪽으로 구부러져 있고, 발목마디도 양 옆으로 넓게 부풀어져 있습니다. 부푼 수컷의 발목마디에는 거친 센털이 물 샐 틈 없이 빽빽이 나 있습니다. 왜 수컷의 다리만 우악스럽게 변형되었을까요? 종족을 보존하기 위한 자연의 섭리로, 짝짓기할 때 암컷을 놓치지 않고 꽉 잡기 위해서입니다.

## 짝짓기는 오래오래

혹시나 어른 줄무당거저리가 있을까 싶어서 단색털구름버섯을 살살 뒤져 봅니다. 버섯살이 곤충들은 갓 표면보다 주로 갓 아랫면에 숨어 지냅니다. 갓 아랫면을 특히나 꼼꼼하게 들여다봅니다. 이게 웬 횡재인가요. 줄무당거저리가 단색털구름버섯에 신방을 차렸네요. 빛이 잘 들지 않는 갓 아랫면이에요. 어두컴컴해서 사랑을 나누기에는 안성맞춤이겠어요. 그런데 짝짓기 자세가 좀 특이하네요. 대부분의 거저리는 수컷이 암컷의 등에 올라타는 자세를 취하는데, 마치 노린재류처럼 배 꽁무니를 맞대고 있네요.

짝짓기하는 녀석들에게 사진기를 들이밀고 한 컷 찍어 주려 합니다. 이렇게 사랑스런 장면을 그냥 지나칠 수는 없으니까요. 명색이 줄무당거저리의 결혼식인데 기념사진 한 장쯤은 있어야지요. 얼른 사진기를 꺼내 줄무당거저리 부부에게 조심스럽게 갖다 댑니다. 찰칵, 찰칵……. 잠시 움찔하더니 그냥 계속 사랑을 나눕니다. 줄무당거저리 부부는 그저 생식기만 서로 맞댄 채 반대쪽을 쳐다보며 우두커니 있습니다. 불청객이 자신의 사랑 장면을 뚫어지게 바라보고 있다는 걸 모르나 봅니다. 그렇게 10분쯤 지났을까요. 갑자기 장난기가 발동해 수컷을 살짝 건드렸습니다. 깜짝 놀란 수컷은 재빨리 버섯의 갓 가장자리 쪽으로 도망갑니다. 이 일을 어쩌지요. 암컷이 수컷 꽁무니에 매달린 채 수컷이 도망치는 대로 뒷걸음질로 질질 끌려갑니다. 저런, 매너 없는 수컷! 뒷걸음쳐야 하는 암컷 생각은 조금도 하지 않는 것 같네요. 저 혼자만 살겠다고 36계 줄행랑을 놓습니다. 끌려가던 암컷이 할 수 있는 일은 딱 한 가지. 수컷과 맞대고 있던 생식기를 얼른 빼 버립니다. 몸이 자유로워지자 뒤도 한 번 돌아보지 않고 층층이 쌓인 단

단색털구름버섯 사이에서 짝짓기에 열중인 줄무당거저리

암컷 줄무당거저리의 생식기

색털구름버섯 속으로 들어가 숨습니다. 괜히 녀석들의 사랑만 훼방 놓았나 봅니다. 미안한 마음에 저도 모르게 얼굴이 화끈거립니다. 언젠가 한 번은 건드리지 않고 줄무당거저리들이 얼마나 오래 사랑을 나누는지 시간을 재 본 적이 있었습니다. 녀석들은 30분도 넘게 똑같은 자세로 짝짓기를 했습니다. 꼼짝도 하지 않으니 쥐가 날 법도 한데 잘 참는 걸 보면 인내심 하나는 끝내줍니다.

어른 줄무당거저리가 살아 있는 동안 하는 일은 '위대한 번식 프로젝트'입니다. 부지런히 짝을 찾아 짝짓기를 하고 알을 낳으면 임무 완성! 방해꾼이 있었지만 녀석들도 짝짓기를 했으니 아마 단색털구름버섯의 갓 아랫면 관공에 알을 낳겠지요.

### 아기 줄무당거저리 돌보기

짝짓기하던 줄무당거저리가 단색털구름버섯들 사이로 총총히 사라지고 나니 갑자기 이들의 애벌레가 보고 싶어집니다. 짝짓기하는 녀석이 있으니 어떤 녀석은 이미 알을 낳았을 텐데……. 마음은 급하지만 갓난아기 어루만지듯 조심조심 버섯을 들춰 봅니다. 줄무당거저리 애벌레는 갓 아랫면에서 먹고 자고 하거든요. 버섯을 대여섯 조각쯤 들췄을까, 날씬하고 기다란 애벌레가 관공 사이로 휙 지나갑니다. 얼마나 빠른지 거짓말 조금 보태서 눈 한 번 깜박하는 사이에 사라져 버렸습니다. 다시 버섯 하나를 들추니 아, 여기에 숨었네요. 오랫동안 거저리와 놀다 보니 아기 거저리든 어른 거저리든 거저리를 만나면 반가워 온몸에 전율이 느껴집니다. 언뜻 보기에도 생긴 품새가 거저리 애벌레입니다. 느긋하게 감상하려는데 녀석이 또 도망을 칩니다. 사라진 녀석을 찾아 한참이나 버섯을 뒤적였지만 이번에는 도무지 모습을 드러내지 않네요. 단색털구름버섯이 너무 딱딱하고 뻣뻣해서 버섯을 매만진 손끝이 얼얼합니다.

녀석들이 어떻게 살아가는지, 어떤 버릇이 있는지 궁금해집니다. 하는 수 없습니다. 녀석들에게는 미안하지만 연구실로 데려와 같이 살아보는 수밖에 다른 도리가 없습니다. 단색털구름버섯 몇 조각을 조심스럽게 따서 자그마한 통에 담아 연구실로 데려옵니다. 연구실 어두운 곳에 잘 모셔 두고 정성껏 보살피면서 부디 애벌레가 잘 자라길 빕니다.

며칠 후 통 속에 들어 있는 단색털구름버섯을 살짝 들춰 봅니다. 갓 아랫면에서 철사처럼 기다란 애벌레가 쉬고 있다가 화들짝 놀라 얼른 다른 버섯 속으로 숨어듭니다. 족히 1센티미터는 되어 보이네요. 그새 허물을 한 번 벗어던졌나 봅니다. 몸이 부쩍 커졌습니다. 맨눈으로도 잘 보입니다. 날렵하게 생긴 몸매가

윤이 나는 짙은 갈색 몸을 한 줄무당거저리 애벌레

역시 줄무당거저리 애벌레군요. 몸이 굉장히 길쭉하고 날씬합니다. 몸 전체가 반질거리는 것이 마치 참기름이라도 발라 놓은 것 같습니다. 몸 색은 짙은 갈색인데 몸의 마디와 마디를 이어 주는 연결막은 노르스름하고, 특이하게 머리에는 검붉은 반점이 그려져 있습니다. 날렵한 몸매를 자랑이라도 하려는 듯 몸놀림이 굉장히 빠르네요. 여섯 개의 다리를 꼬물꼬물 얼마나 빨리 움직이는지 마치 뱀이 미끄러져 나가듯 달려갑니다. 지나가는 길목을 손끝으로 막으면 오른쪽이든 왼쪽이든 재빨리 방향을 틀어 내달립니다. 녀석들은 후진도 잘 합니다. 배 끝에 항문돌기anal tube가 달려 있어서 버섯에서 떨어지지 않도록 매달리기도 하고 뒤쪽으로 움직이기도 합니다. 얇은 버섯에 적응해 오랜 세월 동안 살다 보니 몸도 버섯 주변을 오르내리기 편하게 바뀐 것입니다. 녀석은 환한 빛이 눈부신지 자꾸만 어두운 곳을 찾아 숨어듭니다. 그도 그럴 것이 녀석은 어두운 밤을 좋아하는 거저리 가족이거든요. 관찰을 한답시고 자꾸 건드리는 것이 못내 미안해 녀석이 버섯 속으로 들어가 숨도록 내버려 둡니다.

### 줄무당거저리의 한살이

연구실에서 줄무당거저리 애벌레와 같이 산 지 어느덧 30일이 되어 갑니다. 알에서 태어난 애벌레는 모두 세 번의 허물을 벗어야 번데기가 되고, 그 기간은 약 40일 정도입니다. 애벌레가 하는 일이라고는 오로지 버섯을 무섭게 먹어 대고 겁나게 싸는 일뿐입니다. 먹으면 배설하는 것이 정한 이치, 줄무당거저리의 애벌레도 버섯밥을 먹고 똥을 쌉니다. 애벌레의 몸이 불어나면 날수록 똥의 양도 늘어납니다. 줄무당거저리의 애벌레와 어른벌레는 각각 모양이 다른 똥을 눕니다. 애벌레는 머리카락 같이 가늘고 긴 똥을 싸고, 어른벌레는 동글동글한 과립형 똥을 쌉니다. 그런데 가늘고 기다란 애벌레의 똥은 보면 볼수록 신기합니다. 한번은 호기심에 얼마나 길게 싸는지 직접 재어 본 적이 있습니다. 끊어지지 않고 항문에서 나오는 길이가 무려 5센티미터나 되었습니다. 방앗간에서 가래떡 나오듯이 항문에서 똥이 천천히 잘도 빠져나옵니다. 술술 빠져나온 똥들은 두엄처럼 차곡차곡 쌓여 똥 더미를 만듭니다. 오래된 똥은 거무칙칙하고 쉽게 부스러집니다. 애벌레의 몸이 커질수록 똥의 굵기는 굵어지고, 색깔은 연해집니다. 이런저런 이유로 똥만 봐도 애벌레가 몇 령인지, 무슨 버섯을 먹었는지 대충 짐작할 수 있습니다.

줄무당거저리의 애벌레는 저희들이 싼 똥을 버리지 않고 차곡차곡 쌓아 놓습니다. 왜 그럴까요? 녀석들에게 똥 더미는 방공호 같은 최고의 안전지대입니

실타래가 엉킨 것 같은 줄무당거저리 애벌레의 똥

다. 두께가 얇은 버섯에서 집도 짓지 않고 장돌뱅이처럼 떠돌아다니며 살다 보면 버섯 밖으로 떨어질 수도 있는데 이들은 똥 더미 때문에 떨어질 염려가 없습니다. 또한 천적이 가까이 있어도 똥 더미 속에 숨어 있으면 쉽게 눈에 띌 염려가 없고, 비가 와도 빗물이 잘 들이치지 않으며, 애벌레가 허물을 벗을 때는 잘 벗을 수 있도록 지지대 역할도 해줍니다. 똥이지만 좋은 게 한두 가지가 아닙니다. 똥 덕에 녀석들은 험난한 세상에서 그나마 안심하고 어른벌레로 거듭날 수 있습니다. 녀석들에게 똥은 영원한 안전지대요, 은신처입니다.

그렇게 먹어 대던 애벌레가 어느덧 번데기가 되려나 봅니다. 팔팔하던 종령 애벌레는 몸에서 힘이 점점 빠지는지 움직임이 느려지고 몸도 쪼그라들어 갑니다. 어떤 녀석은 자꾸 버섯 틈새 구석진 곳으로 들어가고, 어떤 녀석은 갓 아랫면에 수북이 쌓인 머리카락 같은 똥 더미 속으로 기어듭니다. 번데기 만들 자리

| 1 | 2 |
|---|---|
| 3 | 4 |
| 5 | |

1 번데기가 될 준비를 하고 있는 줄무당거저리 전용 2 번데기가 되기 위해 마지막 허물을 벗는 줄무당거저리 3 우윳빛 피부가 거뭇거뭇하게 변하는 줄무당거저리 번데기 4 똥 더미 위에 죽은 듯이 누워 있는 줄무당거저리 번데기 5 똥 더미 속에서 날개돋이에 성공한 줄무당거저리

를 물색하나 봅니다. 어쩌나 보려고 똥 더미 속으로 들어가려는 녀석의 길을 막아 서며 슬쩍 건드려 봅니다. 움직임도 느려지고 비실거리던 녀석이 어디서 힘이 솟은 것인지 기다란 몸을 세차게 요동칩니다. 오른쪽에서 왼쪽으로, 왼쪽에서 오른쪽으로 마구 몸을 비틉니다. 자꾸 툭툭 건드리니 몸을 아예 뒤집으며 비틀더니 재까닥 일어나 버섯 속으로 도망쳐 버립니다.

버섯 속으로 들어간 종령 애벌레는 버섯 아랫면에 쌓인 엉킨 실타래 같은 똥 더미 위에 비스듬히 앉습니다. 철사처럼 곧았던 몸이 점점 구부러지니 바로 앉고 싶어도 앉을 수가 없습니다. 번데기가 되기 바로 전의 애벌레전용는, 몸은 쪼그라들고 웬만해서는 움직이지도 먹지도 않습니다. 그저 똥 더미 위에 누워 번데기가 되기만을 기다립니다. 최소한 이삼 일은 기다려야 번데기가 됩니다. 왜 그렇게 오래 걸리는 것일까요? 번데기가 되려면 애벌레 시절에 입있던 갑옷큐티클을 벗어 던져야 하기 때문이지요. 정확하게 말하면 입고 있던 오래된 표피 아래에서 새 표피가 자라 나오기를 기다리는 것이지요. 녀석의 겉 표피는 잘 찢어지지 않는 큐티클로 되어 있어서 만일 오래된 표피를 벗지 않으면 좁고 질긴 표피에 갇혀 죽습니다. 몸이 커지거나 번데기가 되려면 겉 표피를 반드시 벗어야 하는 이유입니다. 그래서 줄무당거저리 전용은 겉 표피 아래에서 새 표피가 자랄 때까지 움직이지도, 먹지도 않고 기다립니다. 녀석들이라고 해서 세상살이가 편한 것 같지도 않습니다. 정해진 한살이 일정이 조금만 삐끗해도 목숨이 왔다 갔다 하니 말입니다.

전용 상태로 이삼 일이 지나자, 똥 더미 위에 구부리고 누워 있던 녀석이 실바람에 흔들리듯 미세하게 움직입니다. 애벌레 때 걸치고 있던 허물을 벗으려나 봅니다. 머리에서 가슴까지 이어진 탈피선이 조금씩 갈라지기 시작합니다. 나도 모르게 숨을 죽인 채 바라봅니다. 서서히 탈피선이 갈라지더니 머리와 가슴 부분이 차례차례 허물에서 빠져나옵니다. 빠져나오다 힘들면 잠시 쉬고, 다시 빠져나오다 힘들면 또 잠시 쉬고……. 그러기를 30분 넘게 하더니 배의 끝 부분까지 다 나왔습니다. 드디어 소시지 같이 기다란 애벌레에서 포대기로 푹 싼 갓난아기 같은 번데기로 변신을 마쳤습니다. 거무칙칙하고 기다란 애벌레 몸속에서 하얀 우유 빛깔의 번데기가 나오다니! 살짝만 눌러도 푹 쭈그러질 것 같이 야들야들한 번데기 옆에는 애벌레 시절 내내 입고 있던 허물을 가지런히 벗어 놓았습니다. 생명의 오묘함이라니, 그저 경이로울 뿐입니다. 이러한 생명의 오묘한 변화를 현장에서 실제로 들여다보는 것은, 책이나 화면을 통해 간접적으로 보고 느끼는 것과는 정말이지 비교가 안 됩니다.

번데기가 된 지 일주일이 지나자 우윳빛이던 번데기의 몸 색이 거뭇거뭇하게 변하기 시작합니다. 특히 눈, 날개, 다리가 될 부분들이 차차 거무스름하게 바뀌어 가네요. 번데기는 죽은 듯이 꼼짝 않고 똥 더미 위에 누워 있습니다. 혹시나 싶어 살짝 건드려 보니 녀석은 벌컥 화라도 내듯이 갑자기 몸으로 원을 그리듯 배 부분을 휘졌습니다. 시계 방향으로 다시 시계 반대 방향으로 동그랗게 원을 그리듯이 세차게 흔듭니다. 마치 나 살아 있으니 귀찮게 하지 말라고 항의라도 하는 듯합니다.

번데기가 된 지 열흘째 되는 날. 드디어 번데기가 꿈틀거립니다. 머리에서 등으로 이어지는 탈피선이 보일 듯 말 듯 갈라지면서 머리와 가슴등판이 빠져나오기 시작합니다. 이어서 더듬이가 빠져나오고, 딱지날개와 다리까지 마저 빠져나옵니다. 번데기에서 완전히 벗어나는 데 한 시간이 넘게 걸렸습니다. 드디어 어른벌레로 완벽 변신! 이제는 어엿한 줄무당거저리 어른벌레입니다. 그러나 방

심은 금물! 이때 줄무당거저리를 건드리면 큰일이 납니다. 아직 몸 색깔도 허옇고 몸도 굉장히 말랑말랑합니다. 굳지 않고 부드러운 녀석의 몸은 살짝 만지기만 해도 움푹 들어갑니다. 몸이 딱딱하게 굳으려면 앞으로 일주일은 더 기다려야 합니다. 그 일주일 동안은 먹이도 먹지 않고 움직이지도 않는 채 얌전히 기다리기만 합니다. 줄무당거저리는 어른벌레가 되기까지 산 넘고 물 건너 바다를 건너는 것만큼 고된 일정을 밟아야 합니다. 살아남기 위해 고군분투하는 녀석을 보고 있자니 가슴이 싸해집니다.

날짜를 계산해 보니, 엄마 줄무당거저리가 낳은 알에서 깨어난 애벌레가 번데기를 거쳐 어른벌레로 변신하기까지 최소 60일 정도가 걸렸네요. 곤충치고는 꽤 긴 시간입니다. 그동안 줄무당거저리는 줄곧 버섯을 벗어나지 못합니다. 줄무당거저리가 성공적으로 한살이를 마치기 위해서는 잘 썩지 않는 딱딱한 버섯이 최고의 집이자 밥입니다. 그래서 줄무당거저리는 땅에 나는 부드럽고 어여쁜 버섯을 먹고 싶어도 마음뿐 먹을 수가 없습니다. 땅에서 자라는 버섯들은 대개 수명이 짧으니까요. 이 친구들은 죽으나 사나 나무에 나는 딱딱하고 가죽질의 질긴 버섯만을 먹고 살아야 할 팔자입니다.

몸이 딱딱하게 굳은 줄무당거저리가 단단한 버섯 위에 위풍당당하게 서 있다.

# 조개껍질버섯 속에서 평생을 사는 톱니무늬버섯벌레

언제부터인지 숲에 들면 나무에 피어난 버섯만 자꾸 눈에 띕니다. 그런데 버섯이란 녀석 말이에요, 처음에 관심을 갖고 보면 고놈이 고놈 같고 이놈이 이놈 같아 마구 헷갈립니다. 반달처럼 나무에 딱 붙어나는 버섯은 특히나 구분이 안 갑니다. 갓의 빛깔이 바래기라도 하면 더 헤맵니다. 구름버섯, 꽃구름버섯, 단색털구름버섯, 메꽃버섯부치, 조개버섯, 송곳니구름버섯, 조개껍질버섯……. 몇 년을 쫓아다니고 나서야 비로소 구분이 좀 되더군요.

무엇을 보면 금방 알 수 있을까요? 갓을 뒤집어 아랫면을 보면 어느 버섯인지 대강 감을 잡을 수 있습니다. 버섯의 아랫면에는 식물로 치면 씨앗에 해당되는 포자를 만드는 기관이 있거든요. 버섯마다 포자 만드는 기관이 다르다 보니 갓 아랫면의 생김새는 그야말로 각양각색입니다. 빗살처럼 가지런한 주름살이 있는 버섯이 있고, 튜브관공처럼 구멍이 송송 뚫린 버섯이 있는가 하면 바늘 같이 뽀족뽀족한 버섯도 있습니다. 나무에 나는 버섯들은 대개 갓 아랫면이 튜브처럼 구멍이 나 있어서, 주름살인 경우에는 어떤 버섯인지 쉽게 구분할 수 있습니다.

조개껍질버섯(Lenzites betulina (L.) Fr.)은 갓 아랫면이 주름살 모양입니다. 나무에 붙어 있는 갓 모양이 조개껍질을 엎어 놓은 것 같다고 해서 붙여진 이름이지요. 조개 가운데서도 제법 큰 대합만 해서 금방 눈에 띕니다. 어느 산에 가든 한두 개는 꼭 만나게 되는 조개껍질버섯. 늘 만나다 보니 친구처럼 편안합니다. 만날 때마다 눈인사를 나누는데, 어떤 때는 버섯 주변에 동글동글한 모래 알갱이 같은 부스러기가 쌓여 있기도 합니다. 누가 쌓아 놓았을까요? 아마 버섯벌레류가 살고 있나 봅니다. 버섯을 살짝 들추니 낯익은 버섯벌레가 다소곳이 앉아 있네요. 언제 봐도 늘 아름다운 톱니무늬버섯벌레(Aulacochilus decoratus Reitter)입니다.

### 바다 대신 산속 나무에 달린 대합, 조개껍질버섯

조개껍질버섯의 색깔은 좀 칙칙합니다. 너무 밋밋해 멋스럽지는 않습니다. 그게 억울해서인지 갓 표면에 하얗고 짧은 털을 빽빽이 깔아 멋을 부렸습니다. 자세히 들여다보면 제 딴에는 고리 모양의 무늬도 예쁘게 그려 넣어 마냥 못생겼다고 핀잔할 일은 아닙니다. 조개껍질버섯의 갓 크기는 큰 것은 지름이 10센티미터나 됩니다. 두께도 1센티미터에 육박하니 두툼한 편이지요. 나무에 나는 버섯 출신답게 질기기는 쇠심줄 못지않게 질깁니다. 웬만큼 힘을 주어서는 잘 쪼개지지도 않습니다. 그렇게 딱딱하고 질기니 곤충에게는 환영을 받습니다. 버섯이 질기면 썩기까지 시간이 오래 걸리니 곤충들은 먹이와 집 걱정 없이 한살

1 단단하고 못생겼어도 버섯살이 곤충에게는 귀한 집이요, 밥상인 조개껍질버섯 2 마치 꼭 다문 조개껍질처럼 생긴 조개껍질버섯의 갓 3 나무에 나는 버섯 중에는 드문 주름살을 가진 조개껍질버섯의 아랫면

이를 마치기에 딱 좋거든요.

조개껍질버섯에는 여러 곤충이 꼬여 듭니다. 대개는 몸길이가 2밀리미터밖에 안 되는 작은 곤충들이 찾는데, 종종 몸집이 큰 녀석들이 찾아오기도 합니다. 톱니무늬버섯벌레라는 녀석인데, 몸 크기가 7밀리미터나 되어 맨눈으로도 잘 보입니다. 이 친구들은 조개껍질버섯 없이는 못 사는 버섯벌레입니다.

### 화려한 톱니무늬 딱지날개를 단 버섯벌레

톱니무늬버섯벌레의 몸매는 계란 모양인데 군더더기 없이 미끈하고 말끔합니다. 버섯벌레 미인대회라도 나가면 틀림없이 '미스 버섯벌레'로 뽑힐 것 같습니다. 까만색 몸 표면에는 형광색이 도는 파랑색 매니큐어를 덧칠했고, 딱지날개는 빨간색 무늬가 그려져 정열적으로 빛납니다. 늘쑥날쑥 삐죽삐죽하게 아무렇게나 그려진 빨간 무늬는 톱니처럼 날카로워 눈에 확 띕니다. 무늬가 톱니를 닮아 톱니무늬버섯벌레라는 이름까지 가졌으니 그것만으로도 빨간 무늬는 제 몫을 한 셈입니다. 더듬이는 버섯벌레 집안(버섯벌레과) 식구답게 끝의 세 마디가 부풀은 곤봉 모양이고, 피부에는 크고 작은 점들이 빽빽하게 박혀 있습니다.

톱니무늬버섯벌레는 단단한 조개껍질버섯의 주름살을 잘도 먹습니다. 워낙 큰턱이 튼튼하니 딱딱한 버섯을 먹는 건 일도 아닙니다. 비슷한 시기에 번데기에서 어른벌레로 변신한 녀석들은 밥상이 차려진 조개껍질버섯 식당으로 하나둘 모여듭니다. 조개껍질버섯이 차려준 공짜 버섯밥을 먹으면서, 멋있는 짝과 눈이 맞으면 즉석에서 짝짓기를 합니다. 짝짓기는 여느 버섯벌레류처럼 수컷이 암컷 등 위에 올라탑니다. 짝짓기는 꽤 오래하는 편입니다. 누가 건드리지만 않

수컷이 암컷의 등에 올라타 짝짓기를 하고 있는 톱니무늬버섯벌레

푸른빛이 도는 광택과 붉은 톱니무늬를 자랑하며 구름버섯을 간식으로 먹고 있는 톱니무늬버섯벌레

으면 한 자리에서 거의 움직이지 않고 수컷이 암컷을 끌어안은 채 사랑을 나눕니다. 왜 안 그러겠어요? 지금 아니면 이제 다시는 못 볼 짝꿍인데요. 수컷은 짝짓기가 끝나면 시름시름 힘이 빠져 죽고, 암컷도 있는 힘껏 알을 낳고는 기운이 다 빠지면 죽어갈 테니까요.

### 아기 톱니무늬버섯벌레는 예쁜이, 엄마 닮았네

짝짓기를 마친 암컷은 알을 낳습니다. 멀리 갈 필요도 없이 좀 전까지 제가

주름살 사이사이 소복하게 톱니무늬버섯벌레 애벌레의 똥이 쌓여 있는 조개껍질버섯

먹던 조개껍질버섯에 낳으면 그만입니다. 어미는 대개 버섯의 주름살에 알을 낳는데, 가지런히 뻗은 주름살 사이에 알을 낳아 놓으면 천적이 알을 찾아내기가 어려워 안전하기 때문이지요. 알에서 깨어난 애벌레도 조개껍질버섯을 먹으며 무럭무럭 자랍니다.

마침 갈참나무 그루터기에 아기 손바닥만 한 조개껍질버섯이 피었는데 심상치 않네요. 얼른 갓을 뒤집으니 주름살 사이사이에 흰 부스러기가 소복소복 쌓여 있군요. 분명 톱니무늬버섯벌레 새끼가 자라고 있을 거예요. 버섯 속에 사는 곤충치고 톱니무늬버섯벌레 애벌레는 몸집이 커서 먹고 싸는 똥도 금방 눈에 띕니다. 하얀 과립형 똥들이 탐스럽게 쌓인 주름살을 조심스럽게 살짝 벌려 봅니다. 그 딱딱하던 조개껍질버섯이 애벌레에게 얼마나 먹혔는지 힘을 들이지 않았는데도 부드럽게 쪼개집니다. 주름살은 그대로인데 주름살 밑의 버섯살은 녀석들에게 먹혀 군데군데 텅 비었군요. 그 빈 공간을 동글동글한 녀석들의 똥이 메꾸고 있습니다. 주름살 틈새와 똥들 사이로 애벌레 십여 마리가 보입니다. 한쪽엔 번데기도 누워 있네요.

　놀란 애벌레가 도망을 친다는 것이 그만 주름살 밖으로 나옵니다. 때를 기다리고 있던 제 눈에 녀석이 딱 걸렸습니다. 버섯벌레류가 이리 편하게 관찰할 수 있도록 주름살 밖으로 버젓이 걸어 나오는 일은 매우 드문 일이라 사진도 신나게 찍어 줍니다. 플래시가 터져도 웬일인지 녀석은 도망가지 않고 주름살 위에서 제대로 포즈까지 취해 주네요. 기특해서 포토제닉상이라도 줘야겠습니다.

　피는 못 속인다고 했던가요. 엄마를 닮아 애벌레도 정말 예쁩니다. 어쩌면 저리도 순하게 생겼을까요. 매끈한 피부에 털이 났긴 했지만 별로 표가 나지 않습니다. 그러고 보니 털이 보드랍게 나서 그도 예쁩니다. 몸 색깔은 짙은 회색이고, 몸의 마디마디를 연결하는 연결막은 새하얀 색이라서 색의 조화가 굉장히 세련됐습니다. 피부는 터질 듯 말랑말랑하지도, 딱딱한 가죽질처럼 뻣뻣하지도 않고 적당히 말랑거립니다. 살짝 만져 봐도 몸이 눌리지 않네요. 가슴에만 다리가 세 쌍이 있는데, 여섯 개의 발로 주름살 위를 제법 잘 걸어 다닙니다. 슬쩍 머리를 건드리니 움찔 놀라며 몸을 C자로 살짝 구부립니다. 그러고는 후진을 합니다. 배 끝마디에는 날카로운 갈고리 같은 꼬리돌기 두 개가 하늘을 향해 치켜 올라가 있습니다. 좁디좁은 버섯 속에서 살아가려면 요모조모 공간 활용을 잘 해

| 1 | 2 |
|---|---|
| 3 | 4 |

1 매끈한 피부, 앙증맞은 다리, 날카로운 꼬리돌기를 모두 드러내고 한껏 포즈를 취해준 톱니무늬버섯벌레 애벌레 2 애벌레에서 번데기로 탈바꿈한 톱니무늬버섯벌레의 투명한 우윳빛 등 위로 점선 무늬가 선명하다. 원 안은 번데기의 옆모습 3 막 날개돋이를 끝내고 몸이 굳기를 기다리는 애송이 톱니무늬버섯벌레 4 몸이 굳어 완전한 어른벌레가 된 톱니무늬버섯벌레

야 합니다. 꼬리마디에 갈고리 돌기가 있어서 버섯에서 떨어지지 않게 꽉 잡을 수도 있고, 급하면 꼬리돌기로 버섯을 짚고 뒤로도 갈 수 있습니다. 어쩌면 이리도 조그만 녀석이 돌기를 만들어 낼 생각을 다 했을까요? 그저 신기할 뿐입니다.

### 번데기도 아름다운 톱니무늬버섯벌레

톱니무늬버섯벌레 애벌레는 조개껍질버섯을 벗어나는 일이 없습니다. 날이면 날마다 조개껍질버섯 집에만 있습니다. 누가 뭐래도 최고의 집이니까요. 버섯 집에 머물며 질리지도 않고 열심히 먹어 대던 애벌레가 드디어 번데기가 되려나 봅니다. 그 좋던 먹성은 어디로 가고 더 이상 밥을 먹지 않습니다. 하루 종일 버섯 여기저기를 기웃거리며 번데기 만들 장소를 찾는 데 공을 들입니다. 마음에 드는 장소를 골랐나 봅니다. 주름살 아래쪽 빈 공간에 자리를 잡습니다. 이미 몸은 할머니 피부처럼 쪼그라듭니다. 허물 안에서 새살이 돋기를 기다리는 것입니다. 드디어 마지막 허물을 벗어 옆에 가지런히 놓고서는 번데기로 탈바꿈을 합니다. 이제 최소 2주일은 꾹 참고 기다려야 합니다. 그래야 비로소 어른이 됩니다.

여느 버섯벌레류보다 몸이 약간 길어 보이는 번데기도 애벌레나 어미 못지않게 아름답습니다. 피부가 매우 투명하고, 반짝거리는 몸은 우윳빛입니다. 뽀얀 우윳빛 몸의 등 쪽으로는 까만 점선 무늬를 그려 넣었습니다. 마치 한 땀 한 땀 홈질로 수를 놓은 듯이. 번데기에 무늬를 새겨 넣는 곤충은 그리 많지 않은데, 까만 돌기 같은 점들이 주근깨처럼 콕콕 박혀 있네요. 모습이 정말 귀여워 자꾸 쳐다봅니다. 톱니무늬버섯벌레는 번데기도 멋쟁이입니다.

2주나 지났을까요. 번데기의 색깔이 거무칙칙해집니다. 어른벌레로 변신하려나 봅니다. 머리에서 등 쪽으로 난 탈피선이 조금씩 벌어지려 합니다. 한나절쯤 지나니 갈라진 탈피선으로부터 어른벌레의 가슴과 머리가 나오기 시작합니다. 힘들여 천천히 어른벌레가 나오고 있네요. 얼마나 힘들까요? 새로운 모습으로 변신하기 위해 입고 있던 옷을 벗어 버리고 새살을 꺼내야 하니⋯⋯. 사람이 아기를 낳는 것만큼이나 힘들어 보이네요. 딱지날개가 나오고 다리 여섯 개까지 다 나왔습니다. 어른 톱니무늬버섯벌레의 탄생입니다. 하지만 아직 힘이 없어 어른 구실은 하지 못합니다. 딱지날개도 허옇고 톱니무늬도 허연 색입니다. 몸은 얼마나 부드러운지 누르면 우그러들 것처럼 연약합니다. 좀 더 시간이 필요합니다. 몸이 딱딱하게 굳고 몸 색도 짙어져 어여쁘게 치장하는 데 녀석이 할 수 있는 일은 아무것도 없습니다. 그저 시간이 흘러야 해결됩니다. 그렇게 일

톱니무늬버섯벌레가 조개껍질버섯을 먹은 흔적

주일쯤 시간이 흐르는 동안 녀석의 몸속에서는 눈코 뜰 새 없이 물질대사가 일어나 몸이 굳어지고 몸 색깔도 현란하게 변합니다.

완전한 어른이 되어서도 톱니무늬버섯벌레는 조개껍질버섯을 떠나지 않습니다. 그곳에서 짝을 만나 사랑을 나누고 알을 낳습니다. 조개껍질버섯을 다 먹어 가루로 없어질 때까지 말이지요. 버섯이 바닥나면 다른 버섯을 찾아 떠납니다. 더듬이와 털 같은 감각기관을 모두 동원하여 조개껍질버섯에서 나는 냄새를 따라……. 날개는 폼으로 달고 있는 것이 아니라 먹이를 찾아 나설 때 요긴하게 쓰입니다.

아기 손바닥만도 못하게 작은 조개껍질버섯. 아무도 살 것 같지 않은 버려진 그 버섯 속에서도 생명이 숨 쉬고 있습니다. 한 마리도 아닌 수십 마리가 함께 잠을 자고, 먹고, 싸고, 아기 낳고, 키우고……. 그렇게 살아갑니다. 숲 속 썩은 나무는 더 이상 버려진 나무가 아닙니다. 버섯을 키워 내는 숲 속의 어머니입니다. 썩은 나무를 먹고 사는 버섯, 그 버섯을 먹고 사는 톱니무늬버섯벌레! 톱니바퀴처럼 맞물린 그들의 삶의 고리에 마음이 숙연해집니다.

# 송편 속 대신 송편버섯에는
## 동양무늬애버섯벌레붙이가 들었고

날마다 습습하고 후텁지근합니다. 장마철인 게 실감납니다. 장마전선이 남쪽으로 내려갔다더니 요 며칠 비가 내리지 않습니다. 구름이 두텁게 덮인 하늘만 무겁습니다. 서울 근교에 있는 청계산을 오릅니다. 바람이 어디서 쉬는지 그야말로 바람 한 점이 없습니다. 경사진 길을 오르자니 더워서 숨이 턱턱 막힙니다. 이럴 때는 잠시 앉아 쉬는 게 상책입니다. 나뭇잎 그늘이 드리워진 땅바닥에 엉덩이를 붙이고 앉습니다. 앉으나 걸으나 더운 것은 마찬가지이지만 그래도 숨통이 좀 트입니다.

땅바닥에 앉으니 어두컴컴한 숲 바닥에 난 버섯이 제법 눈에 띕니다. 우산버섯, 마귀광대버섯, 흰꽃무당버섯, 깔대기버섯, 그물버섯류……. 비 온 끝이라 여기저기 땅에 나는 버섯들이 피었네요. 그 뿐만이 아닙니다. 굵은 나무 그루터기와 썩은 나무줄기에도 버섯이 자리를 잡았습니다. 구름버섯, 갈색꽃구름버섯,

금빛시루뻔버섯, 흰목이 등등. 그 많은 버섯 가운데 유난히 눈에 띄는 버섯이 있습니다. 마치 송편 같이 생긴 새하얀 버섯이 나뭇가지에 달렸네요. 어두컴컴한 숲 속이 그 버섯 덕에 훤해진 듯합니다. 버섯에 이끌려 앉았던 몸을 일으켜서 숲으로 들어갑니다.

새하얀 버섯을 만지니, 물기가 촉촉하고 말랑말랑합니다. 아마 피어난 지 며칠 안 되었나 봅니다. 반달 같이 생긴 게 예쁘게 빚어 놓은 송편 같습니다. 먹음직스럽게 생겨서 마음 같아선 하나 따서 먹어 보고 싶습니다. 무슨 맛이 날까요. 설탕과 잘 버무린 참깨 맛, 고소한 밤 맛. 물론 버섯 속에는 하얀 속살만이 들어 있을 뿐입니다. 그래도 사람들은 송편을 똑 닮았다고 해서 '송편버섯(Trametes suaveolens (L.) Fr.)'이라 부릅니다. 누가 지었는지 이름 하나는 제대로 지었습니다.

### 숲에 두둥실 떠오른 반달, 송편버섯

송편버섯은 여름부터 가을까지 썩은 나무만 있으면 잘 피어납니다. 나무에 붙어 나는 여느 버섯들처럼 자루는 없고 갓의 한 쪽 면이 나무껍질에 딱 붙어서 납니다. 어떤 때는 여러 조각이 사이좋게 모여 나기도 하고, 어떤 때는 한 개씩 따로 피기도 합니다. 갓의 가운데 쪽은 살이 두툼하게 쪄서 봉곳하고, 가장자리로 갈수록 얇아집니다. 비라도 내려 물에 젖으면 갓의 표면은 하얀 명주 옷감처럼 반들반들 윤이 납니다. 갓 아랫면도 부드럽기는 마찬가지인데, 그 표면에는 바늘로 콕콕 찌른 것 같은 작은 구멍이 빼곡히 나 있습니다. 잘못 만졌다간 부스러질 것같이 연약합니다. 그러나 부드러운 것은 잠깐입니다. 물기가 마르고 며칠 시간이 지나면 말랑말랑했던 버섯은 딱딱해지고 누런색으로 변합니다. 만져

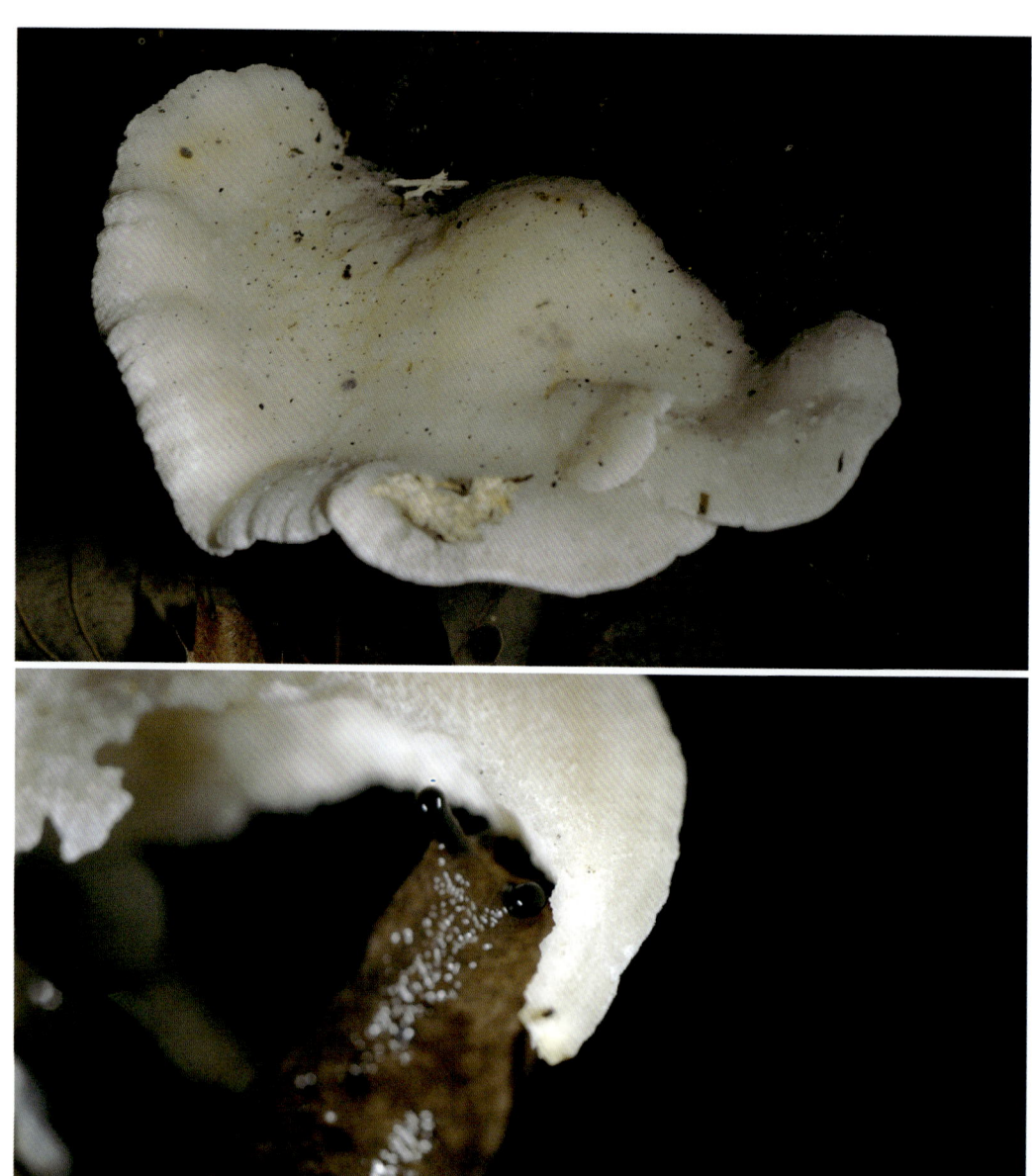

흰 송편처럼 생겼다 하여 이름 붙여진 송편버섯(위)과 송편버섯을 찾는 많은 친구들 중 하나인 민달팽이류(아래)

보면 나무껍질처럼 거칠고 질깁니다.

송편을 닮아서 먹을 수 있을 것 같지만 먹지는 않습니다. 송편버섯을 먹었을 때 어떤 증상이 일어나는지 아직 밝혀지지 않았거든요. 사람들이 안 먹으니까 한 쪽에선 쾌재를 부릅니다. 바로 곤충들이지요. 버섯살이 곤충들의 최대 경쟁자는 어쩌면 사람일지도 모르겠습니다. 먹어도 아무 탈이 없다고 알려지기만 하면, 사람들은 버섯살이 곤충의 주식인 버섯을 보이는 족족 다 따 갈 테니까요. 그런데 사람 손을 안 타니 송편버섯을 먹고 사는 곤충은 신이 나겠지요.

송편버섯 속에는 어떤 곤충이 세 들어 살까요? 연체동물 무리에 속한 민달팽이류, 딱정벌레 무리목의 버섯벌레류와 우리알버섯벌레류, 애기버섯벌레류 등이 삽니다. 그 가운데 이름도 생소하고 낯선 딱정벌레 무리의 '동양무늬애버섯벌레붙이(*Holostrophus orientalis* Lewis)'가 하얀 송편버섯을 먹고 삽니다.

### 동양무늬애버섯벌레붙이와의 첫 만남

늦은 여름, 한낮의 뜨거운 햇볕을 피해 그늘 많은 숲길을 걷습니다. 숲에서는 초여름부터 시작된 버섯들의 잔치가 여름이 끝나가도록 이어지고 있습니다. 신갈나무 그루터기에 송편버섯 몇 개가 봉곳하게 고개를 내밀었습니다. 송편버섯은 멀리서도 눈에 확 띕니다. 색깔도 희고 생긴 것도 도톰하니 먹음직스런 송편 모양이라 그렇겠지요. 생각할 것도 없이 송편버섯 앞으로 다가가 앉습니다. 고개를 숙여 버섯 아랫면을 들여다봅니다. 역시 있습니다. 울긋불긋 화려한 옷을 입은 곤충 세 마리가 송편버섯에 머리를 박고 식사 중입니다. '밥 먹을 때는 개도 안 건드린다'고 했으니 일단은 털 끝 하나 건드리지 않고 녀석들을 지켜만

봅니다. 버섯 아랫면에 있으니 모습이 제대로 보이지는 않지만 참 예쁘게 생겼네요. 누군데 저리도 예쁠까? 너무 궁금해서 사진기를 녀석들 버섯 밥상에 가까이 들이밉니다. 찰칵, 찰칵……. 플래시까지 터지니 녀석들은 움찔움찔 대며 식사를 멈춥니다. 그러곤 송편버섯이 붙은 나무껍질 속으로 쏙 들어가 버리네요. 놀랐나 봅니다. 몹시 미안하지만 녀석들의 정체가 정말 궁금합니다. 하는 수 없이 송편버섯을 땁니다.

겁먹은 녀석들이 송편버섯 뒤쪽으로 도망칩니다. 버섯을 뒤집으면 또 다시 반대쪽으로 잽싸게 도망을 갑니다. 그렇게 녀석들과의 숨바꼭질은 한참이나 이어졌습니다. 녀석들은 육상선수 뺨치게 빠릅니다. 요리조리 '빨빨' 돌아다니는 게 여간 부산스럽지 않습니다. 잠시 숨어서 쉬고 있는 친구를 또 건드려 봅니다. 역시나 죽어라 도망칩니다. 희한하게도 녀석들은 다리와 더듬이를 또르르 말면서 순간적으로 죽은 체 하질 않네요. 버섯살이 곤충들은 대개 건드리면 가짜로 죽는데 말이지요.

부잡스런 이 녀석들은 딱정벌레 무리의 애버섯벌레붙이 집안과 식구로, '동양무늬애버섯벌레붙이' 입니다. 이 친구들은 한평생 하얀 송편버섯을 먹고 삽니다. 그런데 이름이 기억하기도 힘들게 참 길지요. 그동안 이 녀석들은 우리나라에는 알려지지 않았었습니다. 한참 전인 1998년에 러시아 학자가 우리나라에 동양무늬애버섯벌레붙이가 산다고 자신의 논문에 언급한 적이 있을 뿐입니다. 그는 논문에 '*Hostrophus orientalis*' 라는 학명만 올려놓았어요. 안타깝게도 그 후 지금까지 아무도 이 녀석에게 우리 이름국명을 지어 주지 않았습니다. 이참에 녀석에게 '동양무늬애버섯벌레붙이' 란 이름을 지어 줬는데 학명에 맞추어 짓다 보니 좀 길어졌습니다.

송편버섯을 먹고 있는 동양무늬애버섯벌레붙이(위)와 버섯을 먹고 있는 동양무늬애버섯벌레붙이에게 좀 더 다가가 본 모습(원 안)

### 단아하고 세련된 동양무늬애버섯벌레붙이

동양무늬애버섯벌레붙이는 사람으로 치자면 '도시 미인'입니다. 몸매가 두루뭉술하지 않고 약간 날카롭습니다. 머리 쪽과 날개 끝 쪽이 모두 날씬해 말 그대로 'V' 라인입니다. 더구나 얼마나 도도한지 머리를 늘 아래쪽으로 푹 숙이고 있어 얼굴을 잘 보여 주지 않습니다. 몸 위에는 까만색 털과 황금색 털이 물샐 틈 없이 빼곡히 드러누워 있습니다. 그래서 녀석의 피부표피를 만져 보면 반들반들거리는 것이 보드랍습니다.

녀석들의 더듬이는 좀 특이합니다. 술잔 같이 생긴 더듬이 마디를 마디마디 실에 꿰어 놓은 것 같은데, 그나마 맨 끄트머리 마디는 물방울 모양입니다. 주변 환경의 변화를 잘 감지할 수 있도록 더듬이 마디에는 털들이 잔뜩 붙어 있습니다.

앞가슴등판은 넓은 삼각형이고 딱지날개는 긴 역삼각형입니다. 딱지날개에는 화려한 무늬가 수놓아져 있는데 붉은 무늬들이 길쭉길쭉 삐져나온 게 마치 불꽃이 피어나는 것 같습니다. 한두 개도 아니고 딱지날개의 어깨 부분과 끝 부분에 각각 한 쌍, 그리고 꽁무니에 한 개의 불꽃이 피어납니다. 새하얀 송편버섯에 빨간 불꽃무늬 옷을 입은 녀석이 나타났다 하면 금방 눈에 띌 수밖에요.

자연에서 눈에 잘 띈다는 것은 거미나 새 같은 천적에게 손 쓸

술잔 모양의 마디가 고르게 연결되어 있으며 끝마디는 물방울 모양인 동양무늬애버섯벌레붙이의 더듬이

몸 전체에 빈틈없이 검은색과 황금색 털이 깔려 있는 날씬한 몸매의 동양무늬애버섯벌레붙이(위)는 등 쪽에 화려한 불꽃 무늬가 있다(아래)._ 사진 속 버섯은 둘 다 덕다리버섯

틈도 없이 당할 수 있다는 뜻도 되는데, 무슨 속셈으로 '눈에 띄는 옷'을 차려입었을까요? 녀석들은 '내 몸에는 독이 있으니 덤빌 테면 덤벼 봐' 하고 외치는 중입니다. 이에는 이, 불에는 불로 대적하겠다는 뜻이지요. 화려한 붉은 무늬를 보면 새 같은 천적들은 본능적으로 멈칫합니다. 오랜 기간 자연에 적응하는 과정을 거치면서 눈에 확 띄는 화려한 색을 지닌 생물에게는 독이 있다는 걸 알기 때문이지요. 그래서 빨간색, 노란색 같은 화려한 옷을 입은 곤충은 잘 잡아먹지 않습니다. 그걸 안 동양무늬애버섯벌레붙이는 검은 바탕에 붉은 불꽃 무늬가 그려진 화려한 옷을 입은 거에요. 녀석은 몸에 독을 품고 화려한 색깔의 옷을 입은 힘센 곤충을 모방한 것의태이지요. 실제로는 독은커녕 몸에 무기 하나 지니지 못해 힘센 천적이 공격해 오면 손 한 번 써 보지 못하고 고스란히 잡아먹히고 맙니다. 독 많고 힘센 곤충을 흉내 내서 화려한 무늬로라도 천적의 공격을 막아 내는 것 외에 달리 방법이 없었던 것이지요. 알고 보면 녀석의 몸 색깔 하나, 털 하나, 더

듬이 마디 하나하나에는 거친 환경에서 살아 남으려는 속 깊은 전략이 숨어 있는 셈입니다.

### 송편버섯 속을 먹고 사는 아기 동양무늬애버섯벌레붙이

어른 동양무늬애버섯벌레붙이가 먹다 남긴 송편버섯 몇 조각을 주워서 연구실로 가져왔습니다. 녀석들이 알을 낳아 놓았기를 잔뜩 기대하고서. 갓 피어난 송편버섯을 연구실로 가져와 맨 먼저 하는 일은 버섯을 말리는 겁니다. 피어난 지 얼마 안 되는 버섯은 물기가 많아 반나절 정도는 휴지를 깔고 말려야 보송보송해집니다. 곤충은 알, 애벌레, 어른벌레 할 것 없이 물기 많은 버섯은 질색을 합니다. 차라리 물기가 없어 말라비틀어진 버섯에서 오래 버팁니다. 녀석들을 야생에서처럼 돌보려면 많은 정성이 들어갑니다. 잘 말린 송편버섯을 예쁜 플라

송편버섯류를 먹으며 송편버섯 속에 사는 동양무늬애버섯벌레붙이 애벌레(왼쪽)
살색을 띠는 동양무늬애버섯벌레붙이의 몸 색깔은 버섯과 쉽게 구분되지 않는다.(가운데)
반지르르 윤이 나고 길쭉 날씬한 몸매와 단단한 끝마디 돌기가 도드라지는 동양무늬애버섯벌레붙이의 애벌레(오른쪽)

| 1 | 2 |
|---|---|
| 3 | 4 |

동양무늬애버섯벌레붙이의 먹이가 되는 버섯_ 1 나무껍질에 붙은 균사체 2 덕다리버섯 3 난버섯 4 송편버섯

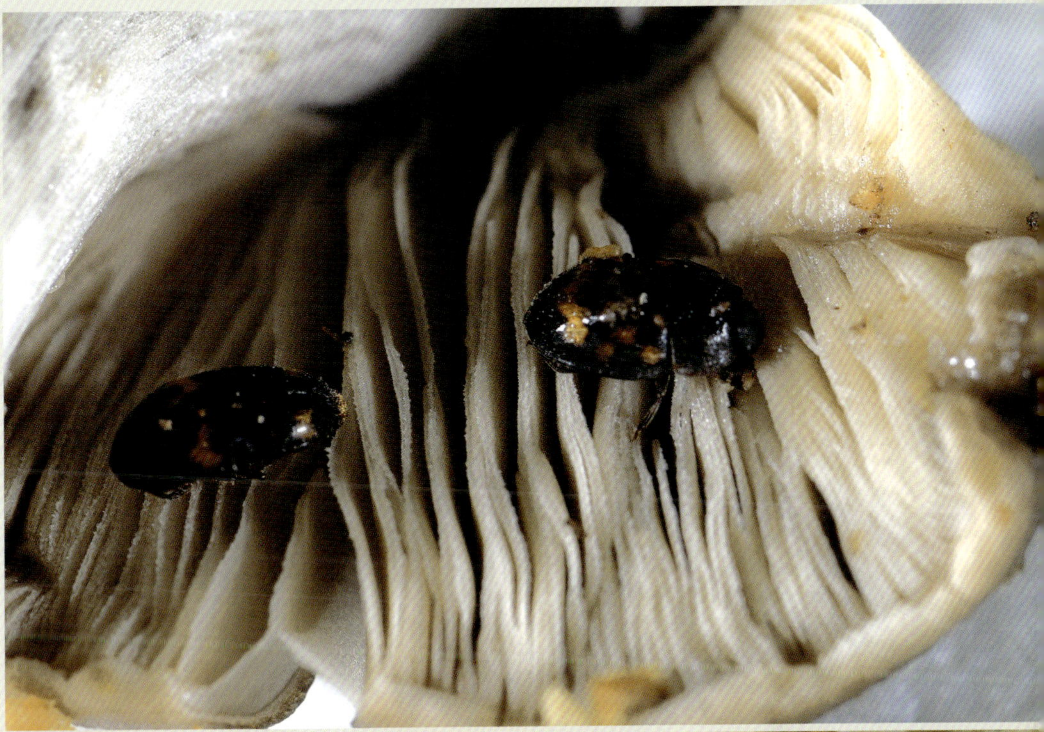
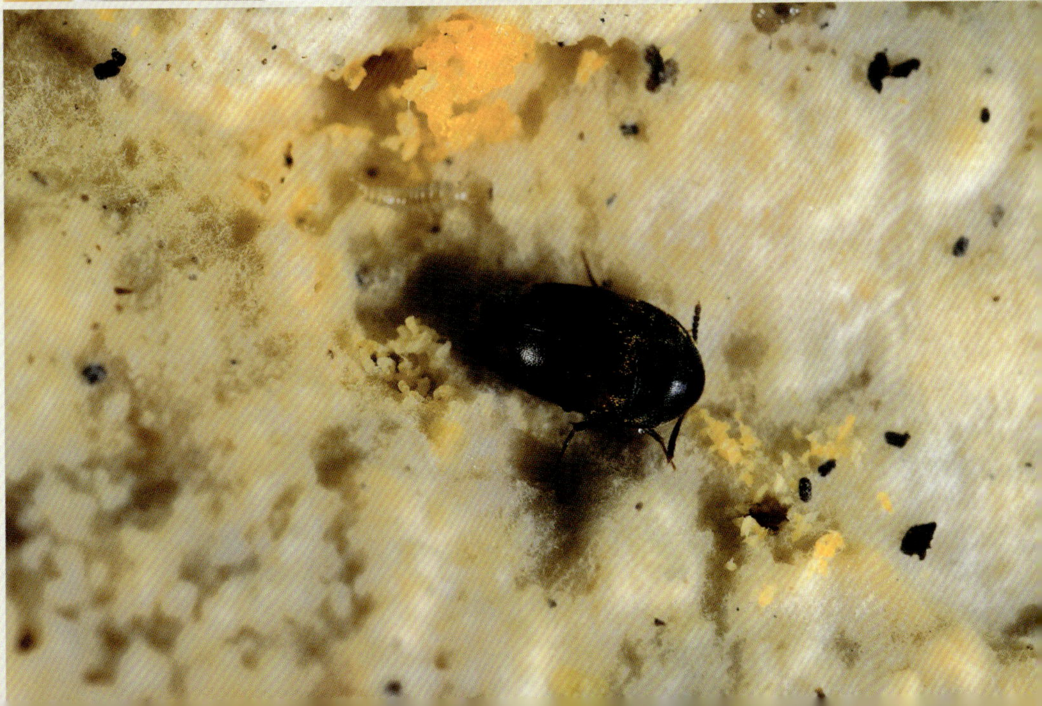

스틱 통 안에 넣어 두고는 틈나는 대로 자주 들여다봅니다.

일주일이 지났습니다. 송편버섯 아랫면에 스티로폼을 잘디잘게 부숴 놓은 것 같은 버섯 부스러기가 약간 보입니다. 예상대로 송편버섯에 알을 낳았고 그 알에서 애벌레가 태어난 겁니다. 하도 반가워 가슴이 콩닥거립니다. 이만큼이면 '절반의 성공'은 됩니다. 이제 녀석들이 몇 주만 송편버섯 속에서 잘 버티어 주면 됩니다. 간절한 마음으로 공을 들이고 또 들입니다. 그렇게 2주 정도가 지나니 송편버섯 아랫면에는 하얀 버섯 부스러기와 애벌레가 먹고 싼 똥들이 탐스럽게 쌓였습니다. 애벌레가 어찌 생겼는지 궁금합니다. 몇 번을 망설이고 망설인 끝에 버섯 하나를 쪼개 보기로 마음먹었습니다. 애벌레가 어찌 생겼는지는 알아야 동양무늬애버섯벌레붙이에 대한 연구를 이어갈 수 있을 테니까요. 바짝 마른 송편버섯은 애벌레가 제법 파먹어서인지 딱딱하지 않고 쉽게 부스러집니다. 조심스럽게 쪼갠 두툼한 버섯 속에는 역시 애벌레가 자리 잡고 있네요. 몸 색이 살색처럼 밝은색이라서 송편버섯 속살과 구분이 잘 안 갑니다.

느닷없는 불청객의 방문에 깜짝 놀란 애벌레는 기다란 몸을 이리저리 꿈틀거리며 후미진 버섯살 틈으로 기어서 도망을 갑니다. 어찌 보면 거저리류의 애벌레와 많이 닮았습니다. 혹시나 거저리류의 애벌레가 아닌지 잔뜩 긴장을 하고 꼼꼼히 살펴봅니다. 아닙니다. 배 꽁무니 부분에 자그마한 돌기가 두 개 있는데, 거저리류 애벌레의 돌기와는 좀 다릅니다.

동양무늬애버섯벌레붙이 애벌레의 몸은 기름을 바른 것처럼 윤기가 반지르르 흐릅니다. 그리고 몸이 깁니다. 철사같이 길지는 않지만 적어도 버섯벌레과의 애벌레처럼 짧고 몽땅하지는 않습니다. 피부도 제법 단단하고, 몸에는 길고 짧은 갈색 털들이 듬성듬성 나 있네요. 특히나 배 끝마디는 유난히 단단한데

여드름 같은 딱딱한 돌기까지 촘촘히 나 있습니다. 그 덕에 녀석은 앞으로만 가는 것이 아니라 여의치 않으면 후진도 할 수 있고, 위험한 상황에 맞닥뜨렸을 때 버섯을 꽉 잡고 떨어지지 않을 수도 있습니다. 배 꽁무니가 단단하고 돌기까지 붙어 있으니 좁은 버섯 속에서도 버섯 속살을 파먹으면서 이리저리 돌아다니기가 수월한 것입니다. 녀석은 갈라진 송편버섯 틈으로 비치는 빛을 피하려 다시 버섯 속으로 비집고 들어갑니다. 몸놀림이 버섯 속에 사는 애벌레치고는 꽤 빠른 편입니다. 도망칠 때는 몸을 쭉 펴지만, 버섯 속에서 지낼 때에는 몸을 U자로 구부립니다. 좁은 공간에서 생활하다 보니 몸을 길게 뻗치고 사는 것보다는 약간 접는 것이 살아가는 데 더 유리했겠지요.

언제 낳았는지 모를 알이 담긴 송편버섯을 연구실로 데려온 지 6주 정도가 지났습니다. 드디어 다 부스러져 가는 송편버섯 위에 딱지날개가 화려한 어른벌레가 앉아 있습니다. 아, 그러면 그렇지……. 역시 동양무늬애버섯벌레붙이였습니다. 예상했던 대로 아기 동양무늬애버섯벌레붙이의 식당과 집은 바로 송편버섯입니다. 버섯 속에서 애벌레가 자라고, 번데기를 만들고, 날개돋이도 했습니다. 녀석의 변신 과정을 일일이 들여다볼 수는 없었지만, 이만큼이라도 드러내 보여준 것만도 그저 감사할 뿐입니다. 고맙습니다.

# 콩버섯 단간방에 살림 차린 회떡소바구미

서해에 떠 있는 한적한 섬 덕적도입니다. 바닷가 모래밭에서 오순도순 살아가는 곤충들을 조사하느라 며칠째 낯선 섬에서 지내고 있습니다. 며칠간 이어진 빡빡한 조사 일정을 마치고 나니 한나절 자투리 시간이 납니다. 쉬고 말고 할 것도 없이 무작정 산으로 오릅니다. 섬에도 산은 있습니다. 섬에 있는 산이나 육지의 산이나 똑같은 산이지만, 왠지 섬 쪽이 운치가 있습니다. 비조봉으로 가는 산길을 천천히 걷습니다. 산길은 한 사람이 겨우 지나갈 만큼 조붓합니다. 8월 말이라 아직은 무덥습니다. 간간히 산바람이 불어오니 그래도 참을 만합니다. 풀과 크고 작은 나뭇가지의 몸을 스칠 때마다 풀 냄새가 진하게 코에 맴맴 돕니다. 가도 가도 풀과 나무뿐……. 큰키나무 사이사이로 햇빛까지 쏟아져 내리니 마치 공룡이 뛰놀던 숲 속에라도 들어온 듯 숲에는 신비로운 기운이 감돕니다.

얼마나 올랐을까요. 온몸에 땀이 뱁니다. 쉬어갈 요량으로 쓰러진 나무줄

우아한 자태로 땅 위에 내려앉은 먹그림나비

기에 걸터앉습니다. 땅바닥에 먹그림나비 한 마리가 내려 앉았네요. 훤칠한 날개를 활짝 편 채 빨강색 빨대 주둥이를 땅에 꽂고 있군요. 흙에 섞인 무기물을 빨아먹나 봅니다. 어찌나 우아하고 멋진지 숲 속 신선이라도 만난 듯 넋을 놓고 바라봅니다. 퍼뜩 정신을 차리고 녀석에게 들키지 않도록 조심스럽게 엎드려 사진기를 갖다 댑니다. 눈치 빠른 녀석은 무정하게 쉬익 날아가 버리네요.

다시 걷습니다. 비조봉이 바로 저깁니다. 오솔길 옆으로 썩어서 떨어져 나온 나뭇가지들이 듬성듬성 제멋대로 누웠습니다. 참 신기한 일도 다 있습니다. 여기저기 아무렇게나 굴러다니는 나뭇가지에 까만 콩이 주렁주렁 열렸습니다. 죽은 나무에 웬 콩일까요? 늘어졌던 제 발걸음이 갑자기 빨라져 검정색 콩 쪽으

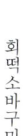

로 다가갑니다. 그러면 그렇지, 콩은 무슨 콩? 콩이 아니고 버섯입니다. 콩 같이 생긴 버섯도 다 있나요? 물론 있지요, '콩버섯(Daldinia concentrica (Bolton) Ces. & De Not.)'입니다. 콩을 똑 닮았다고 '콩버섯'이라 부르니 이름 하나는 참 착합니다. 희한하게도 한번 콩버섯과 인사를 하고 나니 비조봉까지 오르는 내내 콩버섯만 보입니다. 여기도 콩버섯, 저기도 콩버섯. 숫제 콩버섯 밭입니다.

### 한 번만 봐도 기억하기 쉬운 콩버섯

콩버섯은 우리나라 방방곡곡 아무 산에나 다 있습니다. 도시공원 나무숲에도, 시골 마을 뒷산에도, 깊디깊은 산 속에도 썩은 나무만 있으면 어디서나 잘 자랍니다. 주로 습기가 많은 여름에 많이 나며 가을까지도 납니다. 콩버섯의 크기는 서리태보다는 좀 큽니다. 작은 것은 지름이 1센티미터 정도이고, 아주 큰 건 지름이 3센티미터나 되는데도 생긴 건 완전 콩입니다. 재밌게도 가끔 샴쌍둥이 콩버섯을 만나기도 합니다. 샴쌍둥이 콩버섯은 심장 모양인데, 보면 볼수록 얼마나 귀엽고 깜찍한지 모릅니다. 어딜 가나 튀는 녀석이 있기 마련인데 콩버섯 세계도 예외는 아니네요.

콩버섯의 피부표면는 참 거칩니다. 어찌 보면 아토피 피부병에 걸린 것 같기도 하고, 어찌 보면 오톨도톨 닭살 돋은 것 같기도 합니다. 또 어찌 보면 외계 행성에 파여진 작은 분화구 같기도 하고, 땅 위에 제멋대로 굴러다니는 돌맹이 같기도 합니다. 신기하게도 오톨도톨하게 생긴 부분은 포자 구멍입니다. 이 닭살 같은 구멍을 통해 포자가 멀리멀리 날아갑니다. 피부는 그렇다고 쳐도 속살이라도 보드라워야 하는데 이건 완전 시커멓게 탄 숯덩이 같습니다. 실제로 콩

동글동글 콩 같기도 하고 자살 같기도 힌 공버섯 중에는 가운데 개체처럼 두 개가 붙어 하트 모양인 것도 있다.

표면이 두드러지게 오톨도톨한 콩버섯은 물기를 머금은 버섯(왼쪽)과 바짝 마른 버섯(오른쪽)의 색이 다르다.

버섯을 갈라 보면 속살이 코르크라서 굉장히 단단합니다. 나이테 모양 같은 무늬까지 그려져 있습니다. 물론 이 무늬는 콩버섯이 분해될 만큼 늙으면 흐려집니다. 콩버섯은 비나 안개에 촉촉이 젖으면 갈색 또는 황토색을 띠다가 바람이 솔솔 불어와 버섯에 묻은 물기를 바짝 말려 주면 까만색이 됩니다. 그래서 콩버섯 주변에 있는 풀이나 나뭇잎 위에는 숯가루 같은 검은 가루가 날아와 앉아 거뭇거뭇합니다.

버섯 같지 않게 생긴 버섯이라 있는지 없는지 큰 관심을 받지는 못해도 콩버섯은 오늘도 숲 속 여기저기에서 무럭무럭 자라고 있습니다.

### 콩버섯에서도 곤충이 살고 있었네

여기저기 콩버섯이 많이 널려 있으니 혹시나 곤충이 살지나 않을까 하는 호기심이 이네요. 실은 몇 년 동안 콩버섯에 곤충이 사는지 유심히 관찰했지만 신통한 결과를 얻지 못했어요. 그래도 이렇게 많은 콩버섯을 그냥 두고 갈 수는 없으니 무작정 콩버섯이 붙어 있는 나뭇가지 앞에 주저앉습니다. 썩은 나뭇가지 아래쪽에 까만 콩버섯이 스무 개도 넘게 붙어 있습니다. 하나를 툭 건드리니 톡 하고 떨어집니다. 떨어진 콩버섯을 주워 반으로 쪼개 봅니다. 말이 버섯이지 콩버섯의 속살은 완전 숯입니다. 역시 곤충은 없습니다. 내친 김에 콩버섯을 몇 개 더 따서 쪼갭니다. 하나, 둘, 셋……. 혹시나 했던 기대가 역시나 '꽝'입니다. 한참을 그러고 나니 그새 손가락이랑 손톱 밑이 숯검정 묻은 것처럼 새까매졌습니다. 그래도 미련을 버리지 못하고 이번에는 푸슬푸슬 포자 가루가 묻은 콩버섯을 따서 또 쪼갭니다. 이게 웬일인가요. 무엇인가가 있습니다. 숲 속이라 어두컴

숯덩이 같은 콩버섯 속에 살고 있는 굼벵이와 비슷하게 생긴 애벌레

컴해 또렷하게 보이지는 않지만 하얀 애벌레가 꼬물꼬물합니다. 아이고, 이게 웬 횡재일까요. 아무것도 살 것 같지 않은 숯 같은 콩버섯에 벌레가 살다니요? 너무 흥분해서 콩버섯을 쥔 손가락이 떨립니다. 이 짜릿한 기분을 어찌 표현할 수 있을까요.

설레는 마음으로 녀석을 확대경으로 들여다봅니다. 생김새는 완전 굼벵이로 C자 모양으로 구부러져 있습니다. 정말 풍뎅이류의 애벌레일까요? 버섯에 사는 풍뎅이가 있었나, 아니면 사슴벌레 애벌레일까? 버섯을 먹고 사는 사슴벌레도 있었나? 궁금증이 꼬리에 꼬리를 물고 이어 나옵니다. 다시 한 번 더 녀석을 찬찬히 들여다봅니다. 가슴에 붙어 있는 다리도 여섯 개가 멀쩡히 다 있고, 몸 색깔은 새하얀 우윳빛인데 머리 쪽만 노랗습니다. 아, 다른 점이 있습니다. 풍뎅이류 애벌레인 굼벵이와 다른 게 있습니다. 주둥이 쪽이 그들보다 좀 뾰족합니다. 풍뎅이류가 아니라면 누굴까요? 이런 때는 달리 방법이 없습니다. 녀석을 연구실로 데려가기로 결정합니다. 녀석과 함께 살다 보면 녀석의 정체가 머지않아 밝혀지겠지요.

### 콩버섯 원룸에 세 든 회떡소바구미

덕적도에서 모셔 온 콩버섯을 제 연구실에 둔 지 벌써 한 달이 지났습니다. 100원짜리 동전만 한 콩버섯 속에서 무슨 일이 벌어지고 있는 것일까요? 버섯은 한번 쪼개면 다시 이을 수 없으니 자주 들여다볼 수 없습니다. 쪼개진 버섯에서는 애벌레가 제대로 살아낼 수 없으니까요. 사람에 비유하면 살고 있는 집을 별안간 부순 거나 마찬가지이잖아요. 그러니 녀석이 어른벌레로 변신해서 버섯 밖으로 나오기만을 기다릴 수밖에요.

한 달 반 동안 애지중지 콩버섯만 돌본 보람이 있었나 봅니다. 그날도 콩버섯을 들여다보고 있는데 시커먼 콩버섯 위에서 무엇인가가 움직입니다. '헛것을 본 게 아니겠지' 눈에 힘을 잔뜩 주어 반짝이며 움직이는 것을 살펴봅니다. 그러면 그렇지, 곤충의 더듬이입니다. 시커먼 콩버섯에 냉큼 올라앉아 있는 시커먼 곤충이 이제야 눈에 들어옵니다. '그래, 바로 너였구나. 콩버섯 집에서 콩버섯밥을 먹으며 자란 녀석이 바로 너였어.' 하도 반가워 녀석을 보고 또 봅니다. 이렇게 녀석의 정체가 밝혀지네요. 녀석은 회떡소바구미(*Sphinctotropis laxus* (Sharp))입니다.

보호색이라도 띠는 듯 콩버섯과 비슷한 몸 색을 가진 회떡소바구미 어른벌레

소바구미란 곤충 이름을 처음 들어 보는 분도 있겠지요. 세상에는 곤충 종류가 너무 많으니까요. '소바구미'는 딱지날개가 딱딱한 딱정벌레 무리목 식구입니다. 딱정벌레 무리 가운데 소바구미과라는 집안이 있습니다. 생김새가 '소'를 닮았다고 해서 붙여진 이름입니다. 이름만 듣고도 눈치채셨겠지만, 소바구미류는 바구미과 곤충과는 친척으로 촌수가 아주 가깝습니다. 바구미류의 친척이지만 소바구미류는 자신 집안만의 특성을 가지고 있습니다. 바구미류의 주둥이가 철사 꼬챙이처럼 가늘고 긴 데 비해 소바구미류는 판자때기처럼 넓적하고 평퍼짐해서 소처럼 생겼습니다. 더듬이는 첫 번째 마디가 길어 영어 'L' 자 모양으로 꺾여 있어 마치 역도 선수가 역기를 머리 위로 완전히 올리기 전 어깨까지 들어 올릴 때의 팔 모양과 비슷한 바구미류에 비해, 소바구미류는 꺾이지 않고 말채찍처럼 길게 쭉 뻗었습니다. 우리나라에 사는 우리흰별소바구미 수컷의 더듬이는 제 몸길이보다도 더 길 정도로 뻗어 있습니다.

　소바구미과 식구들은 버섯이나 식물 열매를 먹고 삽니다. 대추를 먹는 녀

바구미 식구인 노랑쌍무늬바구미(왼쪽)와
소바구미 식구인 회떡소바구미(오른쪽)

석도 있고, 때죽나무 열매를 먹고 사는 녀석도 있지만 대부분은 썩은 나무에 나는 버섯이나 균을 먹고 삽니다. 특히 회떡소바구미는 콩버섯 같은 나무처럼 질긴 버섯을 먹습니다. 그런데 녀석의 이름은 하필이면 회떡소바구미일까요? 이유는 간단합니다. 거무칙칙한 몸에 간간이 그려진 밝은 색깔의 무늬가 마치 잘 쪄진 시루떡 같다고 해서 그리 부릅니다.

콩버섯은 나무만큼이나 단단해서 잘 썩지 않습니다. 그러니 한살이가 긴 회떡소바구미 애벌레가 살기 좋습니다. 회떡소바구미 애벌레는 몸을 늘 구부리고 삽니다. 버섯이 좁으니 몸을 길게 펼치고 사는 것보다 구부리는 게 유리해서 그러겠지요. 큰턱이 발달해서 딱딱한 콩버섯을 베어내 씹어 먹습니다. 물론 똥도 버섯 속에서 쌉니다. 무럭무럭 자란 애벌레는 번데기를 만드는데, 애벌레 시절 먹고 자고 생활했던 콩버섯 속에 만듭니다. 이렇게 회떡소바구미는 애벌레와 번데기 시절인 50일 정도를 콩버섯 속에서 지내다가 어른벌레로 변신해서야 버섯 밖 세상으로 나옵니다.

### 소를 닮은 회떡소바구미 어른벌레

회떡소바구미가 콩버섯 위를 성큼성큼 걸어 다닙니다. 촐싹거리며 쫄쫄쫄 걷지 않고 생긴 대로 묵직하게 움직입니다. 깜깜한 버섯 속에서 잘 견디고 무사히 세상 밖으로 나온 것이 하도 기특해서 슬쩍 쓰다듬어 줍니다. 갑자기 녀석이 몸을 벌러덩 뒤집더니 더듬이와 여섯 개의 다리를 오므립니다. '에구에구, 미안. 다신 안 건드릴게, 일어나 봐, 어서. 얼굴 좀 보자.' 아무리 달래도 한참을 꼼짝 않고 죽은 듯 누워 있더니 몸을 버둥거리며 누웠던 몸을 바로 일으킵니다. 그러

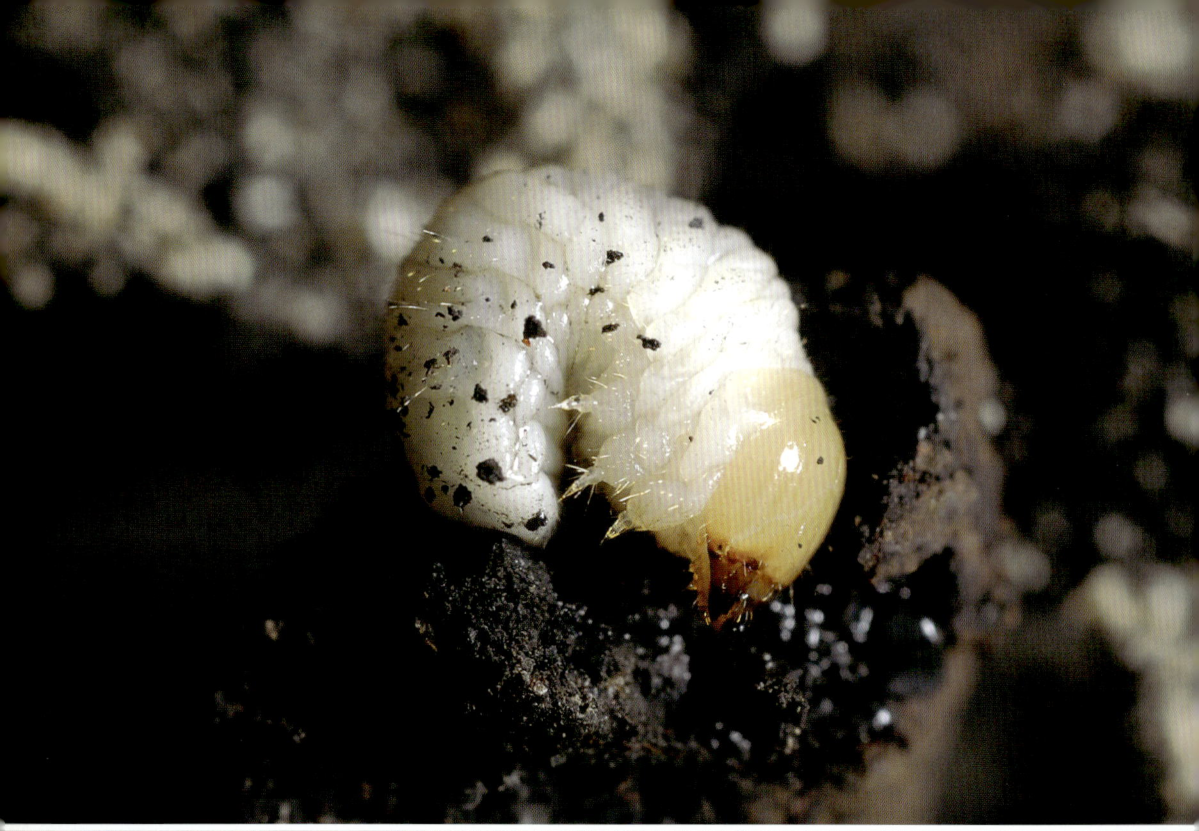

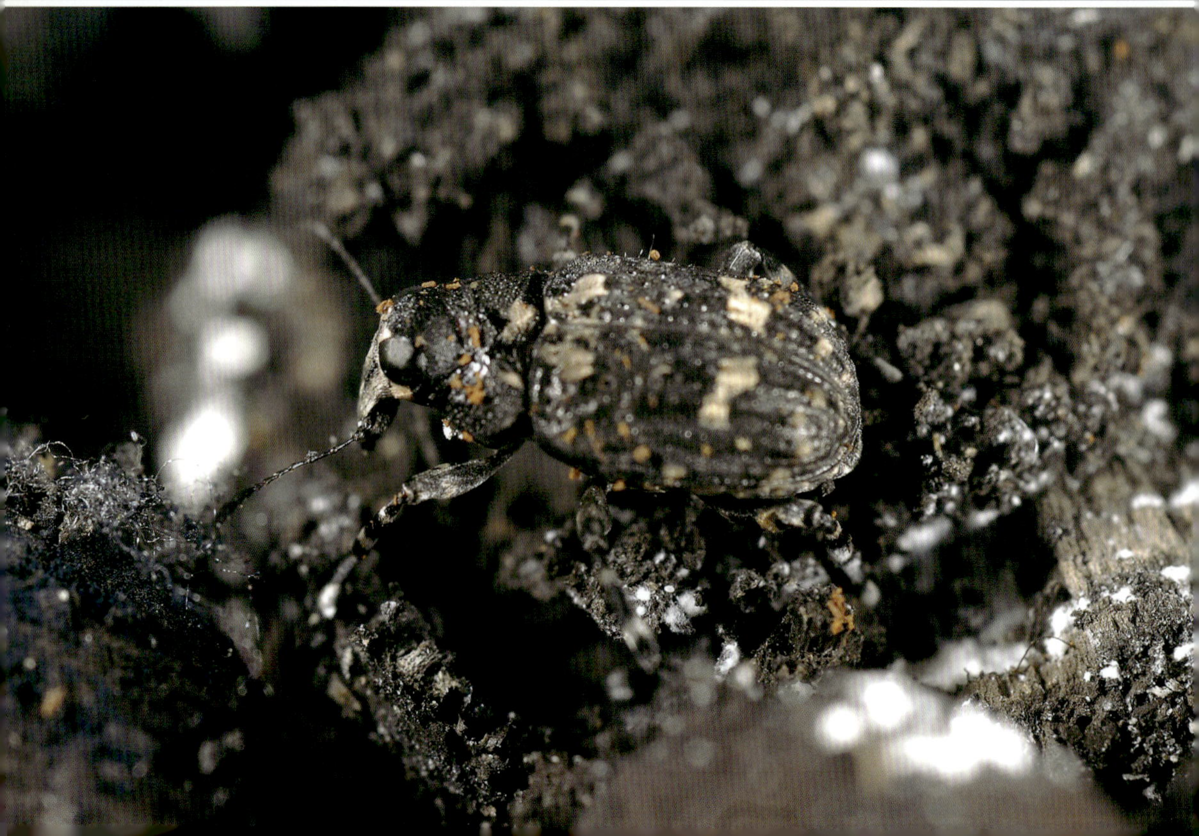

고는 무슨 일이 있었냐는 듯이 콩버섯 사이로 걸어 들어갑니다. 녀석은 힘이 세지 않습니다. 마땅한 무기도 없으니 천적이 나타나도 맞짱 뜰 처지도 못 됩니다. 그래도 저 자신은 지켜야 하니 녀석이 할 수 있는 건 '나 죽었으니 먹지 마.' 하며 가짜로 죽는 것가사 상태뿐입니다. 그렇게 얼마간의 시간이 지나면 녀석은 혼수상태에서 깨어납니다. 그러고는 무슨 일이 있었냐는 듯 아무렇지도 않게 제 볼일을 봅니다.

희한하게도 회떡소바구미 얼굴은 정말 소같이 생겼습니다. 특히 정면에서 보면 요즘 애들 말로 '완전 소' 입니다. 넓적한 게 어쩜 저렇게 생긴 곤충이 다 있을까 하는 생각이 들 정도입니다. 실은 소처럼 넓적하게 생긴 부분은 주둥이입틀입니다. 주둥이가 넓적하고 길게 늘어난 것이지요. 잘 보면 길게 늘어난 주둥이 끝에 큰턱이 있습니다. 녀석들은 그 큰턱으로 먹이를 씹어 먹습니다.

소를 닮은 회떡소바구미는 몸길이가 7밀리미터 정도 되니까 맨눈으로도 잘 보입니다. 몸 색깔은 전체적으로 칙칙한 갈색인데, 그래도 딱지날개에는 군데군데 베이지색 무늬가 있습니다. 특히나 앞날개가 시작되는 맨 위쪽 한가운데는 한자 '八' 자 무늬가 있어 나름 멋을 냈습니다. 그런데 녀석의 더듬이는 평범합니다. 말채찍 모양으로 앞으로 길게 내뻗어 있는데, 다만 더듬이 끝 쪽 네 마디가 곤봉처럼 약간 부풀어 있을 뿐입니다. 물론 부풀어 있는 더듬이에는 감각기관이 빽빽이 붙어 있습니다. 이리도 신기하게 생긴 몸으로 숲 속의 버섯과 나무 주변을 누비는 녀석들이 있으니 숲은 참으로 다양한 생명을 품은 곳입니다.

↘ 단단한 콩버섯을 먹기 위해 몸 크기에 비해 유난히 큰턱이 발달한 회떡소바구미 애벌레
← 50여 일을 콩버섯 속에서 지내다가 날개돋이를 끝내고 세상 밖으로 나온 어른 회떡소바구미는 채찍처럼 길쭉하게 내뻗은 더듬이와 넓적하게 발달한 입틀 때문에 소를 닮았다.

## 2부
## 땅에 나는 버섯을 먹는 곤충

# 말뚝버섯류에 말뚝 박는 파리류

요즘 날씨는 요상합니다. 장마철이란 말이 무색할 지경이네요. 원래 이 무렵이면 장마철이 끝나 풀들이 타 들어갈 만큼 태양빛이 뜨거워야 하는데, 시도 때도 없이 비가 내립니다. 그 사이 며칠 반짝 해가 든 틈을 타 산에 오릅니다. 오늘따라 특이한 버섯들이 눈에 자주 띕니다. 숲으로 들어가는 길가 풀밭에도, 숲 속 산책길 옆구리에도, 숲 바닥에도 빨간 고추 같이 생긴 버섯이 여럿 우뚝 서 있습니다. 참새가 방앗간을 그냥 지나갈 수야 없지요. 요상하게 생긴 버섯을 맞닥뜨릴 때마다 슬그머니 다가가 이리저리 훔쳐봅니다. 붉은말뚝버섯(*Phallus rugulosus*), 노란말뚝버섯(*Phallus costatus* (Penz.) Lyoyd), 바구니버섯류······, 새알 닮은 말뚝버섯(*Phallus impudicus*)의 알유균까지 보이네요. 모두들 여름과 가을 사이에 피는 버섯들입니다. 이들을 이렇게 한꺼번에 만나다니 오늘은 운수 좋은 날입니다. 생긴 것도 특이하고 이름도 요상한 말뚝버섯류를 보신 적이 있으세요?

말뚝버섯 집안 식구들_ 1 노란말뚝버섯 2 세발버섯 3 노란망태버섯 4 붉은말뚝버섯

### 민망한 이름, 요상한 생김새의 말뚝버섯들

아직은 온대 지역에 속하는 우리나라에도 말뚝버섯 가족말뚝버섯과이 말뚝을 깊이 박고 살고 있습니다. 말뚝버섯류, 뱀버섯류, 망태버섯류, 바구니버섯류가 모두 말뚝버섯 식구들입니다. 눈치가 빠른 분은 벌써 알아채셨겠지만 말뚝버섯은 이름부터 범상치 않습니다. 민망하게도 참으로 노골적이지요. 학명에 거침없이 가져다 쓴 'Phallus'란 말은 '불뚝 선 남자의 성기'를 뜻합니다. 실제로 말뚝버섯 식구들의 생김새는 남성 성기와 거의 비슷합니다. 남성의 성기와 똑같이 생긴 말뚝버섯, 노란 망사치마를 두른 노란망태버섯(Dictyophora indusiata f. lutea Kobay.), 흰 망사치마를 입은 망태버섯(Dictyophora indusiata (Vent.) Desv.), 수캐의 성기와 똑 닮은 뱀버섯(Mutinus caninus (Pers.) Fr.)……. 재미있는 것은 남자 성기와는 전혀 상관 없다는 듯이 곱게 망사치마를 두른 망태버섯들도 망사치마를 벗기면 버섯이 남자 성기를 닮은 버섯자루를 가지고 있지요. 어디 그 뿐인가요? 붉은말뚝버섯은 더 노골적입니다. 학명의 'rugulosus'는 붉은색을 뜻하는데, 학명을 풀어 보면 빨간 남성의 성기를 닮았다는 뜻입니다. 아무리 그래도 그렇지 그리도 엽기적인 이름을 붙이다니 참 민망합니다. 뱀버섯은 한 술 더 떠서 영어 이름이 개의 생식기란 뜻을 가진 'Dog stinkhorn'이라니……, 할 말이 없습니다. 이들의 노골적인 표현에 비하면 '말뚝버섯'이란 우리 이름은 그나마 애교와 위트가 넘치네요.

### 파리를 유혹하는 말뚝버섯류의 전략

말뚝버섯 식구들은 모두 공 같이 생긴 알에서 태어납니다. 땅속의 알이 흙

마치 작은 새의 알 같이 생긴 말뚝버섯류의 알(왼쪽)과 알이 부화되듯이 껍질을 깨고 나오는 말뚝버섯(오른쪽)

위로 솟아오를 때 보면 힘이 얼마나 장사인지 모릅니다. 만일 밀폐된 유리병에 가두어 두었다면 병을 깨고 나올 수도 있을 만큼 미는 힘이 강력하다고 하네요. 자라는 속도는 완전 초고속! 알껍데기를 찢고 돋아나기 시작해 몇 시간 만에 알에서 버섯으로 새롭게 태어납니다. 마치 도깨비가 옆에 서 있다가 '버섯 나와라, 뚝딱' 하고 주문을 외운 것처럼. 수명은 또 얼마나 짧은지 하루도 채 못 삽니다. 성질이 무지하게 급해 보이지요.

그런데 말이에요, 말뚝버섯들은 저마다 머리갓에 끈적끈적한 암갈색의 점액 물질을 묻히고 있습니다. 마치 물이 아주 많이 섞여 묽은 진흙 반죽을 덕지덕지 발라 놓은 것처럼 말이에요. 상상해 보세요, 사람이나 개의 성기를 닮은 버섯의 맨 끝부분에 끈적거리는 점액 물질까지 발라 놓았으니……. 모습이 더더욱 요상하게 보일 밖에요. 왜 말뚝버섯들은 점액 물질을 버섯 머리에 묻혔을까요? 곤충이나 달팽이 같이 살아 움직이는 생물을 유인하기 위해서랍니다. 점액 물질 속에는 자신의 자손이 될 보물 같은 포자들이 들어 있거든요.

하늘을 나는 곤충들 눈에 잘 띄도록 머리에 점액질을 묻히고 있는 노란말뚝버섯(왼쪽)과 바구니 속에 점액 물질을 담고 서 있는 세발버섯(오른쪽)

버섯은 한곳에 말뚝을 박고 그 자리에서만 살아야 하는 팔자라 자신의 포자를 여기저기로 퍼뜨리려면 누군가의 도움을 받아야 하잖아요. 지구에는 수많은 생물이 살고 있지만 말뚝버섯의 도우미로 나선 것은 파리들입니다. 파리는 유난히 말뚝버섯들을 좋아합니다. 오랜 진화 과정을 거치면서 파리들은 말뚝버섯의 어떤 물질에 완전히 꽂혔거든요. 바로 말뚝버섯들이 머리 부분에 바르고 있는 질척한 점액 물질이에요. 원래 파리는 즙이 많은 묽은 똥, 죽은 시체, 썩은 동물이나 식물, 썩은 과일 같은 것을 좋아하잖아요. 말뚝버섯들은 그런 사실을 어찌 알았는지 똥 냄새나 썩은 냄새를 풀풀 풍기는 점액 물질을 만들어 머리에 바르고는, 그 냄새에 군침을 흘리며 달려들 파리 같은 곤충을 유혹합니다.

### 노란말뚝버섯의 단골손님 검정파리류

온갖 생명을 품고 있는 오대산 숲길에서 노란말뚝버섯을 처음 만났습니다.

노란말뚝버섯에 찾아와 버섯 머리의 점액질을 먹고 있는 꽃등에류(왼쪽)와 검정파리류(오른쪽)

말뚝버섯처럼 생겼지만 우글쭈글한 머리갓이 노란색이라 말뚝버섯과는 한눈에 구분이 갑니다. 촛대 같은 하얀 버섯자루는 살짝 만져 보니 속이 텅 비었습니다. 아침 일찌감치 피었던 모양입니다. 해가 중천을 지나 기울기 시작한 오후가 되니 머리에 묻은 점액 물질은 누군가 몽땅 빨아먹은 건지 말라 버린 것인지 온데간데없고 싱싱하던 버섯자루도 꼬부랑 할머니가 되어 가고 있네요.

그럼에도 검정파리 식구들이 날아와 조금 남은 점액 물질마저 싹싹 핥아먹고 있습니다. 뭐니 뭐니 해도 노란말뚝버섯을 찾는 단골손님은 파리들입니다. 초파리, 검정파리, 쉬파리 등 파리들이 버섯에 옹기종기 모여 반상회를 엽니다. 그중 가장 육중한 몸매를 자랑하는 검정파리류가 노란말뚝버섯을 거의 차지하고 있습니다. 원래 검정파리류는 시체 킬러입니다. 죽은 동물의 몸에서 나는 죽음의 냄새를 귀신처럼 맡고는 아주 멀리서도 잽싸게 날아옵니다. 그뿐만이 아닙니다. 동물이 싸 놓은 똥 냄새도 기막히게 맡고는 부웅 날아옵니다. 녀석들이 시체나 똥 냄새를 맡는 데는 10분도 채 안 걸립니다. 왜냐하면 검정파리 식구들에게 시체나 똥은 세상에서 가장 맛난 밥이거든요. '똥 있는 곳에 검정파리류 있고, 시체 있는 데 검정파리류 있다' 거의 불변의 사실이지요.

그러니 노란말뚝버섯은 꾀를 내어 자신의 갓에 똥 냄새와 시체 냄새가 나는 물질을 만들어 흥건히 묻혀 놓습니다. 마치 제가 똥이나 시체인 양 흉내를 내는 것이지요. 이들 냄새가 났다 하면 인정사정 볼 것 없이 달려드는 검정파리의 속성을 간파하고는, 생김새만큼이나 음흉한 속셈은 깊이 감춘 채 말입니다. 하긴 버섯 자신이 서 있는 근처뿐만 아니라 여기저기 널리 자손을 퍼뜨리고 싶은 생명체의 본능인지도 모르겠어요. 파리를 꼬이게 하는 그 역겨운 냄새 속에 포자를 소중히 모셔 두었으니까요. 활동성이 큰 곤충들 눈에 띄기 쉽게 머리갓 부분에만 고약한 냄새를 묻혀 놓은 것도 같은 이유겠지요.

고약한 냄새의 점액 물질은 노란말뚝버섯이 태어나기 전 알 속에도 이미 들어 있었습니다. 신기하게도 노란말뚝버섯은 알에서 깨어나기가 무섭게 제일 먼저 썩은 냄새를 풍기는 일부터 시작합니다. 채 하루도 못 살고 사그라지니 일 초라도 빨리 파리들을 불러 모아야 하기 때문이지요. 노란말뚝버섯의 썩은 냄새는 암모니아, 이산화탄소, 황화수소 등이 섞여 냅니다. 다행히 검정파리들은 이들 물질이 오묘하게 섞여 내는 썩은 냄새에 최면이라도 걸린 듯 끌려옵니다.

### 검정파리류의 푸짐한 밥상

검정파리류는 노란말뚝버섯의 묽은 점액질을 어떻게 먹을까요? 주걱으로 밥솥의 누룽지를 긁듯이 쓱쓱 핥아서 먹습니다. 파리 주둥이는 음식을 핥아서 빨아 먹도록 되어 있거든요. 파리류의 주둥이 끝에 스펀지 같이 생긴 아랫입술이 붙어 있어 물기 많은 밥을 긁어모아 아랫입술 표면에 나 있는 모세관을 통해 빨아들입니다. 만약 먹이가 딱딱하게 굳어 있으면 입에서 침을 내어 눅눅하게 녹여서 핥아 먹습니다. 그런데 노란말뚝버섯은 친절하게도 물기가 잘잘 흐르는 점액질을 머리에 묻히고 파리들을 초대하니, 검정파리들로서는 여간 고마운 게 아닐 겁니다. 덕분에 검정파리류는 포자가 듬뿍 들어 있는 점액질을 실컷 먹고는 몸에 다닥다닥 나 있는 털에도 버섯 포자를 붙이고 부지런히 제 볼일을 보러 날아갑니다. 그러고는 이곳저곳에 제 몸에 묻어 있던 포자를 떨어뜨립니다. 자고로 공짜 밥은 체하는 법이지요. 검정파리 식구들은 이렇게 밥값을 합니다. 노란말뚝버섯이 진수성찬으로 차려준 밥상을 받았으니 노란말뚝버섯의 포자를 퍼뜨려 주는 건 당연한 도리이겠죠.

검정파리 식구들은 포식을 시켜 준 노란말뚝버섯에 알을 낳아 키우고 싶을지도 모르겠어요. 그러나 어쩌겠어요. 아쉽게도 노란말뚝버섯의 수명이 하루도 안 되니 풍성한 밥상만으로 만족하고 알은 버섯이 아닌 다른 곳에 낳아야지요. 검정파리류 애벌레가 아무리 빨리 자란다고 한들 노란말뚝버섯에서 한살이를 마칠 수는 없으니까요. 검정파리의 사정이 어떠하든 노란말뚝버섯으로서는 자신의 포자를 다른 곳에 퍼뜨려 주는 검정파리 식솔들이 고마울 뿐입니다.

### 말뚝버섯 가족들을 찾아오는 파리들

유난히 붉은 몸을 가지고 있어 눈에 확 띄는 붉은말뚝버섯에도 파리들이 꼬입니다. 갓에 붙은 점액 물질이 금방이라도 쭉 흘러내릴 것 같습니다. 그런 점액 물질에 과실파리류 여러 마리가 붙어 유유히 만찬을 즐기고 있네요. 살그머

붉은말뚝버섯을 찾아온 과실파리류(왼쪽)와 끝검은뱀버섯을 먹는 파리류(오른쪽)

니 사진기를 들이대니 불에라도 덴 듯 죄다 줄행랑을 칩니다. 먹잇감에 미련이 남았던지 달아났던 과실파리류 한 마리가 다시 날아와 먹던 점액 물질을 마저 먹습니다. 과실파리류 애벌레는 이름 그대로 과일처럼 즙이 있는 열매를 주로 먹고 삽니다. 애벌레 시절 내내 과일 속에서 과즙만 먹으며 살다가 어른 과실파리가 되면 똥즙, 시체즙, 과일즙 등 아무것이든 잘 먹습니다. 대부분의 과실파리류는 정해진 먹잇감에서 한살이를 마칩니다. 그러나 아쉽게도 과실파리가 어찌 한살이를 살아 내는지 알려진 사실이 많지 않아 앞으로 잘 살펴봐야 합니다.

끝검은뱀버섯(*Mutinus bambusinus* (Zoll.) Fisch)에 쉬파리류가 날아왔습니다. 어느새 갓에 붙은 암갈색 점액 물질을 다 먹어 치웠는지 갓의 속살이 드러나 보입니다. 자루 윗부분과 갓이 이제 완전한 붉은색입니다. 끝검은뱀버섯이 하루도 못 살기 때문에 쉬파리류 역시 끝검은뱀버섯은 식당으로만 이용합니다. 쉬파리

바구니버섯 식구에 속하는 세발버섯을 먹는 쉬파리류

식구들은 다른 파리류와는 다르게 새끼를 직접 낳습니다. 그래도 끝검은뱀버섯이 금방 썩어 녹아내리니 분만실로는 불합격입니다. 끝검은뱀버섯에 와서 배불리 밥을 먹고는 새끼를 낳으러 다른 곳으로 날아갑니다. 덕분에 충분히 배를 채우고 알을 성숙시킬 수 있으니 그것만으로도 감지덕지하겠지요.

마치 발가락 세 개가 붙은 것처럼 생긴 세발버섯(*Pseudocolus schellenbergiae* (Sumst.) Johnson)도 말뚝버섯 무리에 속합니다. 신기한 생김새 때문에 숲 바닥에 피어나면 금방 눈에 띱니다. 세발버섯의 갓에도 여느 말뚝버섯처럼 끈적이고 고약한 냄새가 나는 점액 물질이 묻었습니다. 점액 물질이 있다는 소문을 듣고 초파리가 한 소대는 되게 몰려오고 쉬파리나 검정파리도 간간히 보입니다. 이들이 점액 물질에 들어 있던 포자를 자신의 털에 묻힌 뒤 다른 곳으로 날아가 자손을 퍼뜨려 줍니다. 세발버섯의 대 잇기 작업에 없어서는 안 되는 일등 공신입니다.

# 어여쁜 노란난버섯을 먹는 깜찍한
## 가시다리깨알버섯벌레

여름철엔 숲에 들어가기가 겁납니다. 비라도 오신 뒤면 더욱 그렇습니다. 습기가 많으니 숨은 턱턱 막히지요, 온도는 높아 무덥지요, 동물 피가 그리운 숲모기들은 사람만 나타났다 하면 달려들지요, 더구나 뱀이라도 만나면 온몸이 오그라들어 한 발짝도 움직일 수 없습니다. 그래도 숲으로 갑니다. 여름이면 유난히 많은 버섯이 숲 속에서 판을 치고 있으니까요. 숲에 들어서면 일단 '뭐 새로운 것 없나' 눈알을 이리저리 굴리며 두리번거립니다. 그러면 숲 바닥에서 노랑, 빨강, 하얀 버섯들이 '나 여기 있어. 나도 여기 있어.' 방실방실 웃으며 손짓합니다. 숲 속에 이리도 많은 보물이 있었다니! 보석보다 더 빛나는 보물들을 찾노라면 알 수 없는 희열감에 가슴이 벅차오릅니다. 현실 속에 존재하는 무릉도원에 들었으니 무에 할 말이 더 있겠어요.

　　버섯들과 일일이 눈을 맞추며 인사하는데, 썩어가는 갈참나무 한 귀퉁이에 노오란 버섯이 나도 좀 봐 달라는 듯이 수줍게 웃고 있습니다. 아! 이름도 어여쁜 노란난버섯(*Pluteus leoninus* (Schaeff. & Fr.) Kummer)입니다. 얼마나 야리야리하고 청초한지 모릅니다. 색깔은 마치 계란 흰자와 노른자를 섞어 풀어 놓은 듯 곱습니다. 하도 아름다워 이리보고 저리보고 또 봅니다.

### 숲 속의 선녀, 노란난버섯

노란난버섯은 막내딸처럼 귀엽고 깜찍하고 참 예쁩니다. 숲 속 그늘진 곳에 노란 치마를 입고 피어난다고 해서 '노란그늘치마버섯'이라고도 부른다니, 정말이지 딱 맞아떨어지는 별명입니다. 때마침 썩은 나무에 자리 잡은 노란난버섯을 나뭇잎 사이로 비집고 들어온 햇빛이 언뜻언뜻 비추고 지나갑니다. 햇빛이 야들야들한 노란난버섯의 속살까지 비춰 주니 더 상큼하고 청초해 보이네요. 키 자루 길이는 5센티미터 정도이고 갓의 지름은 큰 것이 6센티미터쯤 되니, 황금색 노란난버섯이 숲에 피면 한낮에 달이라도 뜬 듯 어두컴컴했던 숲 속이 일순간 환해집니다.

노란난버섯의 갓은 여느 버섯들처럼 어릴 때는 덜 펴져 막대사탕 같다가 점점 자라면서 우산처럼 활짝 펴집니다. 마치 챙이 넓고 둥근 노란 모자를 쓰고 하늘에서 내려온 선녀 같습니다. 갓은 맑은 노란색인데, 아침 이슬이라도 묻어 있으면 갓 테두리 쪽에 방사상의 선이 빗살처럼 가지런히 드러납니다. 살짝 건드리기만 해도 금방 부스러질 것 같이 연약한데다가 생긴 것도 정갈해 꼭 지켜 주고 싶은 모성 본능이 일어납니다. 갓 아랫면에는 하얀색(다 자란 후엔 살색) 주름이 우산살처럼 빽빽이 줄지어 있습니다. 버섯 자루도 노란빛이 감도는 하얀색입

<table>
<tr><td>1</td><td>2</td></tr>
<tr><td></td><td>3</td></tr>
<tr><td></td><td>4</td></tr>
</table>

1 나무 부스러기 위에 길쭉한 자루를 세워 자리 잡은 노란난버섯 2 숲에 두둥실 보름달이 뜬 듯 노란색 갓을 한껏 피운 노란난버섯 3 물기를 머금으면 갓 테두리에 방사선이 선명하게 드러나는 노란난버섯 4 하얗던 주름살이 살색으로 변한 다 자란 노란난버섯의 주름

니다. 재밌게도 자루는 처음에 날 때는 속이 차 있는데 자라면서 점차 비어 갑니다. 그러니 노란난버섯은 만지면 야리야리하게 생긴 값을 하느라 스르륵 부스러져 버릴 밖에요.

　노란난버섯은 생긴 것도 아름답지만 사는 곳도 색다릅니다. 몸이 부드러우며, 며칠 버티지 못하고 썩어 녹아내리는 주름버섯류는 대개 땅에서 솟아오릅니다. 하지만 노란난버섯은 여느 주름버섯류와는 다르게 썩은 나무에 자리를 잡고 피어오릅니다. 혹시나 숲 속을 거닐 때 썩은 나무나 나무 부스러기 더미를 보게 되면 주변을 잘 살펴보세요. 운 좋으면 하늘에서 내려온 노란 선녀, 노란난버섯을 만나게 될지도 모릅니다.


### 노란난버섯을 먹는 귀염둥이 가시다리깨알버섯빌레

　숲 속입니다. 쓰러져 썩어가는 갈참나무 껍질을 비집고 노란난버섯이 피어 있습니다. 너무 예뻐 버섯 앞에 앉아 이리저리 들여다봅니다. 그런데 이게 웬일인가요. 제가 앉자마자 갓 아랫면의 하얀 주름살 속에서 동그란 구슬 같은 벌레들이 뚝뚝 땅으로 떨어집니다. 누굴까, 이리도 청초하고 어여쁜 노란난버섯을 먹는 곤충은? 나 같으면 하도 아까워 먹을 엄두가 나지 않을 것 같은데……. 미처 도망가지 못한 녀석 세 마리가 주름살 사이로 숨어듭니다. 몸을 최대한 낮추어 살금살금 다가가 보니 보석처럼 반짝이는 곤충이 주름살 사이에 끼어 있습니다. 꼭 바가지를 엎어 놓은 것 같은 게 무당벌레 같기도 하고, 색깔이 불그스름한 갈색이라 애등글잎벌레 같기도 하고……. 숨죽이며 가만히 들여다보니 부드러운 버섯에서 자주 만나는 녀석이네요. 이름은 조금 생소한 가시다리깨알버섯벌레

노란난버섯을 찾아온 가시다리깨알버섯벌레

(*Zeadolopus japonica* (champion))입니다.

가시다리깨알버섯벌레 몸이 얼마나 작은지, 덩치가 작은 녀석은 1밀리미터를 조금 넘고 아무리 커 봤자 2밀리미터 정도이니 맨눈으로는 잘 보이지도 않습니다. 확대경 또는 현미경으로나 신체검사를 할 수 있으니 몸값이 좀 비싼 녀석이지요. 가시다리깨알버섯벌레 몸은 알처럼 볼록하고 동글동글합니다. 또 어찌나 반짝이는지 참기름을 잔뜩 발라 놓은 구슬 같습니다. 살짝 건드리기만 해도 또르르 굴러갈 것 같습니다.

불쑥 들이닥친 불청객에 놀랐는지 녀석은 더듬이와 다리 여섯 개를 몸 안쪽으로 오그려 붙이고 겁에 질려 있습니다. 1분쯤 지났을까. 녀석은 오그렸던 더듬이와 다리들을 꼬물꼬물 펴기 시작합니다. 더듬이가 머리 밖으로 나오고, 다리 여섯 개도 버둥거리며 딱지날개 밖으로 나옵니다. 그러더니 언제 내가 그랬

곤봉 모양의 더듬이가 일품인 가시다리깨알버섯벌레

나는 듯이 새빨리 주름살 위를 걸어갑니다. 이때다 싶어 얼른 사진기의 셔터를 누릅니다. '찰칵찰칵' 플래시가 터지니 또 다시 녀석은 더듬이와 다리들을 오그려 몸 아래쪽에 집어넣습니다, 마치 몸을 동글게 만 것처럼. 스트레스를 준 것 같아 미안한 마음에 얼른 사진기를 거두고 녀석이 깨어나길 기다립니다. 잠시 후 녀석은 또다시 정신을 차리고 깨어나 주름살 속으로 쏜살같이 들어가 버립니다, 더듬이를 휘휘 저으며.

가시다리깨알버섯벌레는 더듬이가 일품입니다. 완전 곤봉 모양이군요. 대개의 딱정벌레류 더듬이는 11마디인데 이 녀석은 모두 10마디입니다. 특이하게도 첫 번째 마디에서 여섯 번째 마디까지는 깨알 같은 구슬을 촘촘히 꿰어 놓은 것 같고, 일곱 번째 마디에서 열 번째 마디까진 양 옆으로 넓게 펴져 있어 꼭 곤봉 같습니다. 더듬이를 꼼꼼히 들여다보면 마디마다 털이 나 있습니다. 더듬이

가시다리깨알버섯벌레의 더듬이와 다리

는 바깥세상이 어찌 돌아가는지를 알려 주는 종합 정보기관이다 보니 환경 변화를 알아차릴 수 있는 감각기관이 몰려 있습니다. 털도 신경과 연결되어 있는 감각기관이지요. 추운지, 바람이 부는지, 습도는 얼마나 되는지, 적이 가까이 다가오는지 등을 알아차리는 데는 더듬이가 한 역할을 합니다.

저리 몸이 작은 데도 치장할 것은 다 했군요. 적갈색 몸에는 작은 점각들이 깔려 있습니다, 일일이 바늘로 정성스레 콕콕 찍은 것처럼. 특히 딱지날개에는 재봉틀로 박음질이라도 한 듯 점각들이 밭고랑처럼 줄지어 있습니다. 다리도 구경해 볼까요? 몸집은 작은 데 다리 하나는 튼실합니다. 넓적다리마디퇴절와 종아리마디경절는 제법 넓적하고 통통해 그야말로 '건강 미인의 무 다리' 같습니다. 재밌게도 수컷 앞다리의 발목마디는 약간 넓습니다. 아무래도 발목마디가 넓으면 짝짓기할 때 암컷을 꼭 붙잡기 좋겠지요.

가시다리깨알버섯벌레는 버섯을 어찌 먹을까요? 녀석은 주름살 하나를 여섯 다리로 꼭 잡고 식사를 합니다. 물론 주름살 안쪽에서 밥을 먹습니다. 주름살 표면에서 먹다가는 천적의 눈에 띌지도 모르니까요. 자세히 들여다보니 밥 먹는 주둥이가 쉴 새 없이 오물거리네요. 너무 작아 맨눈으로는 잘 안 보이지만, 녀석은 큰턱을 양쪽으로 살짝 벌렸다 오므렸다 하면서 주름살을 조금씩 베어 씹어 먹습니다. 그래서 녀석이 먹고 난 주름살을 확대경으로 보면 마치 벼메뚜기가 벼 잎사귀를 뜯어 먹은 것 같이, 주름살 일부가 가위로 오려 낸 것처럼 보입니다. 아시다시피 버섯의 주름살은 포자를 만드는 공장이지요. 그러니 주름살에는 영양분이 많아 녀석들에겐 훌륭한 밥입니다. 녀석들은 버섯이 녹아 없어지기 전에 부지런히 버섯의 주름살을 먹기도 하고, 주름 속에 널려 있는 포자를 먹기도 합니다. 그러고 보니 노란난버섯의 주름살 사이에는 버섯 부스러기가 즐비하게 떨어져 있네요. 녀석들이 먹다 흘린 부스러기와 버섯을 먹고 싼 똥들입니다. 다 자란 노란난버섯의 살색 주름살을 먹고 싼 녀석들의 살색 똥도 예쁘다고 하면 웃으시겠지요.

### 균류를 밥상에 올리는 우리알버섯벌레 가문

가시다리깨알버섯벌레는 우리알버섯벌레 집안科입니다. 족보를 따져 보면 우리알버섯벌레 집안 식구들은 송장벌레 집안과 가까운 친척입니다. 구슬처럼

노란난버섯 주름살 하나를 잡고 열심히 베어 먹고 있는 가시다리깨알버섯벌레

반짝반짝 빛나는 녀석들이 시체를 먹는 송장벌레와 한 식구였다는 게 놀랍기만 합니다. 19세기까지만 해도 연구자들은 우리알버섯벌레류를 송장벌레 집안 식구라 여겼지요. 그러나 자세히 녀석들을 연구해 보니 송장벌레와는 다른 점이 있어 분가를 시켰습니다. 그렇게 생겨난 게 우리알버섯벌레 가문입니다. 새로 생긴 가문이라서 아직 가족이 많지는 않지만, 다행히 우리나라에도 전문 연구자가 있어서 녀석의 가문에 속하는 식구가 누군지 연구하고 있습니다.

우리알버섯벌레 집안은 워낙 몸 크기가 작아서 곤충계의 '피그미'족입니다. 8밀리미터쯤 되는 큰 종도 있지만 작은 녀석은 1밀리미터밖에 안 됩니다. 말이 1밀리미터이지 곤충의 세계에서도 작은 편이라 현미경이 아니면 녀석의 모습은 구경도 할 수 없지요. 이 가문의 식구는 주로 균을 먹고 삽니다. 숲에서 흔히 볼 수 있는 버섯, 썩어 가는 낙엽에 사는 균류, 점균류나 변형균까지 균이란 균은 모두 녀석들의 밥이 됩니다. 그래서 녀석들을 구경하려면 썩은 물질들 주변을 뒤져야 합니다. 썩은 낙엽, 동물의 사체, 버섯을 포함한 균류와 썩은 나무, 심지어 누군가가 먹다가 만 동물의 사체가 있는 동굴, 새끼가 배설한 똥이나 죽은 새끼 시체가 있는 새나 포유동물의 둥지 등…….

현재까지 우리나라에 사는 것으로 알려진 우리알버섯벌레 가족은 약 56종이라고 하니 그간 있는 줄도 몰랐던 녀석들에게 미안할 뿐입니다. 그런데 아직도 녀석들의 사생활은 베일에 가려져 있습니다. 어른벌레는 어떤 버릇을 가지고 사는지, 애벌레들은 어디에서 허물을 벗으며 또 몇 번이나 벗는지, 번데기는 땅속에서 만드는지, 애벌레가 어른이 되기까지 얼마나 많은 시간이 걸리는지……, 몹시 궁금할 뿐입니다. 녀석들과 친구하며 얼굴 맞대는 사람들이 많아져 녀석들의 숨겨진 사생활이 속속들이 알려질 날을 손꼽아 기다립니다.

# 숲 속의 요정,
## 노란망태버섯을 좋아하는
### 파리류와 대모송장벌레

무더운 여름날입니다. 숲길을 걷습니다. 장마 끝이라 날씨도 더운데 습도까지 높습니다. 완만하게 경사진 길을 천천히 걷는데도 어느새 땀이 배어 나와 이내 몸이 끈끈해집니다. 그나마 간간히 지나가는 산들바람이 몸에 밴 땀을 거두어 가니 살 것 같습니다. 길옆 숲 바닥엔 버섯들이 여기저기 피었습니다. 다들 간밤에 머리를 내민 것인지 먼지 하나 묻지 않고 작은 상처 하나 없이 깨끗한 얼굴로 방글방글 웃으며 서 있습니다. 한껏 아침 이슬방울을 머금은 버섯에게 눈인사를 건네며 천천히 걷습니다.

길옆에 떡 버티고 선 버섯이 유난히 제 눈길을 사로잡습니다. 속이 훤히 다 들여다보이는 노란색 망사치마를 입은 버섯! 하도 예뻐서 제 발이 그만 땅에 딱 붙어 움직이질 않습니다. 앞서거니 뒤서거니 걷던 등산객들도 아름다운 버섯의 자태에 반해 하나둘 발걸음을 멈춥니다. 신기하고 현란한 버섯의 모습에 취했는

숲바닥 여기저기 흩어져 피어난 노란망태버섯

지 모두들 입이 '헤' 벌어집니다. 도대체 무슨 버섯이 이렇게 사람들 넋을 놓게 한 것일까요? 생김새가 특이해서 누구나 한 번만 봐도 첫눈에 홀딱 반하는 노란망태버섯입니다. 하도 어여뻐 조심조심 다가가서는 이리 보고 저리 보고, 보고 또 봅니다.

### 망태기 닮은 노란망태버섯

숲모기가 득실거리는 여름 숲의 바닥에 홀연히 피어난 노란망태버섯! 속이 훤히 다 보이는 노란 망사 천으로 멋진 치마를 만들어 입은 덕에 노란망태버섯이란 이름을 얻었습니다. 지금이야 플라스틱 그릇이 흔하지만 플라스틱이 보급되기 전에는 우리 어른들은 볏짚을 꼰 새끼로 망태기를 만들어 물건을 담았습니다. 그물처럼 얼기설기 엮어 만든 구멍 뚫린 망태기는 마치 노란망태버섯의 망사치마와 비슷합니다. 산업이 발달하고 도시화되면서 망태기를 쓸 일이 없으니, 망태기가 어찌 생겼는지는 둘째 치고 망태기란 말조차 낯선 요즘입니다. 되레 노란망태버섯의 활짝 펼쳐진 망사치마가, 설거지할 때 쓰는 노랑 그물수세미와 똑 닮았다고 하면 금방 알아듣습니다. 어찌 된 영문인지 처음엔 분홍망태버섯이라 불렸는데 지금은 노란 색깔 때문에 노란망태버섯이라고도 부르니 이름이 두 개인 셈입니다. 북한에서는 여전히 분홍망태버섯이라 합니다.

### 이른 아침, 멋진 망사치마를 차려입는 노란망태버섯

숲 속의 깜찍한 요정 노란망태버섯이 피어나는 걸 보신 적이 있나요? 운 좋게 그 광경과 맞닥뜨리면 벅찬 감동이 가슴 떨리게 밀려옵니다. 노란망태버섯은 이른 아침 동틀 무렵에 노란 요정으로 태어납니다. 신기하게도 노란망태버섯은 새처럼 알에서 깨어납니다. 버섯으로 태어나기 전까지는 달걀 같은 모양으로 자신의 고향인 땅속에 꼭꼭 묻혀 있다가 말이지요. 비가 내려 땅바닥이 축축해지면 땅속에 있던 노란망태버섯의 알은 서서히 세상 밖으로 나갈 채비를 합니다. 해가 뜨고 동쪽 하늘이 말개지는 때를 기다렸다가 슬슬 움직이기 시작합니다. 타원 모양의 알이 땅을 뚫고 용감하게 땅 위로 솟아오릅니다. 눈에 보일 듯 말 듯 아주 천천히 흙을 비집고 올라옵니다. 지름이 4센티미터나 되니 크기가 제법 커서 무거울 텐데……, 어떤 힘이 알을 땅 위로 밀어 올리는지 신기합니다. 마침내 노란망태버섯 알이 흙 속을 탈출해 세상 구경을 합니다.

　　세상 구경도 잠시……, 알껍질외피막이 서서히 갈라집니다. 마치 가죽질 같은 거북 알이 팽팽히 팽창되었다가 뿌지직 찢어지며 부화하는 것처럼. 그러더니 찢어진 노란망태버섯의 알 속에서 무엇인가 아기 주먹만 한 게 불쑥 올라옵니다. '뽕' 솟아오른 건 바로 버섯의 머리갓입니다. 어찌 보면 삿갓 모자 같기도 하고, 어찌 보면 곱슬곱슬한 부처님 머리 같기도 하고……. 곰보처럼 우그렁쭈그렁한 갓의 표면에는 질척거리는 올리브 색깔의 점액질이 덕지덕지 묻어 있습니다. 물기가 많은 점액 물질은 윤이 자르르 흐릅니다. 마치 물을 많이 넣어 반죽한 진흙을 뒤집어 쓴 것 같습니다. 진흙 같은 점액 물질에는 식물로 치면 씨앗에 해당되는 포자가 들어 있습니다.

　　시간이 지날수록 노란망태버섯의 촛대 같은 하얀 자루대가 알 속에서 쑥쑥 자라 올라옵니다, 곰보같이 우굴쭈굴한 갓을 머리에 이고서. 얼마나 거침없이 자라는지 금세 키가 15센티미터나 되어 버렸군요. 초고속으로 자란 하얀 자루를 살짝 만져 보니 속이 텅 비어 있습니다. 다 자란 버섯자루 꼭대기엔 점액질 묻은 머리갓이 붙어 있는데, 버섯 머리 바로 아래에는 뭔가 속옷 같은 게 삐죽이 붙어 있네요. 자세히 들여다보니 꼭 노란색 속옷이 밖으로 삐져나온 것 같습니다. 그 순간 재밌는 일이 벌어집니다. 버섯 머리 밑에 붙어 있는 노란 속옷이 움직이기 시작합니다. 노란 천이 점점 늘어지더니 땅 쪽으로 쭈르륵 처져 내려옵니다. 그러더니 갑자기 진흙 같은 점액질이 묻은 갓이 하늘을 향해 '퐁' 하고 들려 올라갑니다. 마치 탄산가스가 가득한 음료수 병의 뚜껑이 '펑' 하고 솟아오르듯이 말이지요. 그러고는 본격적으로 갓 아래에 붙은 노란 옷을 펼치기 시작합니다. 뭉쳐져 있던 노란 옷이 서서히 레이스로 짠 것 같은 망사치마로 화려하게 변신을

| 1 | 4 |
|---|---|
| 2 | 5 |
| 3 | |

1 노란망태버섯의 알이 땅 위로 머리를 내밀었다. 2 알의 머리가 갈라지며 버섯의 갓이 살짝 머리를 내밀고 있다. 3 알을 뚫고 나온 버섯의 머리에는 묽은 초콜릿 같은 점액질이 잔뜩 묻어 있다. 4 치마를 펼치려 허리춤의 노란 망사치마를 축 늘어뜨리고 있다. 5 노란망태버섯이 망사치마를 활짝 펼쳐 입고 있다.

합니다. 무대의 커튼이 천장에서 내려오듯이 천천히 노란 망사치마가 점점 길게 펼쳐집니다. 망사치마는 1분에 2~4밀리미터 정도씩 빠르게 펴지며 내려옵니다. 30분쯤 흘렀을까요. 노란 망사치마가 완전히 펼쳐져 땅바닥까지 내려옵니다. 노란망태버섯의 하얀 자루는 이젠 망사치마에 살짝 가려졌습니다. 어찌 이리도 정교하고 화려할까……. 하도 아름다워 그저 두 눈만 동그래져 바라볼 뿐입니다. 놀랍게도 알에서 망사치마를 곱게 입은 노란망태버섯으로 태어나기까지 4시간 정도밖에 안 걸렸네요. 식물과 버섯을 통틀어 가장 빨리 자라는 것을 꼽으라면 단연 노란망태버섯이 일등입니다.

갓 태어나 짧은 시간 내에 제 모습을 갖춘 노란망태버섯은 누군가를 애타게 기다립니다. 우두커니 서서 이제나저제나 곤충들이 다가오기를 기다리는 것이지요. 멋진 치장을 했건만 기온이 낮아 곤충이 찾아오기엔 아직 이릅니다. 곤충은 스스로 체온을 조절하지 못해 이른 아침에는 잘 움직이지 않으니까요. 한낮이었다면 점액 물질이 묻은 갓이 나오기 시작한 지 10분도 안 되어 곤충들이 날아왔을 텐데……. 할 수 없습니다. 해가 뜰 때까지 기다릴 수밖에요.

### 숲 속의 멋쟁이, 노란망태버섯을 찾아온 파리들

이렇게 어여쁜 노란망태버섯을 먹는 곤충이 있기나 할까요? 물론 있습니다. 숲 속에 있는 생물은 모두 곤충의 밥이거든요. 버섯이든, 식물이든, 동물이든 그 종류를 불문하고 죽었든, 살았든 간에 모든 생물은 곤충의 밥상에 오릅니다. 하루도 채 못 사는 노란망태버섯도 곤충에게는 너무도 맛있는 밥입니다. 예쁜 노란망태버섯을 통째로 접수해 먹어 치우는 단골손님은 정말 의외의 곤충이에요. 바로 파리 종류Diptera이거든요. 파리들은 노란망태버섯이 피었다는 소문만 나면 버선발로 뛰듯이 잽싸게 날아옵니다. 녀석들은 노란망태버섯이 풍기는 냄새를 맡고 속속 찾아듭니다.

혹시 숲에 들었다가 화사하게 피어난 노란망태버섯을 만나거든 다가가 살며시 옆에 앉아 보세요. 찬찬히 들여다보면 파리들이 노란망태버섯 위에 앉았다 날아올랐다 하느라 분주하기 짝이 없습니다. 크기가 3밀리미터도 안 되는 초파리류도 보이고, 과실파리류, 똥파리, 육중한 검정파리류까지……. 파리들은 버섯 주변을 서성이다가 막 바로 노란 요정의 갓 위에 앉아 물기가 흥건한 점액질을 초콜릿이라도 되는 듯이 맛있게 핥아 먹습니다. 혹시나 자신을 노리는 새나 벌 같은 힘센 천적이 나타날까 봐 불안한지 버섯 위에 앉았다 날았다 잔뜩 경계하면서 말이지요. 그러다가 자기들끼리 눈이라도 맞으면 노란 요정 위에서 짝짓기도 합니다. 맛있는 버섯 밥상머리에서 짝짓는 건 파리들 세계에선 그리 이상한 일도 아닙니다.

### 노란망태버섯이 차려 놓은 밥상에 몰려든 초파리들

해가 떠오르면 초파리들이 속속 노란망태버섯으로 날아옵니다. 30마리도 넘어 보입니다. 노란 망사에도 앉고 질척거리는 머리갓에도 앉습니다. 그것도 잠시, 금세 날아올랐다가 다시 버섯 위에 내려앉기를 반복합니다. 혹시나 천적이 자신을 노릴까 봐 몸조심하는 것이 몸에 밴 모양입니다. 분주하게 주변의 눈치를 살피면서도 버섯을 맛있게 먹습니다. 노란 망사의 젤라틴도 먹고, 갓에 질펀하게 묻어 있는 점액 물질도 먹고, 심지어

노란망태버섯 점액질에 모여 든 초파리들

점액 물질 속에 들어 있는 노란망태버섯의 포자까지도 먹습니다. 먹을 복이 터졌네요. 노란망태버섯에는 탄수화물, 단백질뿐만 아니라 무기질 등 각종 영양 물질이 골고루 들어 있습니다. 게다가 점액질에는 초파리가 먹기 좋게 물기까지 적당히 섞여 있으니 그야말로 금상첨화이지요. 영양가를 따지면 노란망태버섯은 초파리에겐 최고의 영양 밥상입니다.

초파리의 몸은 3밀리미터도 안 될 정도로 작아 웬만해선 사람들 눈에 보이지도 않습니다. 그렇게 작은 초파리가 노란망태버섯이 사그라들 때까지 어떻게 버섯을 먹어 댈까요? 초파리는 핥아 먹는 주둥이를 가졌습니다. 주둥이 끝에 달린 입술판(아랫입술이 변형된 기관)으로 노란망태버섯의 액즙을 핥듯이 빨아서 들이마십니다. 마치 진공청소기가 먼지를 빨아들이듯이 말이지요. 노란망태버섯은 초파리의 그런 습성을 어찌 알았을까요? 누가 가르쳐 주었을 리도 없는데 파리가 딱 먹기 좋게 물기가 흥건한 점액질을 알아서 만들어 내놓으니 말입니다. 그런 노란망태버섯의 지혜에 절로 감탄사가 터져 나올 뿐입니다.

노란망태버섯을 찾아와 밥상도 받고, 사랑도 하는 초파리는 노란망태버섯에 알도 낳을까요? 아닙니다. 알은 다른 곳에 낳습니다. 초파리가 알에서 태어나 애벌레 시절을 거쳐 어른 초파리가 되려면 실내처럼 따뜻한 곳에서도 열흘이 넘게 걸립니다. 그런데 노란망태버섯이 버섯이 살아있는 시간은 아쉽게도 채 8시간도 안 됩니다. 그러니 하루도 못 살고 녹아 없어지는 노란망태버섯에 알을 낳을 수는 없겠지요. 초파리에게 노란망태버섯은 그저 훌륭한 식당일 뿐입니다. 식당이면 어떻습니까? 일용할 양식을 해결해 주고 영양가 높은 풍성한 밥상을 제공해 주는 것만으로도 그저 감지덕지할 뿐입니다.

### 요정처럼 예쁜 노란망태버섯은 왜 지독한 냄새를 풍길까?

　이상한 일입니다. 노란망태버섯이 자선 사업가도 아닐 텐데 왜 초파리들에게 먹을 음식을 퍼 주는 것일까요? 그것도 자신의 온몸을 아낌없이 바치면서까지 말입니다. 노란망태버섯도 제 나름의 꼼수는 있습니다. 초파리의 힘을 빌려 자신의 대를 이으려는 것이지요. 버섯은 동물처럼 움직이고 싶어도 움직일 수가 없어 태어난 그 자리에서 오도 가도 못하는 신세잖아요. 한자리에만 있으니 자손포자을 여기저기로 옮겨 널리 퍼뜨리려면 누군가에게 도움을 청해야 하겠지요. 그래서 활동성이 좋은 동물의 힘을 빌리는 방법을 고심하다가 그들이 좋아하는 음식을 만들어 꼬이는 전략을 세운 거예요. 노란망태버섯은 그중에서도 파리를 선택한 것이고요.

　노란망태버섯에서 파리들이 즐겨 찾아가는 데는 곱슬머리 같이 생긴 갓 부분입니다. 왜 파리들은 노란망태버섯의 갓에 꼬일까요? 갓에는 파리들을 꾀어 들이는 기발한 미끼가 있기 때문이지요. 바로 올리브색의 점액 물질인데요, 파리를 유혹하는 이 점액 물질은 어찌 보면 물기 많은 진흙 같기도 하고, 어찌 보면 사람의 묽은 똥 같기도 합니다. 물기가 자르르 흐를 정도로 흥건하게 고여 있는 점액 물질에 손가락을 살짝 대어 훑어 냅니다. 손가락을 비벼 보니 매끈거리면서 끈적끈적합니다. 내친 김에 코를 들이대고 냄새도 맡아 보니 고약한 냄새가 진동합니다. 생선 썩은 냄새 같기도 하고, 똥 냄새 같기도 하고……, 역겨운 냄새가 얼굴을 통째로 덮쳐 절로 찌푸리게 하네요. 제겐 토할 듯이 역겨운 냄새가 파리들한테는 감미로운(혹은 맛있는) 향기일 거라 생각하니 재밌네요. 감미롭다 못해 식욕을 쑥쑥 돋게 하는 신비의 향이겠지요. 영악하게도 노란망태버섯은 지독한 냄새를 풍기는 점액 물질 속에 소중한 씨앗포자을 숨겨 놓고는 그것을 옮겨 줄

파리를 이런 식으로 꾀어내는 것입니다.

대부분의 파리는 동식물의 사체즙, 똥즙, 썩은 과일즙, 음식 쓰레기 같은 썩은 음식을 좋아합니다. 그런 음식에는 암모니아 같은 물질이 들어 있어 역겨운 냄새를 풍깁니다. 노란망태버섯은 지혜롭게도 그와 비슷한 역겨운 냄새를 풍기는 점액 물질을 만들어 자신의 머리갓에 묻혀 놓은 것입니다. 그 무엇보다도 중요한 포자를 바로 이 점액 물질 속에 모셔 두고 말입니다. 물론 파리들이 잘 핥아 마실 수 있도록 물기를 풍부하게 담아 놓은 것은 두말할 것도 없겠지요. 이렇게 만반의 준비를 하고선 파리가 날아들기를 기다립니다.

파리들로서는 안성맞춤인 맞춤형 식당을 마다할 이유가 없지요. 냄새를 맡고 날아온 초파리들은 버섯 영양밥을 신나게 먹어 댑니다. 세상에는 공짜가 없는 법이지요. 노란망태버섯 식당에서 진수성찬을 대접받은 초파리도 밥값을 톡톡히 해야 합니다. 버섯의 점액질 속에 들어 있던 포자를, 점액질을 맛있게 핥아 마시면서 함께 먹기도 하고 제 자신도 모르게 몸에 나 있는 수많은 털에 붙이기도 합니다. 배부르게 식사를 하고 나서 다른 곳으로 날아가서는 몸에 붙은 포자를 떨어뜨리거나 배설을 함으로써 소화되지 않은 포자를 내보내 노란망태버섯의 자손을 멀리 퍼뜨려 줍니다. 물론 초파리 같은 동물들이 포자를 옮겨 주지 않아도 제가 난 땅에 떨어진 포자는 빗물이나 바람에 실려 퍼지기도 합니다. 그러나 그 방법만으론 포자를 멀리까지 퍼뜨리기에는 역부족입니다. 아무래도 곤충의 도움을 받아 퍼뜨리는 것이 훨씬 더 효율적이겠지요.

오랜 세월에 걸친 진화 과정을 통해 노란망태버섯이 만들어 낸 썩은 냄새 나는 물질에 파리들이 꼬여 들고, 노란망태버섯의 포자는 그 파리들의 몸에 묻어 다른 곳으로 멀리 퍼져 나가는 것을 보면, 뇌도 없는 버섯이 어찌 그런 물질을 만들었을까 그저 신기하기만 합니다.

### 왜 노란망태버섯은 노란 망사치마를 입었을까

노란망태버섯의 망사치마는 왜 노란색일까요? 식물이 곤충을 불러 모을 때는 냄새뿐만이 아니라 색깔도 한 역할을 합니다. 곤충 눈에 확 띄는 색깔의 옷을 입으면 '얼씨구나 좋다' 하고 곤충들이 몰려들지요. 그런데 곤충이 보는 색깔과 사람이 보는 색깔은 좀 다릅니다. 예를 들어 꿀벌은 사람들이 볼 수 있는 빨강이나 까만색은 못 봅니다. 사람으로 치자면 색맹이지요. 대신 사람이 볼 수 없는 자외선은 기막히게 봅니다. 노란색은 꿀벌이 볼 수 있는 색깔이에요. 아직 파리류가 어떤 색을 볼 수 있는지 자세히 연구된 것은 없습니다.

다만, 꿀벌처럼 파리류도 노란색을 잘 볼 수 있을 것이라 추정할 뿐입니다. 그러니 노란망태버섯이 예쁘게 노란 망사치마를 입고 있는 것은, 우리 사람들이 보고 침 흘리고 감상하라고 만든 게 아니라 곤충에게 어찌하면 잘 보일 수 있을까 고민하면서 차려입은 것일지도 모를 일입니다. 왜냐하면 진화는 혹독하고 척박한 환경에 적응하면서 이루어지는 지난한 과정이니까요.

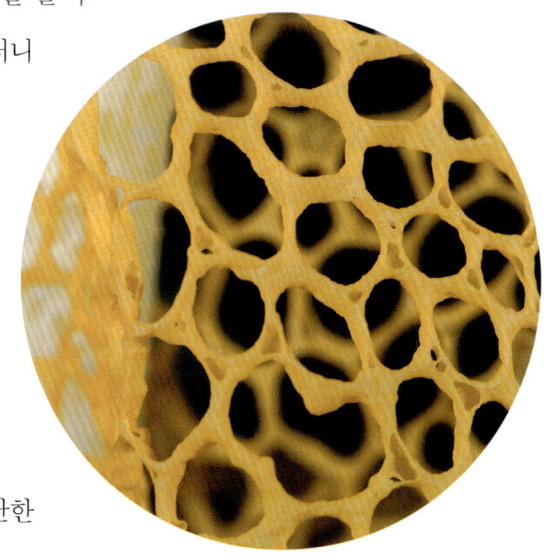

노란망태버섯의 예쁘고 신기한 망사치마

### 대모송장벌레의 썩은 노란망태버섯 식사

노란망태버섯은 모든 것이 '빨리빨리'입니다. 땅속에서 지표를 뚫고 솟아오르는 것도, 키가 금세 훌쩍 자라는 것도, 노란 망사치마를 만들어 걸치는 것도 아주 짧은 시간 안에 이루어집니다. 해 뜰 무렵에 피어난 노란망태버섯이 해가 중천에 떠오르면 벌써 시름시름 힘을 잃어 갑니다. 이제 죽을 때가 다 된 거지요. 길게 살아도 하루를 못 버티는 버섯입니다. 그나마 포자를 멀리 떠나보내 할 일은 다한 셈이니 죽어도 한은 없습니다.

탱탱하게 퍼졌던 노란 망사치마가 서서히 쭈그러들고, 꼿꼿했던 버섯자루는 바람 빠진 타이어처럼 팽팽하던 기운이 빠져 나갑니다. 그 곱던 망사치마는 축 처져 땅으로 내려앉거나 버섯자루에 철썩 달라붙기도 합니다. 버섯자루도 더 이상 버티지 못하고 갓이 붙은 꼭대기 부분이 픽 하고 아래로 거꾸러집니다. 갓에 붙어 있던 점액질을 어느새 곤충들이 다 먹어 치웠는지 갓은 허연 속살만 드러내 보입니다. 결국 땅 위로 털썩 드러눕고 마네요. 땅 위에 널브러진 노란망태

파리들이 먹다 남긴 노란망태버섯 갓의 점액 물질(왼쪽)과 망사치마가 쭈그러드는 노란망태버섯에 모여든 파리들(오른쪽)

버섯은 참 볼품이 없습니다. 애처로운 생각이 들어 마음이 짠해집니다. 그렇게 짧은 생이 아쉬워 그리도 아름답고 매혹적인 자태를 뽐냈던 것일까요? 미인박명이라 하더니……, 버섯 세계에서도 통하는 말인가 봅니다.

아쉬운 마음을 뒤로 하고 돌아서려는데 '이때다' 하고 죽은 노란망태버섯에 달려드는 녀석들이 있네요. 다름 아닌 대모송장벌레(Eusilpha brunneicollis (Kraatz))입니다. 대모송장벌레는 이름 그대로 시체를 먹고 삽니다. 어떤 동물이든지 죽으면 '죽음의 냄새'를 풍깁니다. 이 녀석의 더듬이와 몸의 감각기관은 이 냄새를 귀신같이 맡고 즉시 날아옵니다. 버섯도 생명인지라 죽으면 썩습니다. 재밌게도 노란망태버섯은 썩으면서 시체 냄새와 비슷한 고약한 냄새를 냅니다. 고약한 냄새를 풍기기가 무섭게 낙엽 속이나 풀숲 등에서 꼼짝 않고 지내던 대모송장벌레들이 노란망태버섯으로 한걸음에 달려옵니다. 녀석들에겐 썩은 버섯과 숙은 농물은 맛있는 밥이니까요. 그러고 보니 대모송장벌레는 '전문 시체 청소부'인 셈이네요. 한 마리, 두 마리, 세 마리……. 차례차례 쓰러져 가는 노란망

녹아내리는 노란망태버섯(왼쪽)과 썩은 노란망태버섯을 찾아온 대모송장벌레(오른쪽)

ⓒ지옥영

늘어진 노란망태버섯을 먹는 대모송장벌레들

태버섯으로 날아옵니다. 노란망태버섯을 접수한 녀석들은 썩은 노란망태버섯의 자루와 갓을 베어 맛있게 씹어 먹습니다. 썩은 버섯 속에는 아직 분해되지 않은 영양물질이 남아 있거든요. 운이 좋을 땐 버섯 식사 삼매경에 빠져 있다가 맘에 드는 짝을 만나기도 합니다. 그럴 때면 버섯 밥상 위에서 짝짓기도 합니다.

짝짓기를 마친 암컷 대모송장벌레는 어디에 알을 낳을까요? 마음 같아서는 멀리 갈 필요 없이 노란망태버섯에 낳고 싶겠지만 그럴 수는 없겠지요. 아시다시피 노란망태버섯은 하루도 못 버티고 썩어 녹아내리니까요. 하는 수 없이 암컷 대모송장벌레는 이리저리 사체를 찾아다니다 버려진 사체를 만나면 산란관을 꽂고 알을 낳습니다. 엄마 대모송장벌레가 태어날 새끼알에게 해줄 수 있는 건 자신들의 밥상인 사체에 낳아 주는 것뿐입니다. 알을 낳은 엄마 대모송장벌레는 며칠을 버티지 못하고 죽기 때문에 새끼를 돌볼 수가 없거든요. 그걸 아는지 모르는지 며칠이 지나면 알에서는 새끼 대모송장벌레가 깨어납니다. 새끼도 송장벌레 집안 가족답게 부모의 식성을 그대로 닮아 시체를 먹고 삽니다. 어미 덕분에 밥상 위에서 태어났으니 녀석들은 맘 놓고 마음껏 식사를 하며 몸을 부쩍부쩍 키웁니다. 다 자란 새끼는 땅속이나 사체 속에다 번데기를 만들고 어른이 될 날을 기다립니다. 그러는 동안 이들이 태어난 사체는 점점 잘디잘게 분해되어 땅속으로 되돌아갑니다.

아무튼 노란망태버섯을 먹어 잘게 분해시키는 대모송장벌레는 숲 바닥에 똥을 쌉니다. 그 똥은 다시 더 잘디잘게 분해되어 흙으로 되돌아 식물의 거름이 되어 줍니다. 노란망태버섯은 죽어서까지 이렇게 다른 생물에게 밥이 되어 줍니다. 그저 예쁜 줄만 알았던 노란망태버섯에게도 이렇게 딸린 식구가 있다니 역시 자연이란 빈틈이 없습니다.

# 여러 가지 버섯 요리를 즐기는 달팽이류

선운산 흙길을 걷습니다. 동백꽃으로 너무나 유명한 선운사를 포근히 안고 있는 그 선운산입니다. 한여름이라 사람들은 바다로 피서를 갔는지 산길에서는 가뭄에 콩 나듯 스쳐 지나갑니다. 숲이 얼마나 울창한지 가도 가도 초록 나뭇잎 터널 길이 이어집니다. 고개 들어 하늘을 올려다보아도 나뭇가지들이 매달고 있는 초록 잎사귀들에 가려 하늘이 설핏설핏 보일 뿐입니다. 이따금씩 지나가는 실바람이 몸에 끈끈히 밴 땀과 섞입니다. 흙길 옆 숲 바닥에서 낙엽 썩는 구수한 냄새가 풍겨 옵니다.

    여름철 선운산 하면 버섯이지요. 무더운 여름 숲 바닥에선 온통 버섯 잔치가 열립니다. 어디 숨어 있었던 것인지 온갖 버섯이 죄다 나와 숲 바닥은 온통 버섯 세상입니다. 빨간 갓이 매혹적인 장미무당버섯(*Russula rosacea* (Pers.) S. F. Gray=*R. lepida*), 상처라도 나면 노란 젖이 흐르는 노란젖버섯(*Lactarius chrysorrheus*

달팽이가 파 먹은 흔적이 선명하게 남은 장미무당버섯의 갓 표면(왼쪽)과 장미무당버섯의 아랫면 주름살을 먹고 있는 달팽이류(오른쪽)

Fr.), 귀신이라도 튀어나올 것 같은 털귀신그물버섯(*Strobilomyces confusus* Singer), 방금 목욕을 마친 듯 청초한 노란난버섯, 백설기처럼 새하얀 흰꽃무당버섯(*Russula alboareolata* Hongo), 나팔을 똑 닮은 나팔버섯(*Gomphus floccosus* (Schwein.) Singer), 산뜻한 주홍색 옷을 입고 선 달걀버섯(*Amanita hemibapha* subsp. *hemibapha* (Berk. & Broome) Sacc.)······. 어두컴컴한 숲 바닥이 자체 발광 중입니다, 마치 보석이라도 뿌려 놓은 듯이.

뭐에 홀린 듯 나도 모르게 버섯밭으로 들어가 앉습니다. 빨간 장미꽃보다 더 화려한 장미무당버섯에 먼저 손이 갑니다. 이리저리 만지다가 손가락이 갓 아랫면 주름살에 닿는 순간, 뭔가 물컹! 얼마나 스멀거리는지 나도 모르게 소리를 지르며 손가락을 오므려 버섯에서 떼어 냅니다. 너무 호들갑을 떨었나 싶어 미안한 마음에 고개를 숙여 갓 아랫면을 들여다보니, 역시 민달팽이군요! 내가 소리를 지르든 말든 민달팽이는 꿋꿋하게 버섯의 주름살을 갉아먹느라 신경도 쓰지 않습니다. 버섯 먹는 달팽이를 보신 적이 있나요?

### 버섯 먹다 들킨 달팽이

달팽이는 버섯을 참 좋아합니다. 버섯이란 버섯은 다 먹습니다, 나무에 나는 딱딱한 버섯이든 땅에 나는 부드러운 버섯이든. 그래도 먹기 수월한 부드러운 버섯을 최고의 밥상으로 치는 모양입니다. 숲길을 걸을 때 조금만 신경 쓰면 땅에 핀 버섯 갓 위에 턱 버티고 있는 달팽이를 만날 수 있으니까요. 특히나 딱딱한 집을 짊어지고 다니는 달팽이보다는 집도 절도 없는 민달팽이가 버섯의 단골손님이지요. 몸이 육중해서 올라탄 버섯을 부서뜨릴 것만 같은 헤비급 달팽이, 새색시처럼 고운 분홍빛 달팽이, 하도 작아 버섯 하나 먹어 치우는 데 족히 한 달은 걸릴 것 같은 미니 달팽이……. 민달팽이는 종류도 참 많습니다.

달팽이 한 마리가 당귀젖버섯(*Lactarius subzonarius* Hongo)의 자루를 타고 올라가 갓 아랫면 주름살을 파먹고 있네요. 몸을 쭉 펴고 거머리처럼 버섯자루에 딱 달라붙어 식사 삼매경에 빠져 있습니다. 슬쩍 건드려 봅니다. 놀랐는지 느슨했던 몸에 힘을 주어 좀 경직됩니다. 밥 먹을 땐 개도 안 건드린다는데……. 녀석은 밥을 먹게 내버려 두고 주변의 버섯들을 구경합니다. 자신이 먹는 버섯보다 몸집이 더 큰 민달팽이가 몸의 절반은 땅바닥에 깔고 머리 쪽으로 반을 버섯에 척 걸친 채 버섯밥을 맛있게 먹고 있네요. 그 모습이 얼마나 우스꽝스럽던지 참으려 해도 절로 웃음이 삐져나옵니다. 한참을 혼자서 키득거립니다.

민달팽이가 제 밥인 버섯에 남긴 흔적도 가지가지입니다. 갓 표면을 누룽

달팽이류의 식사 흔적_ 1 누룽지라도 긁어먹듯 갉아먹은 장미무당버섯의 갓 2 요란하게 주름살을 먹고 남긴 구릿빛무당버섯 3 갉아먹어 구멍이 뻥 뚫린 검은비늘버섯 4 너덜너덜 집시치마를 만들어 놓은 장미무당버섯

| 1 | 2 |
|---|---|
| 3 | 4 |

지 긁듯이 갉아먹은 것, 갓 아랫면 주름살을 마치 오토바이를 타고 질주라도 한 듯 요란하게 파먹은 것, 표면을 군데군데 갉아먹어 분화구 같이 생긴 흔적, 갓 가장자리를 제멋대로 뜯어먹어 집시치마처럼 너덜너덜해진 흔적, 주름살을 먹다가 갓 표면까지 뚫려 구멍이 뻥 뚫린 것 등. 맘 내키는 대로 만든 자유로운 조각품 같습니다.

가만히 들여다보니 민달팽이들은 버섯의 주름살을 즐겨 먹네요. 주름살에는 포자도 들어 있고, 버섯살불임조직도 많으니 영양가가 많겠지요. 물론 갓 표면도 잘 먹습니다. 버섯 자체에는 물을 포함하여 단백질, 탄수화물, 무기물까지 들어 있으니 주름살이든 갓 표면이든 자루든 가릴 게 없지요. 숲 바닥에 버섯밥 천지이니 달팽이로서는 그저 신날 뿐이겠지요.

### 달팽이는 뿔이 네 개 달린 요정

달팽이는 참으로 느림보입니다. 느릿느릿 기어가는 모습을 보면 새끼 뱀이 떠올라 온몸이 오싹할 때도 있지만, 꾹 참고 하나하나 뜯어보면 귀엽고 깜찍한 구석도 있답니다. 달팽이는 오징어나 문어와 함께 어엿한 연체동물 무리연체동물문에 속한 식구입니다. 아시다시피 연체동물은 거의 바닷속에 삽니다. 사람 사는 세상에도 튀는 자식이 있듯이 연체동물 중에도 가출한 자식이 있는데, 바로 달팽이류이지요. 달팽이류는 바다가 싫다고 과감히 박차고 나와 육지로 올라왔습니다. 처음엔 힘들었을 테지만 긴 세월이 흐른 지금은 육상 생활에 잘 적응해 살고 있습니다.

달팽이는 배 쪽에 발이 있습니다. 발이라고 해야 곤충이나 사람 같이 단단한 갑옷 같은 큐티클이나 뼈로 지탱하는 것이 아니라 몰랑한 근육으로 된 발입니다. 달팽이는 근육 발로 어떻게 스멀스멀 기어 다닐까요? 다 방법이 있습니다. 우

버섯의 주름살을 즐겨 먹는 민달팽이류_ 1 당귀젖버섯 2 부채버섯류 3 검은비늘버섯 4 광대버섯류 5 무당버섯류 6 우산버섯류 7 무당버섯류 8 장미무당버섯

온몸이 점액으로 반들반들 윤이 나는 민달팽이류가 도장버섯에 다가가고 있다.(위) 더듬이를 한껏 세우고 아까시재목버섯을 찾은 민달팽이(아래)

달팽이의 뿔

선 배 아래쪽에 있는 발을 활짝 편 다음, 발 근육을 물결처럼 굼실굼실 연달아 수축시키며 앞으로 전진 또 전진합니다. 그러다 보니 물기가 많은 축축한 땅에선 미끄러지듯 우아하게 잘 기어가지만, 딱딱하고 메마른 바닥을 만나면 이만저만 낭패가 아닙니다. 물기가 없으면 근육 발이 빡빡해서 움직이기가 여간 힘든 게 아니거든요. 그래서 녀석은 꾀를 냈습니다. 발바닥에 점액을 듬뿍 분비해서 메마른 길을 포장하는 거지요. 그러고는 점액이 덮인 길 위를 마치 얼음 위에라도 미끄러지듯 스르르 기어갑니다. 영리하게도 바닥에 물기가 있거나 매끈하면 점액을 적게 내고, 거칠거나 울퉁불퉁하면 점액을 흠씬 분비합니다. 녀석이 뿌리고 지나간 점액은 마르면 신기하게도 투명한 흰색이 됩니다. 그래서 녀석들이 기어

민달팽이류가 좋아하는 버섯들_ 1 무당버섯류 2 구름버섯 3 검은비늘버섯 4 광대버섯류 5 무당버섯류 6 달걀버섯 7 노란난버섯 8 도장버섯 9 아까시재목버섯

다니며 먹은 버섯에는 마치 눈길 위에 난 발자국처럼 하얀 자국이 남습니다.

달팽이의 뿔더듬이를 보신 적이 있나요? 달팽이 뿔은 네 개나 되서 마치 뿔이 네 개 달린 귀여운 요정 같습니다. 머리 위에 큰 더듬이대촉각 두 개, 머리 아래쪽에 작은 더듬이소촉각가 두 개인데, 언뜻 보면 큰더듬이 두 개만 보입니다. 재미있게도 큰더듬이 맨 꼭대기에는 동그란 눈이 달렸습니다. 이 눈으로 주변이 어두운지 밝은지 정도만을 알아차리니 눈 치고는 별로 하는 일이 없습니다. 까만 눈을 살짝쿵 건드리니 마파람에 게 눈 감추듯이 눈알을 더듬이 속으로 쏘옥 말아 넣어 금세 큰너듬이가 뭉땅해집니다. 평소 녀석은 늘 더듬이 네 개를 엇갈려 흔들어 댑니다. 큰더듬이는 위로 쭉 곧추세워 흔들고, 작은 더듬이는 땅바닥 쪽으로 구부려 흔들면서 춤을 춥니다. 그런 와중에도 작은 더듬이는 온도, 바람의 세기, 냄새 등 주변의 변화를 재빨리 알아챕니다.

### 독버섯도 거뜬히 먹어 치우는 꿀돼지 민달팽이

민달팽이는 이 버섯 저 버섯 가리지 않고 먹어 대는 친구입니다. 물컹한 몸을 가진 민달팽이는 버섯을 어찌 먹을까요? 믿어지지 않겠지만 단단한 이빨로 갉아먹습니다. 녀석들은 버섯을 먹을 때 입 속에서 혀랑 비슷한 기관을 쭈욱 뽑아냅니다. 신기하게도 혀 같은 기관에는 딱딱하고 날카로운 이빨이 다닥다닥 붙어 있습니다. 치설이에요. 치설에 이빨이 얼마나 많이 붙었는지 아시나요? 놀라지 마세요. 어떤 종은 한 줄에 이빨이 91개나 났는데, 그게 무려 120줄이나 된다고 하네요. 절로 입이 떡 벌어지지요. 뾰족한 치설로 부드러운 버섯을 갉아먹는 건 일도 아닙니다. 그래서 민달팽이가 식사하고 지나간 자리는 마치 쥐가 갉아먹은 것처럼 울퉁불퉁 거친 자국이 남습니다. 녀석들이 공포스러울 정도로 버섯을 먹어 댈 수 있는 건 바로 치설 때문이었네요.

　　민달팽이는 마치 대패질이라도 하듯 먹어 댄 버섯을 어찌 소화시킬까요? 녀석의 창자 속에는 여러 소화효소가 들어 있어 나무나 버섯 같은 질긴 섬유질을 잘디잘게 부숴 줍니다. 소화기관 속에는 미생물이 공생하고 있어 이들이 버섯의 섬유질을 분해시킬 것이라 생각됩니다. 덕분에 녀석들은 버섯 속의 풍부하고 푸짐한 영양분을 제대로 이용할 수 있는 것이지요. 또한 독버섯의 독성을 중화시킬 수 있는 물질도 품고 있어 버섯 독도 아랑곳하지 않습니다. 사람은 독버섯을 먹으면 그 독성에 혼쭐이 나지만 민달팽이는 아무렇지도 않으니 그 비밀을 언제쯤 풀 수 있을지 궁금하기만 합니다.

## 꿀돼지 민달팽이도 버섯밥을 가려 먹을까?

　　독버섯도 마다하지 않는 민달팽이가 가리는 버섯이 있을까요? 한참 전에 연구자 Richter(1980)와 Roberts(1998)가 달팽이류가 좋아하는 버섯과 싫어하는 버섯이 무엇인지 알아냈습니다. 먹기 싫어하는 버섯으로는 땀버섯류, 졸각버섯류, 애기버섯류, 낙엽버섯류, 볏싸리버섯류, 혓바늘목이류, 무자갈버섯, 꾀꼬리버섯 등이 있다고 했습니다.

위의 연구와는 별도로 최근에 녀석들이 싫어하는 버섯에서는 특유의 화학 물질이 분비된다는 사실을 일부 확인했습니다. 어떤 성분이 들어 있길래 송이, 그늘버섯, 끝말림깔때기버섯, 말뚝버섯 같은 버섯을 보면 질색을 하는지도 알아냈지요. 재밌는 건 사람들이 더할 나위 없이 최고로 치는 송이마저 싫어한다는 것이에요. 송이의 균사체와 몸(혹은 갓과 자루)에는 송이의 향을 내는 휘발성 물질 계피산메틸methyl cinnamate과 버섯알코올mushroom alcohol, 1-octen-3-ol 등이 들어 있습니다. 바로 이 성분이 놀랍게도 민달팽이를 쫓아내는 작용을 합니다. 앞으로 민달팽이와 버섯과의 관계를 조금씩 더 알아 가다 보면 민달팽이가 싫어하는 버섯의 베일도 완전히 벗겨지겠지요.

땅바닥에 나는 무수한 버섯들! 이들은 길어야 일주일도 채 못 버티고 녹아 버리는 버섯입니다. 그럼에도 그들은 살아 있는 동안 숲 속에 사는 수많은 생명에게 기꺼이 자신의 몸을 송두리째 내어 줍니다. 그 덕분에 민달팽이도 버섯밥을 실컷 먹는 호사를 누리게 되는 것이지요. 숲 생태계의 한 고리인 버섯과 그 버섯을 먹는 또 다른 고리인 달팽이. 그들이 있어 오늘도 숲 생태계의 연결 고리는 끊이지 않고 조화롭게 이어져 순환을 하게 됩니다.

# 젖이 흐르는 배젖버섯 밥상에 둘러앉은 납작버섯반날개

나 어렸을 적 살던 시골집 뒷산에는 도라지랑 잔대 꽃이 참 무던히도 피었어요. 심심할 때면 나즈막한 뒷산에 올라 도라지 꽃을 꺾어 꽃다발을 만들거나 그 뿌리를 캐며 놀곤 했지요. 도라지는 꽃을 꺾으면 그 줄기에서 하얀 즙이 흘러나왔어요. 하얀 즙은 길가 같이 아무 데서나 잘 자라는 고들빼기에서도 볼 수 있었어요. 고들빼기 잎사귀 하나를 살짝 꺾어 상처 내면 잎줄기에는 우유 같은 하얀 즙이 송송 맺혔지요. 풀에서만 하얀 즙이 나올까요? 그렇지 않습니다. 버섯 중에도 우유 같은 하얀 즙이 나오는 버섯이 있거든요.

누굴까요? 바로 배젖버섯(*Lactarius volemus* (Fr.) Fr.)입니다. 무더운 8월, 산길 옆 숲 바닥에는 흙을 뚫고 나온 배젖버섯들이 옹기종기 모여 있습니다. 이제 갓 태어난 꼬마 호빵 같은 애기 버섯에서부터 우산처럼 갓이 활짝 펴진 어른 버섯까지 숲 바닥에 배젖버섯들이 널려 있습니다.

### 작은 상처에도 엄살을 부리는 배젖버섯

다 자란 배젖버섯은 갓을 우산처럼 활짝 펼칩니다. 그러나 우산이 될 수는 없습니다. 갓 한가운데가 오목한 웅덩이처럼 푹 들어가 있기 때문이에요. 어찌 보면 깔때기 같습니다. 몸매는 오동통하고 색은 붉은빛을 많이 띱니다. 표면은 고운 분가루라도 발라 놓은 것처럼 보송보송합니다. 살짝 버섯을 젖혀 뒤집어보니 살굿빛 주름살이 빗살처럼 촘촘합니다. 버섯살은 어찌나 부드러운지 살짝 건드리기만 해도 부서질 것 같습니다. 어머, 이를 어쩌지요? 정말 살짝 건드렸는데 상처가 났는지 갓 아랫면의 주름살 쪽에 하얀 뜨물 같은 즙이 방울집니다. 신기한 마음에 얼른 버섯 하나를 따서 뒤집어 놓고서는 손톱으로 주름살에 주르륵 상처를 내봅니다. 순식간에 우유 같은 하얀 물이 흘러나와 주름살을 적십니다. 만져 보니 끈적끈적한 게 제법 끈기가 있습니다. 냄새는 나는 듯 마는 듯하고 맛도 별맛이 나지 않습니다. 하긴 배젖버섯이란 이름만 들어도 젖이 나오는 버섯이란 걸 눈치챌 수 있습니다. 배젖버섯의 학명 *Lactarius volemus*를 살펴보면, '*Lactarius*'는 '젖물'이란 뜻이고, '*volemus*'는 '손바닥을 채울 만큼 흐르는 물'을 가리킵니다. 이름처럼 갓이나 자루에 상처를 입으면 흰 우유 같은 물이 샘물처럼 퐁퐁 솟아 나옵니다.

### 배젖버섯은 고무나무의 사촌?

배젖버섯의 상처에서는 왜 하얀 물이 흘러나올까요? 요술쟁이 유액균사(乳液菌絲, lactiferous hyphae) 때문입니다. 배젖버섯은 몸속에 유액균사를 지니고 있는데, 유액균사의 유관은 늘 젖 같은 즙을 품고 있어 축축합니다. 평소에는 가만 있다가 상처가 나면 유관이 터지면서 유관 속에 담겨 있던 젖물이 방울방울 흘러나옵니다. 신기하게도 한 번도 상처를 입지 않고 곱게 늙어 죽는 버섯은, 유관에 있던 젖물이 서서히 말라 없어지고 유관은 흔적만 남습니다. 아쉽게도 젖물을 품고 있는 유관은 맨눈으로는 볼 수 없고 현미경으로나 봐야 확인할 수 있습니다.

배젖버섯이 내놓는 하얀 즙의 성분은 무엇일까요? 고무의 원료를 얻는 고무나무는 아시지요. 고무나무의 잎을 하나 따면 하얀 즙이 방울져 흘러나오는데, 배젖버섯의 젖물은 바로 그 고무즙과 성분이 비슷합니다. 배젖버섯이 고무나무보다 양이 적을 뿐이지요. 고무즙은 이소프렌 $C_5H_8$이 수백 개 붙어 있는 폴리이소프렌으로 구성되어 있어요. 그 고무 성분이 배젖버섯의 젖물에는 3~5퍼센트쯤 들어 있는 데 비해 고무나무에는 35퍼센트 정도 들어 있으니 고무나무의 농도가 훨씬 짙은 거지요. 이렇게 양도 적고 농도도 옅으니 젖버섯류에서 나오는 즙으로는 고무를 만들 수 없습니다.

고무나무도 아닌데 배젖버섯은 왜 젖물을 만들어 낼까요? 아직 속시원히 밝혀진 사실은 없습니다. 그저 천적포식자으로부터 제 자신을 보호하는 방어 물질이나 천적들이 싫어하는 기피 물질의 역할을 할 것이라 추측할 뿐이지요. 상처를 입으면 젖물이 솟는 버섯으로는 배젖버섯 말고도 여럿 있습니다. 노란 젖물을 흘리는 노란젖버섯, 붉은 젖물이 나오는 붉은젖버섯(*Lactarius laeticolorus* (Imai) Imaz.), 젖물에서 한약재로도 쓰이는 당귀 냄새가 나는 당귀젖버섯, 붉은 젖물이 공기에 닿으면 청록색으로 변하는 피젖버섯(*Lactarius akahatsu* Tanaka)…….

갓이 오목하게 패인 배젖버섯의 갓과
상처를 내자 젖물이 흐르는 배젖버섯의 주름

노란젖버섯과 젖물

붉은젖버섯과 젖물

### 배젖버섯을 점령한 납작버섯반날개

숲에 들었다가 운 좋게 분가루를 뽀얗게 덮어쓴 배젖버섯을 만나거든 뒤꿈치를 들고 다가가 보세요. 땅이 울릴 만큼 성큼성큼 걸으면 배젖버섯에 모여들었던 곤충이 놀라 몽땅 숨어 버리니까, 살금살금. 산길을 걷던 저도 숲 바닥에서 막 솟아난 듯 쌩쌩한 배젖버섯들을 만났습니다. 숨을 죽이고 살금살금 다가가 앉아 조심스럽게 버섯 하나를 따서 뒤집어 봅니다. 가지런히 줄맞춰 선 주름살 사이사이마다 지푸라기 조각만 한 곤충들이 다닥다닥 붙어 있네요. 난데없는 불청객에 놀랐는지 다들 '걸음아, 나 살려라!' 도망가느라 정신없습니다. 과감하게 툭 하고 땅으로 떨어져 줄행랑을 놓는 녀석, 바람처럼 잽싸게 휙 하니 날아가 버리는 녀석, 얼떨결에 주름살 위로 올라왔다가 이리저리 허둥대는 녀석에, 주름살 사이로 더 깊이깊이 파고드는 녀석도 있네요. 배 꽁무니를 하늘을 향해 한껏 치켜들고 "나 무섭지?" 하고 위협하면서 말이지요. 언뜻 보기에도 백 마리가 넘어 보입니다. 이렇게 떼거리로 배젖버섯을 찾아온 녀석들은 누굴까요? 아, 납작버섯반날개(*Gyrophaehna niponensis* Cameron)네요.

납작버섯반날개는 딱정벌레 무리딱정벌레목로, 땅에 나는 버섯은 모두 제 집인 양 멋대로 드나들며 사는 반날개입니다. 녀석들은 갓 아래에 주름살이 즐비하게 늘어선 버섯을 굉장히 좋아합니다. 몸매는 길쭉한 게 꼭 나무토막처럼 생겨 아무리 봐도 우스꽝스럽습니다. 더구나 좁은 버섯의 주름살 사이에 끼어 살아야 하니 몸은 판자때기처럼 납작합니다. 크기도 아무리 커 봤자 3밀리미터가 채 안 되는 꼬맹이입니다. 비록 몸은 작아도 있을 건 다 있습니다. 구슬을 촘촘히 꿰어 놓은 것 같은 더듬이와 6개의 다리, 그리고 날개 4장까지. 게다가 몸 색깔을 검은색과 주황색으로 화사하게 한껏 멋까지 부렸습니다.

배젖버섯에 모여든 납작버섯반날개들과 원 안은 다가가서 본 납작버섯반날개

### 물구나무서기 선수 납작버섯반날개

뭐니 뭐니 해도 반날개의 특징은 딱지날개입니다. 곤충은 대개 겉날개로 제 배를 거의 덮고 있습니다. 그래서 위에서 내려다보면 배마디가 보이지 않습니다. 설령 보인다 해도 배의 꽁무니 쪽으로 한두 마디쯤 보일 정도이지요. 그런데 반날개의 딱지날개는 가슴등판인지 날개인지 헷갈릴 정도로 짧습니다. 이름 그대로 여느 곤충의 절반밖에는 안 되는 반뿐인 날개입니다. 미니스커트를 입은 것처럼. 딱지날개가 굉장히 짧은 덕에 배마디 가운데 5~6마디 정도는 늘 내놓

잔뜩 배 꽁무니를 치켜 세우고 위협하는 납작버섯반날개_ 사진 속 버섯은 무당버섯류

고 다닙니다.

왜 반날개의 딱지날개는 짧을까요? 다 이유가 있지요. 딱딱한 딱지날개로 덮여 있지 않은 배는 물고기가 헤엄치듯이 요리조리 제 맘대로 움직이기가 좋습니다. 거친 환경 속에서 살아가려면 무엇보다도 몸이 유연해야 유리하거든요. 예를 들면 좁은 버섯 속 공간에서 밥을 먹으려고 이리저리 옮겨 다닐 때는 민첩하게 움직일 수 있어 좋고, 천적이 나타났을 때 바람처럼 도망치기도 편합니다. 갑옷같이 무거운 딱지날개가 배 끝까지 덮고 있으면 아무래도 몸이 둔하겠지요. 그래서인지 지구상에는 어마어마한 수의 반날개류가 살아가고 있습니다. 사실

힘없고 몸집이 작은 이 녀석들은 적이 나타나거나 누가 슬쩍 건드리기라도 하면 있는 힘을 다해 배 꽁무니를 치켜 올립니다. 뭔가 찌를 것처럼 겁을 주는 거지요. 그 모습은 집게벌레들이 위험에 처하면 배 꽁무니에 붙어 있는 집게(꼬리털, cerci)를 치켜 올리며 위협하는 행동과 똑 닮았습니다. 녀석들의 유일한 위협 행동인 물구나무를 설 때도 배의 움직임이 자유로워야 좋습니다.

### 납작버섯반날개는 신선한 버섯만 좋아해

납작버섯반날개가 즐겨 먹는 밥은 땅에 나는 버섯입니다. 특히 갓 아랫면에 주름살이 촘촘하게 나 있는 신선하고 부드러운 버섯을 좋아합니다. 유난히 신선한 주름살을 즐기는 녀석들은, 버섯의 갓이 우산처럼 펼쳐지는 때를 귀신처럼 알아채고는 정확한 시간에 찾아옵니다. 하지만 땅에 나는 버섯은 대개 이삼 일이 지나면 썩어서 녹아내립니다. 길게 살아 봤자 일주일을 넘기기가 힘들지요. 버섯이 녹아내리기 전에 신선한 버섯을 먹으려면 녀석들은 부지런히 먹고 또 먹어야 합니다. 녀석들이 실컷 먹은 주름살은 시간이 지나면서 점점 갈색으로 얼룩집니다. 물론 시간이 지나면 수명이 다한 버섯의 색깔은 어두운 색으로 변합니다. 아무래도 녀석이 주름살을 먹으면서 버섯에 상처를 내면 그 부분은 좀 더 빨리 변하겠지요.

납작버섯반날개에게 버섯은 아낌없이 다 주는 든든한 후원자입니다. 버섯의 주름살은 최고의 밥상이 되어 줄 뿐만 아니라 천적을 피해 숨을 수 있는 은신처도 되어 주니까요. 납작버섯반날개의 몸은 납작해서 종잇장 사이만큼이나 좁은 주름살 사이도 자유자재로 헤치며 다닐 수 있습니다. 촘촘한 주름살 사이를 물 만난 물고기처럼 이리저리 헤집고 다니며 배가 고프면 밥을 먹고 적이 나타나면 숨기도 합니다. 몸놀림까지 재빠르니 그 좁은 버섯의 주름살 사이에서 그야말로 '동에 번쩍 서에 번쩍' 누비고 다닙니다.

신선한 배젖버섯을 배부르게 먹던 수컷 납작버섯반날개의 몸놀림이 바빠집니다. 마음에 드는 암컷을 만난 모양입니다. 신기하게도 그 좁은 주름살 사이에서 수컷은 제가 점찍은 암컷의 등에 올라탑니다. 그러고는 번갯불에 콩이라도 볶을 듯이 잽싸게 배 꽁무니를 맞대더니 수컷이 몸을 뒤로 완전히 젖힙니다. 참 희한한 짝짓기 자세네요. 병대벌레 식구들이 짝지을 때 모습과 비슷합니다. 아무튼 짝짓기 성공!!

짝짓기가 끝나면 암컷은 주름살 사이에 알을 낳습니다. 알에서 깨어난 애벌레는 제 부모가 그랬듯이 배젖버섯의 주름살을 맛있게 먹으며 부지런히 자랍니다. 아쉽게도 이 녀석들의 사생활은 완전히 베일에 가려져 있습니다. 수명이 짧은 버섯에서 한살이를 하다 보니 일일이 관찰하기가 힘들기 때문이지요. 납작버섯반날개의 삶터이자 밥상인 배젖버섯의 수명이 길어야 일주일이니 녀석들의 한살이는 굉장히 짧을 것으로 생각됩니다. 버섯이 다 녹아내리기 전에 알에서 깨어나 부지런히 밥을 먹고 '빨리빨리' 자라서 애벌레 과정까지는 마쳐야 하니까요. 다 자란 애벌레는 땅속으로 들어가 번데기가 되는 것으로 짐작이 됩니다. 가까운 날에 이 친구들의 사생활을 엿볼 수 있기를 바랄 뿐입니다.

### 끈적이는 즙을 내는 버섯을 먹는 납작버섯반날개의 생존 전략

납작버섯반날개는 제 몸에 상처만 나면 흰 우유 같은 젖물을 흘리는 배젖

납작버섯반날개의 짝짓기_ 사진 속 버섯은 청머루무당버섯

버섯을 어떻게 먹을까요? 배젖버섯 젖물은 끈적거려 녀석들 주둥이가 달라붙을 수도 있을 텐데 말이지요. 정답은 버섯에 상처를 내지 않는 것이에요. 녀석들의 작은턱(보통 곤충의 입틀은 윗입술, 큰턱, 작은턱, 아랫입술로 구성)에는 가시털 같은 털 다발(포자 솔, spore brush)이 붙어 있습니다. 먹이를 쓸듯이 긁어먹기 좋게 생긴 이 포자 솔로 녀석들은 버섯의 주름살 부분을 쓸듯이 긁어 먹어요. 솔로 살살 쓸듯

이 먹으니까 주름살에 거의 상처를 내지 않아 젖물도 나오지 않는 것이지요. 또한 젖버섯류는 갓이 다 피어나고 얼마 안 있으면 유관 속의 젖물이 차츰 말라 버립니다.

납작버섯반날개가 즐겨 찾는 밥상은 땅에 나는 신선하고 부드러운 버섯이라고 말씀드렸지요. 그중에서도 갓 아래에 빗살 같은 주름살이 있는 버섯만 찾아간답니다. 버섯 가운데 주름살이 있는 것은 굉장히 많습니다. 젖물이 흐르는 젖버섯류, 독을 지닌 광대버섯류와 독청버섯류, 부드러운 무당버섯류, 송이…… 납작버섯반날개에게 주름살이 있는 버섯은 최고의 밥상이자 산부인과요, 육아방입니다. 버섯의 주름살에는 무슨 비밀이 숨어 있길래 녀석들이 이리도 좋아할까요? 버섯은 자신의 자손으로 자랄 포자를 만들어 내는 공장인 담자기를 가지고 있습니다. 담자기가 있는 부분을 어려운 말로 자실층(子實層, hymenium)이라고 합니다. 신기하게도 주름살이 있는 버섯은 주름살에서 포자를 만듭니다. 그러니 주름살이 곧 자실층인 것이지요. 버섯의 주름살은 따지고 보면 생식기관인 셈입니다. 주름살자실층 안에 포자, 균사, 담자기 등이 모여 있는 이유이기도 합니다.

자손을 이어야 하는 버섯으로서는 이리도 귀한 주름살을 녀석들이 큰턱으

납작버섯반날개가 즐겨 찾는 주름살이 있는 버섯들_ 1 마귀광대버섯 2 무당버섯류 3 밀애기버섯 4 배젖버섯 5 털젖버섯아재비

로 우악스럽게 베어 씹어 먹지 않고 작은턱에 달린 포자 솔로 살살 쓸듯이 먹으니 끈적끈적한 즙을 내어 골탕 먹일 기회를 놓친 셈입니다. 덕분에 납작버섯반날개들은 아무 거리낌 없이 배젖버섯을 먹을 수 있습니다. 버섯에게 상처를 주지 않으면서도 용케도 밥을 얻어먹는 녀석들 주둥이의 적절한 적응력이 그저 신통방통할 뿐입니다. 그 지혜로움에 박수를 보냅니다.

# 가을 파티를 벌이는 검은비늘버섯과 제주붉은줄버섯벌레

8월도 다 지나갑니다. 오대산입니다. 두어 달 내내 숨 막힐 것 같이 덥더니 이젠 아침저녁으로 제법 선선한 바람이 붑니다. 시간 앞에 장사 없다지요. 가을이 오려나 봅니다. 이맘때쯤 숲에는 민들레 씨앗이 날릴 만큼 가벼운 바람이 붑니다. 나뭇잎들도 덩달아 저들끼리 살을 부비며 담백한 소리를 냅니다, 사그락사그락……. 맛으로 치자면 별 양념 없이 소금 간만 한 나물무침처럼. 햇살이 살랑거리는 나뭇잎 사이로 스며들었다가 숲 바닥에 내려앉습니다. 숲을 걷는 내 몸속으로 온통 숲 기운이 스멀스멀 파고들어 옵니다.

문득 고개를 드니 숲길 저편, 아파 보이는 나무에 무엇인가 주렁주렁 걸려 있습니다. 잠시 발걸음을 멈춥니다. 뭘까? 버섯이군요. 성큼성큼 다가가 들여다보니 탐스런 버섯이 수십 송이도 넘게 나무껍질에 다닥다닥 붙어 있네요. 노르스름한 버섯의 색이 어두침침한 숲 속을 환히 밝혀 줍니다. 온몸에 덕지덕지 비

나무껍질에 다닥다닥 붙은 검은비늘버섯. 원 안은 꼬마 버섯에서 할머니 버섯까지 한곳에 무더기로 핀 검은비늘버섯

늘을 달고 있는 검은비늘버섯(*Pholiota adiposa* (Fr.) Kummer)입니다.

### 캉캉치마로 멋을 낸 검은비늘버섯

선선한 바람이 불어오는 가을이 되면 숲 여기저기에서 검은비늘버섯이 눈에 띕니다. 주로 썩어 가는 나무나 나무 그루터기 위에 자리를 잡습니다. 한 송이씩 피어나는 것이 아니라 다발로 무리 지어 피기 때문에 검은비늘버섯 떼가 떴다 하면 어두컴컴하던 숲 속은 금세 환해집니다. 아파 보이는 나무는 죽어가는 갈참나무로, 껍질 위에 검은비늘버섯이 구름송이 피어나듯 뭉실뭉실 피었습니다. 어찌나 많은지 한 소쿠리 가득 채우는 건 일도 아니겠습니다. 이제 막 세상에 얼굴을 내민 단추 같은 아기 버섯부터 다 자라 썩어 가는 할머니 버섯까지 나무껍질에 다발속생로 붙어 있습니다. 버섯은 갓이고 자루고 할 것 없이 온통 침 같은 비늘을 달고 있습니다. 온몸에 비늘을 뒤집어쓰고 있다고 해서 이름도 검은비늘버섯입니다. 그런데 제 눈에는 영락없는 도깨비방망이로 보이네요.

검은비늘버섯의 갓은 처음 날 때는 찐빵 모양이지만 다 자라면 우산처럼 활짝 펴집니다. 갓 윗면에는 수십 개의 비늘이 줄을 맞춰 늘어서 있어 볼 만합니다. 마치 올이 풀린 천을 잘게 오려서 가지런히 붙여 만든 캉캉치마를 입혀 놓은 것 같습니다. 혹시 비가 내려 젖기라도 하면 갓 표면은 끈적끈적한 시럽을 발라 놓은 것처럼 윤기가 자르르 흐릅니다. 갓을 만져 보니 주름버섯류치고는 도톰하고 질긴 편입니다.

잠시 숨을 고르며 앉아 검은비늘버섯을 요리조리 훑어봅니다. 갓 아랫면에는 비늘이 없고 오로지 주름살만 빽빽합니다. 어머, 이게 웬일인가요. 황갈색 주름살 속으로 빨간 옷을 입은 곤충이 쉭 들어갑니다. 녀석이 들어간 주름살을 재빠르게 살짝 들추니 녀석 말고도 또 다른 녀석들이 떡하니 버티고 있네요. 빨간 벌레 몇 마리가 주름살 사이에 끼어서 버섯살을 먹느라 정신이 없습니다. 빨간색이 얼마나 선명한지 노란빛의 검은비늘버섯까지 덩달아 또렷해 보입니다. 만물이 소생하는 따뜻한 봄도 아닌 쌀쌀한 이 가을날에 검은비늘버섯에 와서 버섯이 자리 잡은 이 녀석들은 누구일까요? 제주붉은줄버섯벌레(*Tetratriplax inornate* (Chujo))입니다.

### 빨간 옷을 입은 매혹적인 제주붉은줄버섯벌레

봄여름에는 내내 안 보이다가 가을이 되면 나타나는 곤충은 그리 많지 않습니다. 특히 버섯벌레 집안의 곤충은 대부분 봄과 여름 사이에 나와 한살이를

← 갓은 반들반들 윤이 나고 그 위로 줄을 맞추어 늘어선 비늘이 선명한 검은비늘버섯

불청객의 등장에 검은비늘버섯 아래쪽 주름살로 숨어드는 제주붉은줄버섯벌레

마치고 가을이면 추운 겨울을 날 채비를 하기 때문에 좀처럼 사람 눈에 띄지 않습니다. 그런데 제주붉은줄버섯벌레는 꼭 초가을이 되어야 만날 수 있습니다. 다른 식구들과는 달리 녀석들은 왜 가을에만 얼굴을 보여 줄까요? 진화 과정 중에 어떤 곡절이 있었는지 녀석들은 가을에 주로 활동을 합니다. 아마도 다른 계절에 활동하는 종들과 먹이 경쟁을 피하느라 가을에 나오는지도 모릅니다. 마침 가을에 피어나는 버섯이 있으니 가을에 활동한다고 해도 식량 때문에 고생하지는 않습니다. 밤버섯(*Calocybe gambosa* (Fr.) Sing.)과 검은비늘버섯 같이 가을에 피어나는 버섯이 여럿 있거든요. 제주붉은줄버섯벌레로서는 가을에도 자신들의 밥인 버섯이 피어나니 얼마나 다행인지 모릅니다. 그래서 아예 마음 놓고 가을에 나와 한살이를 살고 있는 것이지요. 가을 숲에 검은비늘버섯이 여기저기 탐스럽게 피어나면 제주붉은줄버섯벌레도 덩달아 신이 나 버섯에 모여들어 푸짐한 밥상에서 파티를 엽니다.

이 무렵이면 조선시대 왕들이 누워 있는 무덤인 동구릉에도 검은비늘버섯이 한창입니다. 숲 바닥에 덩그러니 놓여 있는 나무 그루터기에도 검은비늘버섯이 무더기로 다발을 이룹니다. 얼마나 탐스러운지 제 마음이 다 부자가 된 듯합니다. 아예 주저앉아 검은비늘버섯을 살핍니다. 와, 오늘은 운수 대통입니다. 매혹적인 제주붉은줄버섯벌레를 만나다니⋯⋯. 요즘 젊은 친구들 표현을 빌리면 그야말로 대박입니다. 통통한 검은비늘버섯의 갓 가장자리에 제주붉은줄버섯벌레 몇 마리가 붙어 있다가 불청객의 등장에 놀라 주름살 속으로 잽싸게 들어가 버립니다. 나도 모르게 아예 땅바닥에 무릎까지 꿇고 조심스레 버섯을 뒤집니다. 한 녀석이 숨어들어 간 주름살 사이를 살짝 들추니 녀석 말고도 다른 녀석들이 숨어 있네요. 한두 마리가 아닙니다. 대여섯 마리가 주름살 주변에 진을 치고

무리를 지어 피어 있는 싱싱한 검은비늘버섯(왼쪽)과 싱싱한 검은비늘버섯 갓에 나타난 제주붉은줄버섯벌레(오른쪽)

검은비늘버섯 주름살에 몰려든 제주붉은줄버섯벌레(왼쪽)와 짝짓기를 하려고 암컷 등 위로 오르는 제주붉은버섯벌레 수컷(오른쪽)

있습니다. 주름살 사이에 끼어 버섯살을 먹는 녀석, 주름살 위에서 암컷의 등을 오르내리며 짝 짓기하려 작업을 거는 수컷, 무엇을 찾아 헤매는지 몽유병 환자처럼 주름살 위를 이리저리 헤집고 다니는 녀석⋯⋯. 산호 보석 같은 빨간 옷을 입은 녀석들의 아름다움에 검은비늘버섯까지 덩달아 화사해집니다.

다들 이리저리 분주하게 오가는데 한 녀석만 배가 고팠는지 검은비늘버섯 주름살을 씹어 먹느라 정신이 없습니다. 덕분에 녀석의 몸을 찬찬히 훔쳐봅니다. 아무리 살펴봐도 녀석들의 몸매 하나는 끝내줍니다. '미스 버섯살이 곤충 대회'에 나가면 상은 따 놓은 당상일 것 같습니다. 몸매는 전체적으로 길쭉한 계란 모양이라 늘씬하고, 등 쪽은 봉곳이 올라와 육감적입니다. 머리끝부터 딱지날개 끝까지는 투명 매니큐어라도 바른 것처럼 윤기가 반지르르 흐릅니다. 몸 색깔은 전체적으로 빨간색을 띠어 화려하지만 다리와 더듬이는 까만색이라 전체적인 색의 조화가 참 부드럽습니다.

미스 버섯살이 곤충, 제주붉은버섯벌레

녀석들은 잠시도 가만히 있지를 않습니다. 더듬이를 쉴 새 없이 휘저으며 돌아다닙니다. 제주붉은줄버섯벌레의 더듬이는 모두 11마디입니다. 가만히 보니 끝 쪽 4마디가 편편하게 인절미처럼 넓어져서 더듬이의 전체 모양은 마치 곤봉같이 생겼습니다. 넓어진 더듬이 마디에는 감각기관이 빼곡히 깔려 있어서 먹이를 찾거나 주변 환경을 살피고 짝을 찾는 데 요긴하게 쓰입니다. 녀석의 더듬이는 말하자면 종합 정보 센터인 셈이지요. 뭐니 뭐니 해도 이 녀석의 최고 매력 포인트는 딱지날개입니다. 딱지날개에는 깨알 같은 점들이 질서정연하게 줄지어 찍혀 있습니다, 마치 가지런한 밭고랑 같이. 이리 보고 저리 봐도 참 예쁩니다.

### 꼼짝하지 마, 온몸이 활활 나 화났어!

어여쁜 녀석들의 기념사진이라도 찍어 주고 싶어 슬그머니 사진기를 들이댑니다. 아이고, 눈치 빠른 녀석들이 놀랐는지 도망치느라 꽁무니가 빠집니다. 주름살 사이에서 태평하게 밥을 먹던 녀석들은 주름살 속으로 잽싸게 몸을 숨기고, 주름살 표면 위를 어슬렁거리던 녀석들도 당황한 듯 동백꽃 송이 떨어지듯 후드득 땅으로 떨어집니다. 땅으로 낙하한 녀석들의 행방을 눈으로 좇습니다.

버섯에서 급하게 몸을 피한 녀석들은 더듬이와 다리를 모두 배 쪽으로 잔뜩 오그린 채 땅바닥에 누워 꼼짝을 안 합니다. 배는 하늘을 향해 뒤집힌 채. 이삼 분이나 지났을까요. 오그렸던 더듬이와 다리 여섯 개를 꼬물꼬물 움직이며 뒤집힌 몸을 바로 세우려고 안간힘을 씁니다. 버둥거리기를 여러 번, 마침내 몸을 뒤집고서는 내가 언제 누워 있었냐는 듯이 시치미를 떼고 부리나케 도망치네요. 바삐 가는 녀석을 손가락 끝으로 툭 건드리니, 녀석은 또 다시 얼음 땡! 더듬이와 다리를 배 쪽으로 오그리고 온몸이 경직된 채 얼어붙은 것처럼 꼼짝을 하지 않습니다. 가짜로 죽은가사 상태 겁니다. 녀석들은 위험하다 싶으면 스스로 혼수상태에 빠졌다가 일정 시간이 지나면 아무 일도 없었다는 듯이 깨어나 달아납니다. "나는 이미 죽은 몸이야, 그러니 날 잡아먹지 마!" 천적의 눈을 속여 자신을 지키려는 속셈이지요. 힘없는 생물의 눈물 나는 생존 전략입니다.

녀석을 건드렸던 손가락을 코로 가져가니 이상한 냄새가 납니다. 거저리류

겁을 먹고 다리와 더듬이를 잔뜩 오그린 제주붉은버섯벌레

나 먼지벌레류에서 나는 시큼한 냄새는 아닙니다. 무당벌레가 위험에 처했을 때 내뿜는 물질의 냄새와 거의 비슷합니다. 맛으로 치면 씁쓸할 것 같은 냄새……, 뭐라 말로 표현할 수 없는 냄새입니다. 그 냄새 물질의 성분은 아직 밝혀지지 않았지만 천적으로부터 자신을 방어하려는 냄새인 것만은 분명합니다. 또한 녀석의 몸 색깔은 새빨갛습니다. 굉장히 강렬한 색깔이라 곤충의 천적인 새들도 잡아먹기를 아예 꺼립니다. 새들은 화려한 색깔을 가진 곤충에겐 독이 있다고 생각하거든요. 즉, 강렬한 경고색을 띠어 천적도 감히 가까이 오지 못하게 하려는 것입니다. 대개 강렬한 색깔을 가진 곤충은 몸에 독성을 지니거든요. 버섯 같은 좁은 공간에 살다 보니 천적에게 들키면 꼼짝없이 당하고 맙니다. 어디 멀리 도

망칠 수도 없으니⋯⋯. 궁여지책으로 몸치장을 새빨갛게 하여 나름 위협을 하고, 그래도 위급해지면 가짜로 죽은 척해서 천적을 따돌리며 제 목숨을 스스로 지킵니다.

### 딱정벌레류가 수명 짧은 검은비늘버섯에 사는 법

제주붉은줄버섯벌레는 수명이 짧은 편인 검은비늘버섯에서 어떻게 살아갈까요? 검은비늘버섯의 살은 굉장히 부드럽고 물러서 피어나 며칠을 버티지 못하고 쉽게 썩어 녹아내립니다. 아무리 길게 살아 봤자 일주일도 못 삽니다. 그렇게 명이 짧은 검은비늘버섯에서 수명이 긴 제주붉은줄버섯벌레가 살기는 할까요? 물론 살지요. 때로는 검은비늘버섯 속에서 새끼를 키우기까지 합니다. 딱정벌레류는 한살이가 굉장히 길어(예를 들어 거저리류는 2달 정도) 수명이 짧은 주름버섯류에 둥지를 튼다는 건 큰 모험입니다. 그런데 신기하게도 녀석들은 검은비늘버섯을 찾아와 밥을 먹다가 아예 터를 잡고 살기도 합니다. 다행히 검은비늘버섯은 주름버섯류치고는 조직이 두텁고 비교적 단단한 편이라 먹물버섯 같은 하루살이성 버섯보다는 썩어 내리는 속도가 늦습니다. 용케도 그 사실을 알아낸 제주붉은줄버섯벌레의 생존 본능이 신기할 따름입니다.

수명이 짧은 버섯에서 수명이 긴 제주붉은줄버섯벌레가 사는 비결은 속전속결입니다. 버섯이 썩어 녹아내리기 전에 한살이를 마쳐야 하니 바빠도 아주

검은비늘버섯을 먹고 사는 제주붉은줄버섯벌레 애벌레
새끼 제주붉은줄버섯벌레가 버섯을 먹고 지나간 자리에 소복하게 쌓인 원통 모양의 똥

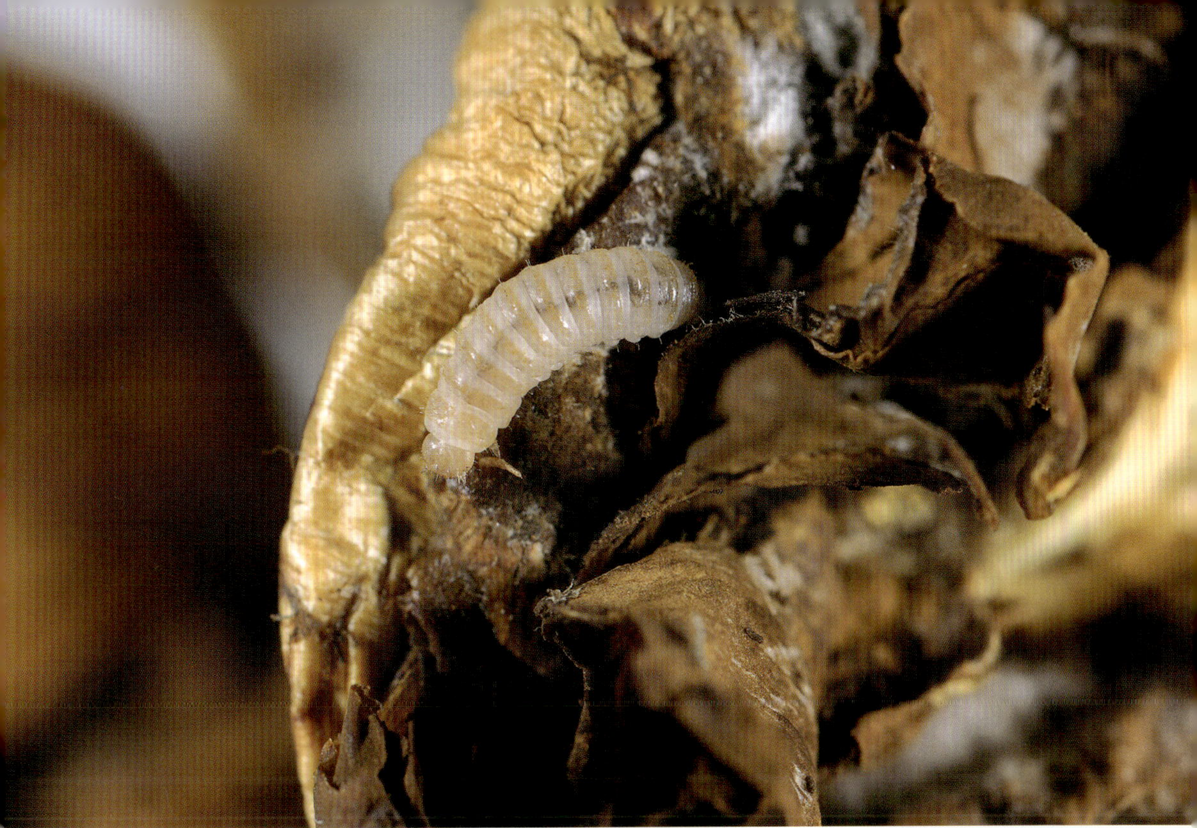

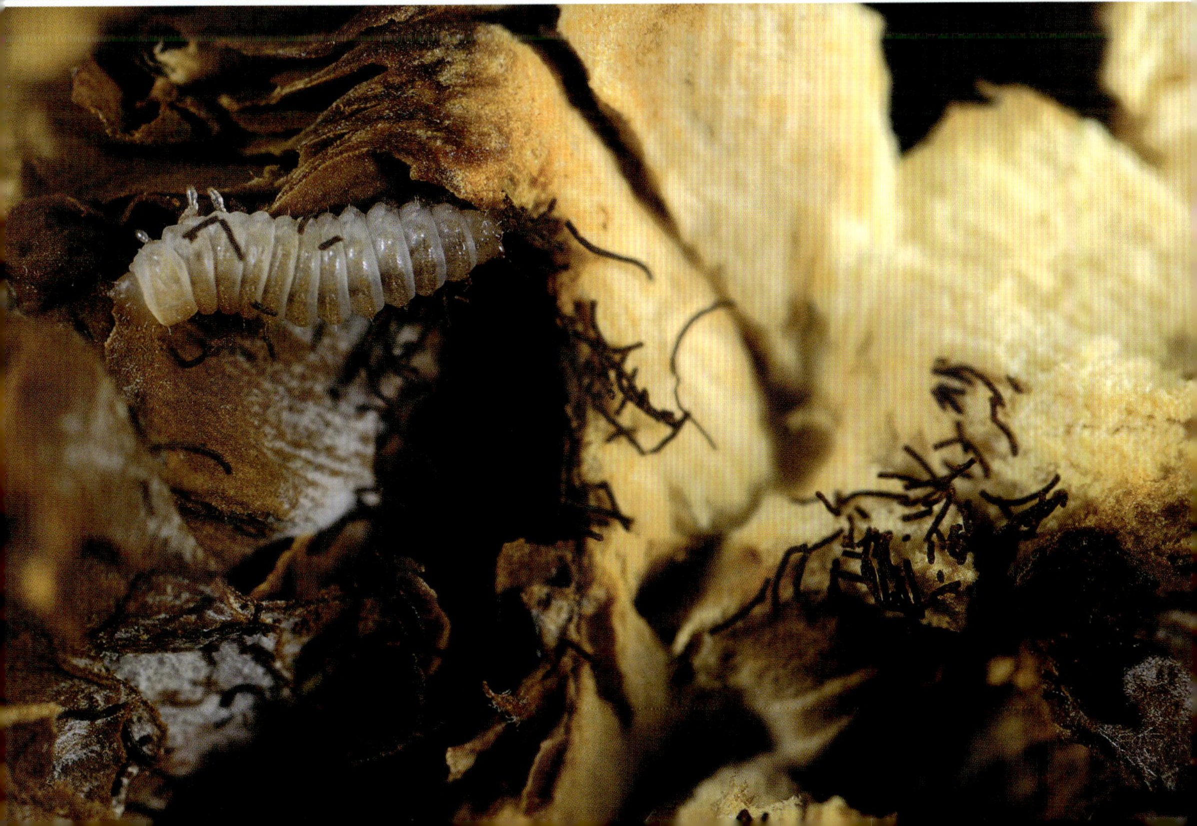

바쁩니다. 마음이 급한 제주붉은줄버섯벌레는 검은비늘버섯이 세상에 모습을 드러내기만 하면 곧바로 찾아옵니다. 검은비늘버섯이 풍기는 냄새에 이끌려 모여듭니다. 버섯에 모인 녀석들은 버섯살을 먹으면서 맘에 드는 짝을 찾아 짝짓기도 합니다. 짝짓기를 한 후에는 바로 주름살 아래쪽의 버섯 조직에 알을 낳습니다. 알은 타원형으로 쌀같이 생겼습니다. 알에서 깨어난 1령 애벌레는 주로 갓과 자루가 맞닿은 부분에서 삽니다. 그 부분이 두툼해서 먹을 것이 많기 때문이지요.

어린 버섯이 자라면서 제주붉은줄버섯벌레의 애벌레도 함께 무럭무럭 자랍니다. 버섯이 다 자라 호빵 같은 갓을 우산처럼 활짝 펼 때쯤이면 1령 애벌레는 허물을 벗고 2령 애벌레가 됩니다. 애벌레는 주름살 바로 아래쪽 버섯 조직에 굴을 파고 다니며 버섯살을 먹고 또 먹습니다. 녀석이 지나간 자리에는 길쭉한 원통 모양의 똥이 소복합니다. 애벌레의 몸 색깔은 허여스름하고 몸 껍질에는 짧은 털이 나 있습니다. 몸은 기다란 원통 모양인데 통통해서 굉장히 귀엽습니다. 애벌레는 그리 부산하게 돌아다니지는 않습니다. 밥 먹을 때만 가슴에 붙은 짧은 여섯 개의 다리로 꾸물꾸물 기어 다니며 부지런히 버섯을 먹습니다. 녀석들의 배 끝에는 짧은 항문돌기annal tube가 두 개 나 있어 버섯 속 좁은 공간에서

녹아내리기 시작한 검은비늘버섯을 끝까지 먹고 있는 제주붉은버섯벌레

도 요리조리 움직이며 다닐 수 있습니다.

    시간이 지나 갓이 활짝 펴진 검은비늘버섯은 점점 힘이 빠지면서 흐물거리기 시작합니다. 포자를 이미 날려 보냈으니 할 일을 다한 셈이라 이제 죽는 일만 남았습니다. 이때쯤이면 무사태평하게 버섯 속에서 살던 제주붉은줄버섯벌레 애벌레에게는 비상이 걸립니다. 버섯살이 다 썩어 문드러지기 전에 어서 빨리 번데기를 만들어야 하기 때문입니다. 영특하게도 제주붉은줄버섯벌레 애벌레는 검은비늘버섯이 녹아 버리기 전에 버섯을 배불리 먹고 몸을 키운 뒤, 성공적으로 애벌레 시절을 마감합니다. 버섯을 충분히 먹고 다 자란 애벌레는 버섯이 다 녹아 흐물흐물 죽처럼 될 때쯤 땅 속으로 들어가 번데기가 됩니다. 이로써 딱정벌레류치고는 굉장히 짧은 애벌레 시기를 마칩니다. 이듬해 가을이 올 때까지

사람에게는 한낱 반찬인 검은비늘버섯이 제주붉은줄버섯벌레에게는 밥상이요, 산란장이요, 삶터이다.

번데기 상태로 땅속에서 잠을 잡니다. 잠도 참 오래, 많이도 자네요.

어느 가을날, 검은비늘버섯이 피어날 때가 되면 제주붉은줄버섯벌레 번데기는 매혹적인 어른벌레로 변신하여 '짠' 하고 숲 속에 나타나겠지요. 하지만 어른 제주붉은줄버섯벌레를 볼 수 있는 날은 단 며칠밖에 안 됩니다. 올 가을에도 숲 속에서 검은비늘버섯 향기가 풍겨 나오겠지요. 그러면 그 냄새를 맡은 제주붉은줄버섯벌레들도 행복한 세상 나들이를 하겠지요.

### 먹이 경쟁에서 사람을 이기기는 버거워

호젓이 숲길을 걷던 사람들도 버섯만 보았다 하면 부리나케 달려가 냉큼 따 버립니다. 그러고는 독버섯이냐 먹는 버섯이냐를 가리느라 의견이 어지럽게 오갑니다. 한 손 가득 땄던 버섯이 '독버섯'이란 결론이 내려지면 가차 없이 내던져집니다. 하지만 독버섯을 단번에 가려내기란 쉬운 게 아닙니다.

검은비늘버섯도 사람의 손길을 피해 가지는 못합니다. 이들 역시 사람 눈에 띄는 날이면 인정사정없이 몰살 당하기 십상입니다. 어떤 이는 예쁘다고, 어떤 이는 먹겠다고, 어떤 이는 장난 삼아 한 움큼씩 따 가니 배겨 낼 재간이 없습니다. 검은비늘버섯은 한 소쿠리만큼씩 한데 모여서 탐스럽게 피니 사람 손 타기가 쉽습니다. 구름송이처럼 몽실몽실 피어난 검은비늘버섯에는 이미 제주붉은줄버섯벌레의 애벌레가 자라고 있습니다. 그 애벌레가 버섯째 사람 손에 들어갔으니 그들은 보나 마나 죽은 목숨입니다. 어디 애벌레뿐이겠습니까? 어른 제주붉은줄버섯벌레도 졸지에 집과 밥상을 통째로 빼앗겼으니 애벌레와 신세가 다르지 않습니다.

한살이를 검은비늘버섯에 의지하는 제주붉은줄버섯벌레는 손 한 번 써 보지 못하고 자기 삶의 터전을 고스란히 사람들에게 내준 격입니다. 검은비늘버섯 한 개만 있어도 제주붉은줄버섯벌레 몇십 마리가 먹고살 수 있는데……. 사람들은 아무것도 모른 채 무심하게 버섯을 통째로 따 갑니다. 우리 사람들은 주식이 따로 있는데 색다른 반찬을 해 먹겠다고 말입니다. 애초부터 검은비늘버섯은 제주붉은줄버섯벌레의 주식이었는데…….

# 방귀 뀌는 좀말불버섯만 쫓아다니는 방귀무당벌레붙이

광릉 숲길입니다. 무더위가 한풀 꺾였는지 제법 선선한 바람이 붑니다. 하기야 9월도 절반이나 지났으니 가을로 접어들었다 할 수 있겠네요. 짙은 나뭇잎 그림자를 밟으며 산책로를 따라 걷습니다. 세월이 쌓인 숲이다 보니 군데군데 썩은 나무 그루터기가 눈에 들어옵니다. 그중 한 그루터기 옆을 무심코 지나는데 한가운데에 구멍이 뻥 뚫린 주머니 같은 버섯이 눈에 들어옵니다. 아, 뽕뽕 방귀를 뀌는 좀말불버섯(*Lycoperdon pyriforme* Schaeff.)이네요. 썩은 나무 주변에 쫙 깔려 있는 것이 한눈에도 수십 개가 넘어 보입니다. 생긴 게 꼭 작은 돌멩이 같아 언뜻 보면 돌멩이로 착각하여 지나치기 십상입니다.

슬며시 그루터기 옆에 앉아 늙은 좀말불버섯 한 개를 골라 손가락으로 꾹 눌러봅니다. 건드리기가 무섭게 한가운데에 뚫린 구멍에서 먼지가 하늘로 솟아오릅니다. 폭발하는 화산에서 화산재가 분출하듯이. 실은 지름이 2센티미터 정

어린 좀말불버섯(왼쪽)과 성숙한 좀말불버섯(오른쪽)

 콩밖에 안 되는 작은 버섯이라 먼지가 날리는 모습이 아지랑이 같기도 하고, 모락모락 피어나는 연기 같기도 하네요.
　집으로 돌아오니 반가운 택배 하나가 와 있습니다. 서둘러 뜯어보니 버섯이네요. 저 멀리 대관령에서 왔네요. 늘 저를 응원해 주시는 고마운 후원자께서 보내 주신 귀한 버섯입니다. 여러 봉지로 나눠 담아 꼭꼭 묶어 보낸 버섯들을 보니 제 입은 절로 귀에 걸립니다. 그중 눈에 확 띄는 봉지 하나를 열어 봅니다. 어머, 이게 웬일입니까. 신갈나무 썩은 껍질에 다닥다닥 붙어 있는 좀말불버섯이네요! 오늘은 확실히 좀말불버섯의 날인가 봅니다.


### '뿡뿡' 방귀 뀌는 좀말불버섯

　사촌 격인 말불버섯이 땅에 나는 데 비해 좀말불버섯은 주로 썩은 나무에 자랍니다. 좀말불버섯은 버섯치고는 생긴 게 특이합니다. 버섯은 대개 긴 자루에 갓이 달린 우산 같은 모양인데, 좀말불버섯은 공처럼 생겼거든요. 그 동그란 알 같은 버섯 속에는 포자 덩어리가 꽉꽉 차 있습니다. 수많은 포자들은 어릴 적엔 점액 물질에 싸여 있습니다. 자라면서 밀가루처럼 고운 포자 가루와 탁실균사capillitium가 범벅이 되어 뭉쳐져 덩어리를 이룹니다.

하지만 가엽게도 제 스스로 포자를 날리지는 못합니다. 누군가의 도움을 받아야만 포자를 날려 대를 이을 수 있습니다. 그래서 좀말불버섯은 늘 누군가의 손길을 기다립니다. 바람이 불기를, 비가 내리기를, 곤충이나 새가 건드려 주기를, 사람이 밟아 주길 하염없이 기다립니다. 운 좋게 누군가가 건드려 주면 좀말불버섯은 때를 기다리던 활화산이 터지듯이 맨 꼭대기에 난 구멍ostiole을 통해 밀가루 같은 포자를 뿜어냅니다. 잘 들어보면 신기하게도 터질 때마다 소리가 '폭, 폭' 하고 납니다. 그래서 말불버섯 식구들의 학명에는 늑대나 여우의 방귀를 뜻하는 리코페르던Lycoperdon이란 말이 들어 있습니다. 참으로 이름 한 번 잘 지었지요.

먼지나 풀풀 날리며 돌멩이 같이 생겨 아무 쓸모도 없을 것 같은 좀말불버섯에서 일평생을 지내는 곤충도 있습니다. 가진 것이라고는 먼지나 잿가루 같은 포자밖에 없고 늘 방귀만 뿡뿡 뀌는

마치 먼지 같은 포자 가루와, 가장자리에 점액 물질이 보이는 어린 좀말불버섯의 속

좀말불버섯에서 말입니다. 도대체 어떤 녀석일까요? 우리나라에서는 처음 발견되어 아직 정식 이름이 없는 녀석이라 이참에 방귀무당벌레붙이(*Lycoperdina* sp.)란 이름을 지어줬습니다. 방귀 뀌는 좀말불버섯에서 한평생을 보내는 무당벌레붙이라 방귀무당벌레붙이라고 이름 붙였으니 아직은 좀 생소해도 자꾸 부르다 보면 익숙해지겠지요.

### 방귀무당벌레붙이와의 첫 만남

처음 방귀무당벌레붙이를 만난 건 연세대학교 원주 캠퍼스 뒷산이었습니다. 말불버섯 속에서 어른벌레로 변신해서 막 버섯 껍질을 뚫고 나오다가 저한테 딱 걸렸지요. 그 뒤로 방귀무당벌레붙이에 대한 짝사랑은 몇 년 동안이나 이어졌습니다. 아주 지독한 짝사랑이었지요. 숲에 나갔다가 좀말불버섯이나 말불버섯만 보면 몇 시간씩 이리저리 살피는 것으로는 성에 차지 않아서 연구실로 고이 모셔 와 여러 차례 키워 보았지만 모두 허사였습니다. 그렇게 안타까운 외사랑을 삼 년째 이어갈 즈음, 지성이면 감천이라 했던가요. 어느 날 드디어 방귀무당벌레붙이 천사가 꿈꾸듯 제게 찾아왔습니다.

지난 가을, 지인이 대관령에서 보내 준 좀말불버섯을 몇 달 동안 지극 정성으로 연구실에 모셔 두고 돌보았더니, 수십 개도 넘는 좀말불버섯 속에 애벌레가 우글우글 들어 앉아 있었습니다. 일주일이 멀다 하고 좀말불버섯 속에 살고 있는 애벌레를 들여다보고 또 들여다보고……. 그러던 어느 날 좀말불버섯 위를 빨간색 딱정벌레가 빠릿빠릿하게 걸어 다닙니다. 그간 목이 빠지게 기다리던 방귀무당벌레붙이군요! '아, 드디어 태어났구나. 아이고, 기특해라. 고맙다, 이렇

탈바꿈을 끝내고 막 좀말불버섯의 먼지 포자 속을 뚫고 나온 어른 방귀무당벌레붙이

게 잘 자라 모습을 보여 줘서······.' 방귀무당벌레붙이와 인사를 나누는 순간 얼마나 가슴이 벅찼는지 모릅니다. 따져 보니 녀석은 제 연구실로 이사 온 지 석 달 만에 어른벌레로 다시 태어났네요.

　　방귀무당벌레붙이의 몸매는 호리병 같고, 몸 색깔은 흑장미 같이 붉은 게 참으로 매혹적입니다. 몸은 오일 마사지라도 받은 듯 반짝입니다. 더듬이는 마치 염주처럼 구슬을 알알이 꿰어 길쭉하게 만든 것 같습니다. 녀석의 특허품인 넓적한 사각형 모양의 앞가슴등판 양쪽에는 가느다란 고랑이 패어 있습니다. 딱지날개는 무당벌레처럼 볼록한 게 꼭 바가지를 엎어놓은 것 같고, 발목마디는 나뭇잎처럼 양 옆으로 늘어나 있습니다. 슬쩍 건드리니 고약한 냄새를 내는 방어 물질을 냅니다. 그리고 보니 녀석의 생김새나 행동이 무당벌레와 많이 닮았네요. 실은 곤충 이름에 '**붙이'를 다는 것은 '그것과 닮았다'라는 걸 의미합니다. 그러니 '무당벌레붙이'는 '무당벌레'와 닮았다는 뜻이지요. 요즘 유행하는 표현을 빌리면 '무당벌레붙이'란 '짝퉁 무당벌레'란 말입니다.

염주같이 생긴
방귀무당벌레붙이의 더듬이

### 방귀무당벌레붙이 관찰 일기

　　방귀무당벌레붙이는 겨울 동안 애벌레로 지냅니다. 물론 좀말불버섯 속에서 포자를 먹으며 살지요. 좀말불버섯이 새로 피어나는 여름쯤 방귀무당벌레붙이도 어른벌레로 변신을 합니다. 후딱 짝짓기를 하고서는 곧바로 새로 피어난

1 새끼 방귀무당벌레붙이가 살고 있는 좀말불버섯 2 좀말불버섯 속에서 사는 방귀무당벌레붙이 애벌레 3 애벌레 껍질 속에 만든 방귀무당벌레붙이 번데기

4 어른벌레로 변신하고 남은 방귀무당벌레붙이 번데기의 집과 껍질 5 좀말불버섯 속에서 빠져나오고 있는 태어난 지 얼마 안 된 어른벌레 6 좀말불버섯 속에 숨어 있던 방귀무당벌레붙이

좀말불버섯 껍데기에 알을 낳습니다. 어미가 알을 낳은 지 열흘쯤 지나 알에서 애벌레가 깨어납니다. 애벌레는 좀말불버섯 속으로 기어 들어가 깜깜한 버섯 속에서 어른벌레가 될 때까지 지내게 됩니다. 집 크기가 딱 밤톨만 해서 좁지만 새끼 방귀무당벌레붙이들은 군소리 한마디 없이 버섯밥을 먹으며 무럭무럭 잘 자랍니다.

방귀무당벌레붙이 애벌레는 생김새가 특이하게 생겼습니다. 어찌 보면 짚신 같고, 어찌 보면 부전나비류<sup>나비목 부전나비과</sup>의 애벌레 같이 생겼습니다. 등면은 좀 볼록한데, 먼지 같은 좀말불버섯의 포자 속에서 살기 때문에 늘 먼지를 뒤집어쓰고 있습니다. 독특하게도 몸 가장자리에는 돌기와 털들이 울타리처럼 둘러져 있습니다. 몸에 붙은 털들은 살짝 파마한 곱슬머리 같이 고불고불합니다. 애벌레의 몸을 조심스레 뒤집어 보니 몸의 아랫면은 완전히 납작합니다. 다리가 몸통에 붙어 있기는 한데 하도 짧아 있는지 없는지 표도 잘 안 납니다. 녀석들은 거의 움직이지 않습니다. 일부러 건드려 보아도 살짝 꿈틀거릴 뿐 큰 움직임이 없습니다. 불빛을 직접 비춰도 움찔거리기만 할 뿐 요란스럽게 요동치지 않습니다. 좁은 공간에서 살다 보니 멀리 이동할 필요가 없어 운동 능력이 크게 발달할 필요가 없었겠지요.

방귀무당벌레붙이 애벌레는 무엇을 먹을까요? 당연히 좀말불버섯이겠지요. 그중에서도 버섯의 속살입니다. 녀석들은 버섯 속을 꽉 채우고 있는 밀가루 같은 포자와 실처럼 생긴 탁실을 먹고 삽니다. 포자가 얼마나 많은지 녀석이 평생을 먹고도 남습니다. 대개 좀말불버섯 한 개에 애벌레 한 마리가 삽니다. 물론 예외는 늘 있는 법. 때때로 좀말불버섯 한 개에 애벌레가 다섯 마리나 살기도 합니다. 다섯 마리가 한솥밥을 먹는 셈이지요. 그런데 단 한 마리도 중간에 죽지

보통 곤충은 애벌레 때의 껍질을 벗어 버리고 번데기가 되는데, 방귀무당벌레붙이는 특이하게도 애벌레 껍질로 번데기를 감싸고 있다. 1 집에서 빼낸 번데기를 위에서 본 모습 2 앞 모습 3 옆모습 4 아랫면

좀말불버섯이 자라는 나무껍질 틈에 숨어 있는 방귀무당벌레붙이

않고 모두 어른벌레로 성장하는 것을 보면, 최소한 좀말불버섯 한 개는 방귀무당벌레붙이 애벌레 다섯 마리쯤은 먹여 살릴 만큼 포자를 가지고 있다는 뜻이겠지요.

다 자란 애벌레는 번데기를 만들 준비를 합니다. 여느 곤충 같으면 번데기 만들 장소를 찾아 헤맬 텐데 녀석들은 돌아다니지 않고 조신하게 자신이 자랐던 좀은 버섯 속에서 번데기를 만듭니다. 그때 정말 신기한 일이 눈앞에서 벌어집니다. 다 자란 애벌레가 곧바로 번데기로 변신합니다. 애벌레의 껍질 속에서 애벌레 몸이 그대로 번데기로 변합니다. 번데기는 애벌레 껍질에 싸여 보름 이상을 지냅니다. 이렇게 번데기를 만드는 곤충은 그리 흔치 않습니다.

보름쯤 지나자 드디어 번데기가 거무튀튀한 색깔로 변하기 시작합니다. 더듬이, 다리, 입틀 등이 될 부분부터 말입니다. 하루가 더 지나고 나니 녀석의 등면에 나 있는 탈피선이 서서히 갈라지기 시작합니다. 번데기가 꿈틀거리는가 싶더니 가슴과 머리 부분이 번데기 껍질로부터 서서히 빠져나옵니다. 그렇게 꿈틀거리기를 한 시간쯤. 마침내 번데기에서 매혹적인 어른 방귀무당벌레붙이로 변신을 마쳤습니다. 갓 태어난 방귀무당벌레붙이 어른벌레는 몸 색깔이 약간 노르스름합니다. 아직 몸이 굳기 전이라 만지면 움푹 들어갑니다. 사흘 정도는 지나야 딱지날개가 단단해지고 몸의 색깔도 빨간색으로 변합니다.

자연에서 방귀무당벌레붙이는 애벌레 상태로 혹독한 겨울을 보냅니다. 따뜻한 봄이 올 때까지 겨울잠을 청하면서……

# 우산버섯에 둥지 튼
## 주름밑빠진버섯벌레

9월입니다. 어제는 비가 내렸습니다. 여름을 떠나보내고 가을을 맞는 비가 부슬부슬 내리더니, 오늘은 언제 비가 왔냐는 듯이 하늘에는 구름 한 점 없습니다. 하늘이 얼마나 맑은지 제 얼굴이 다 비칠 것만 같습니다. 비가 먼지를 다 걷어 갔는지 나뭇잎도 풀잎도 금방 세수한 아기 얼굴처럼 말끔하고 산뜻합니다. 이렇게 하늘 높고 청량한 날에 책상머리를 지키자니 온몸이 근질거립니다. 몸과 마음이 요동쳐 훌쩍 떨치고 어디든 가야 직성이 풀립니다. 만사를 제쳐 놓고 상큼한 바람 맞으며 산으로 갑니다. 살랑이는 바람이 얼굴을 간질이니 참으로 감미롭습니다.

숲으로 들어서기도 전에 버섯 여러 개가 우산처럼 떡하니 버티고 서서 눈길을 잡습니다. 얼른 봐도 우산버섯(*Amanita vaginata* (Bull. & Fr.) Vitt.)이군요. 얼마나 빵빵하게 펴져 있는지 금방이라도 갓이 갈라질 것 같습니다. 우산버섯은 여름 무렵부터 가을까지 넓은잎나무가 많은 숲 바닥에 납니다. 예쁘게 생긴 생김새와는 달리 약간의 독성을 지니고 있어, 날 것으로 먹으면 복통을 일으키고 구토를 하며 설사를 하는 등 소화기관에 문제를 일으키거나 때때로 불안한 기분이 들게도 합니다. 다행히 익혀서 먹으면 독성이 없어진다고 하니 꼭 익혀 먹어야 합니다. 아직 먹어 보지 않았는데, 향과 맛이 부드럽고 씹는 느낌 또한 쫄깃하다고 하니 언제 한 번 맛을 봐야겠습니다.

우산버섯을 만나 그런지 나도 모르게 우산 세 개가 좁은 등굣길을 나란히 걸어간다는 「우산」이라는 동요를 흥얼거립니다. 우산버섯만 보면 어렸을 적 썼던 까만 우산이 생각납니다. 손잡이를 J자로 구부려 멋은 냈지만 우산살이 녹슬어 볼품없던 내 우산. 어머니는 마흔 살에 막내인 저를 낳으셨지요. 비오는 날이면 여러 개의 우산 중 늘 그 볼품없는 까만 우산이 막내인 내 차지가 되었습니다. 시골 학교였지만 비오는 날이면 교문 앞은 알록달록 예쁜 우산들로 붐볐습니다. 그때마다 구닥다리 내 우산을 반 친구들이 볼까 봐
냉큼 접어 치우고는 그 비를 다 맞았었지요.
눈감으면 아스라이 떠오르는 까만 우산
에 얽힌 아련한 기억을 어찌 잊을 수
있겠어요. 운 좋게도 오늘은 추억
속의 그 우산을 닮은 우산버섯을
숲 바닥에서 만납니다, 햇살 고운
날에.

금방이라도 터질 듯이 한껏 갓을 펼친 우산버섯

### 활짝 펼친 종이우산을 닮은 우산버섯

축축한 숲 바닥 여기저기에 우산버섯이 솟아오릅니다. 우산버섯이 피어나는 여름 숲 바닥은 이내 생명의 신비함으로 가득 찹니다. 학처럼 갓을 활짝 펼친 어여쁜 우산버섯! 어디 하나 나무랄 데 없는 완벽한 우산버섯! 어찌나 신선하고 팽팽한지 살짝 손끝만 대도 터질 것 같습니다. 넋을 놓고 우산버섯을 들여다보다 눈길을 옆으로 돌리니 땅바닥에는 크고 작은 우산버섯들이 되레 날 구경하듯 올려다보고 있네요. 달걀 같은 하얀색 알을 찢고 나오는 신생아 버섯, 갓을 종처럼 오므린 채 올라온 어린이 버섯, 중절모자를 쓴 것 같이 갓과 자루가 함께 올라오는 청소년 버섯, 우산처럼 갓을 활짝 펼친 어른 버섯, 빗방울에 너덜너덜 갓이 찢겨 나간 버섯, 늙어 기운 빠진 노인 버섯 등 우산버섯이 가족회의라도 하려는지 아들, 손자, 며느리가 다 모였네요.

우산버섯도 알에서 태어납니다. 하얀색 알은 꿀을 발라 놓은 것처럼 끈적끈적하고 물기가 줄줄 흘러내리지요. 투명한 막질에 싸여 있는 뱀의 알 같이 생겼어요. 길게 쭉 찢어진 알껍질 사이로 탁구공 같은 것이 올라오네요. 바로 우산버섯의 갓이지요. 흰 탁구공 같았던 갓은 시간이 지나면서 호빵처럼 부풀어 오르고 키가 자라면서 종 모양이 되었다가 우리 아버지의 중절모 모양이 됩니다. 그리고는 갓이 점차 쟁반처럼 옆으로 평평하게 퍼지는데, 어떤 친구는 갓을 너무 펼쳐 가장자리가 뒤집어지기도 하지요.

활짝 핀 우산버섯은 청초하고 아름답습니다. 얼마나 둥그런지 하늘의 보름달이 땅으로 내려와 놀고 있는 듯합니다. 이슬에 젖어 한껏 물기를 머금은 갓 표면은 말 그대로 보드라운 비단결 같고, 가장자리에는 우산살처럼 가지런히 뻗은 방사상 선이 있어서 영락없이 활짝 편 종이우산입니다. 자루를 만져 봅니다. 속

1 껍질을 찢으며 올라오는 우산버섯의 알 2 아직 갓을 펴지 못한 어린 우산버섯 3 갓을 활짝 펼친 어른 우산버섯 4 흠뻑 비를 맞아 갓이 찢긴 우산버섯

이 비었네요. 어렸을 때는 자루의 속이 차 있지만 자라면서 속이 비게 됩니다. 그야말로 '속 빈 강정'인데 쓰러지지 않고 똑바로 서 있는 것이 신기할 뿐입니다. 이걸 어쩌나……, 자루를 만지다 나도 모르게 갓을 건드렸나 봅니다. 갓의 버섯살이 힘없이 부스러집니다, 얼마나 연약했으면. 갓 뒷면의 주름살은 약간 성글게 줄지어 있어 곤충이 들어가 숨기 딱 좋게 생겼습니다.

숲 바닥에 뜬 보름달 같은 우산버섯(왼쪽)과 성글지만 부드러워 보이는 우산버섯의 주름살(오른쪽)

### 우산버섯에 오는 곤충들

우산처럼 갓을 활짝 펼친 우산버섯에도 곤충이 살까요? 삽니다. 땅에서 불쑥 솟아 세상 구경을 한 우산버섯은 길어 봤자 사흘쯤 지나면 썩어서 녹아내립니다. 짧은 일정을 아는 것인지 우산버섯이 채 우산을 펴기도 전에 성질 급한 파리들이 호빵 같은 갓에 날아듭니다. 밥도 먹고 알도 낳기 위해서지요. 우산버섯이 갓을 점점 펼치면 찾아오는 곤충도 늘어납니다. 방긋 웃고 선 우산버섯의 갓 뒷면을 살며시 들춰 보니 까만 콩 같이 생긴 곤충 몇 마리가 몸을 숨기려 허둥댑니다. 후다닥 날아가 버리는 녀석이 있는가 하면 주름살 속으로 잽싸게 숨어드는 녀석도 있고……. 그야말로 순식간에 눈앞에서 사라졌습니다. 얼마나 빠른지 눈 깜짝할 사이에 없어져 버렸습니다.

숨을 죽인 채 한참을 버섯 앞에 앉아 버티니 주름살 사이에 숨었던 녀석이 빼꼼히 얼굴을 내밉니다. 아, 주름밑빠진버섯벌레(*Cyparium mikado* Achard)네요. 새까만 몸이 반짝반짝 빛나는 게 영락없는 흑진주입니다. 주름밑빠진버섯벌레

우산버섯을 찾아온 개미류(왼쪽)와 우산버섯 주름살 사이로 빼꼼히 얼굴을 내민 주름밑빠진버섯벌레(오른쪽)

를 아시나요? 잘 알려지지 않은 녀석이라 굉장히 낯설지요? 녀석은 얼른 봐도 딱지날개가 배 끝까지 다 덮고 있지 않아 반날개 집안 식구란 걸 눈치챌 수 있습니다. 반날개류 하면 딱지날개가 짧아 배마디를 드러내 놓고 다니는 것을 떠올리니까요. 딱지날개가 배마디 중간에 걸쳐 있어 배 끝이 다 드러나는 데다 버섯을 즐겨 먹어 주름밑빠진버섯벌레란 이름이 붙었습니다. 밑이 빠졌다고 노골적으로 놀리는 셈이니 이름치고는 좀 망측합니다.

### 식탐 대왕 주름밑빠진버섯벌레

주름밑빠진버섯벌레의 몸매는 양끝이 뾰족한 달걀 모양이고, 몸은 반짝반짝 빛납니다. 몸 색깔은 전체적으로 까만색인데, 더듬이 아래쪽 6마디과 다리 일부는 붉은색입니다. 더듬이 마디는 끝 쪽으로 갈수록 점점 넓어집니다. 딱지날개는 배를 다 덮지 못해서 배마디 5개가 그대로 다 드러나 마치 배꼽티를 입은

몸에서는 윤이 나고 더듬이와 다리만 색이 다른 주름밑빠진버섯벌레

것 같습니다. 녀석의 다리는 길고 가느다란데, 재밌게도 암컷과 수컷의 앞다리 모양이 약간 다릅니다. 수컷은 첫 번째에서 세 번째 발목마디가 넓고 아래쪽에는 미세한 센털들이 빼곡히 나 있습니다. 아마도 짝짓기를 할 때 암컷을 붙잡는데 요긴하게 쓰일 테지요. 이에 비해 암컷의 발목마디는 수컷만큼 넓적하지 않고 그저 날씬합니다. 주름밑빠진버섯벌레는 보통 버섯 속에서 짝짓기를 합니다.

주름밑빠진버섯벌레는 우산버섯처럼 버섯살이 부드러운 버섯에 많이 모여듭니다. 독이 많은 광대버섯류, 녹을 때 검은 눈물을 흘리는 먹물버섯류, 만지면 부스러질 듯 부드러운 무당버섯류의 주름살을 즐겨 먹습니다. 실은 이 친구들은 땅에 나는 버섯은 거의 다 이것저것 가리지 않고 닥치는 대로 먹어 치웁니다. 식탐이 보통 많은 게 아닙니다. 아쉽게도 버섯을 먹는 어른벌레는 누군가 다가오는 낌새만 알아차리면 마파람에 게 눈 감추듯 쏜살같이 도망쳐 버려 얼굴 보기가 여간 어려운 게 아닙니다. 게다가 애벌레가 어찌 생겼는지, 애벌레는 허물을 몇 번이나 벗고서 번데기가 되는지, 애벌레가 어른이 되는 데는 며칠이나 걸리는지……. 이들의 생활사는 모든 것이 베일에 가려져 있습니다. 숲 바닥에 널리고 널린 그 많은 버섯에 사는 녀석들의 사생활이 하나하나 밝혀질 날을 손꼽아 기다립니다.

# 멋들어진 삿갓외대버섯과
## 혹가슴검정소똥풍뎅이

가을의 문턱입니다. 진했던 초록색 잎사귀들이 그새 누런빛을 띠며 바래 갑니다. 오고 가는 계절의 상념이 가슴에 진하게 닿는 걸 보니 나이가 들어가나 봅니다. 중미산 숲길을 걷습니다. 사람 뜸한 숲 속은 마냥 고요합니다. 간간히 불어오는 바람에 부딪혀 나는 나뭇잎들의 담백한 아우성이 숲의 정적을 깹니다. 뚜벅뚜벅 걷는 숲길 언저리에 버섯이 한 무리 쫙 깔렸습니다. 하얀 옷을 입고 숲으로 놀러 왔던 선녀가 하늘로 올라가지 못했나 봅니다. 가까이 다가가니 버섯들이 가족 모임을 하는지 죄다 나왔네요. 아직 덜 피어 삿갓을 쓴 것 같은 어린 버섯, 우산처럼 갓을 활짝 편 싱싱한 어른 버섯, 힘이 빠져 푹 주저앉은 늙은 버섯…….

나도 덩달아 주저앉아서 버섯들과 눈을 맞춥니다. 자세히 뜯어보니 건강한 살색을 띠는 버섯은 자루가 약간 휘어진 것이 여간 멋스럽지 않습니다. 외대버섯 집안의 삿갓외대버섯(*Entoloma rhodopolium* (Fr.) Quél.)입니다. 오늘은 느긋하게

무리 지어 활짝 핀 삿갓외대버섯

앉아 삿갓외대버섯과 데이트나 해야겠습니다.

### 삿갓 쓰고 비틀비틀 삿갓외대버섯

삿갓외대버섯의 갓 표면은 어찌나 고운지 마치 비단결 같습니다. 만져 보니 보드라운 느낌이 그대로 손끝에 전해집니다. 갓의 지름이 3~8센티미터로 제법 커서 눈에 금방 띕니다. 갓은 땅에서 처음 날 때는 삿갓을 쓴 것처럼 종 모양인데 자라면 활짝 펴지면서 한가운데가 배꼽처럼 움푹 들어갑니다. 조심스럽게 갓을 뒤집어 보면 가지런한 주름살이 빽빽하게 줄지어 서 있습니다. 주름살에서

종 모양 삿갓을 이고 피어나는 어린 삿갓외대버섯(왼쪽)과 뒤틀린 버섯자루와 삿갓 모양의 갓이 제법 모습을 갖춘 삿갓외대버섯(오른쪽)

는 버섯의 자손인 포자가 태어납니다. 삿갓외대버섯의 자루는 암만 봐도 예술입니다. 여느 버섯들처럼 똑바르지 않고 뒤틀려 있습니다. 자루를 꼰 듯이 비스듬히 서 있는 모습이 참 부드럽습니다. 자루의 아래위 굵기는 비슷하지만, 속빈 강정처럼 속은 비었는데 꿋꿋이 잘도 서 있습니다. 강아지처럼 버섯에 코를 대고 쿵쿵 냄새를 맡아 보니 뭐랄까……, 밀가루 같은 냄새가 납니다.

삿갓외대버섯은 탐스럽고 먹음직스러워 보이지만 먹으면 큰일 납니다. 독버섯이거든요. 모르고 삿갓외대버섯을 먹었다면 사람에 따라 조금 차이는 있겠지만 15~30분이면 배가 아프고 설사가 나며 토하기도 합니다. 심하면 탈수 증세를 보일 수도 있어서 절대 먹어서는 안 됩니다. 사람이 먹으면 탈이 나고 마는 삿갓외대버섯을 곤충은 먹을 수 있을까요? 당연히 먹을 수 있습니다. 곤충은 삿갓외대버섯을 아무리 먹어도 탈이 나지 않고 멀쩡합니다. 되레 영양분이 듬뿍 들어 있어 평생을 먹어도 질리지 않는 훌륭한 먹거리입니다. 삿갓외대버섯을 맛있게 먹는 곤충은 누구일까요?

### 어린 삿갓외대버섯을 찾아오는 파리류

삿갓외대버섯을 찾아오는 곤충은 여러 종류입니다. 버섯의 갓이 채 피기도 전에 성급하게 찾아오는 녀석, 갓이 싱싱하게 피었을 때 찾아오는 녀석, 버섯이 썩어 녹아내릴 때나 되어서야 찾아오는 녀석 등. 찬물 먹는 데도 순서가 있는 법은 버섯살이 곤충의 세계에서도 통하나 봅니다. 버섯이 피기도 전에 날아오는 녀석은 파리류입니다. 아직 갓과 자루가 붙어 있는 어린 버섯에 날아와 버섯을 핥아 먹습니다. 밥을 먹다가도 맘에 드는 짝을 만나면 바로 짝짓기를 합니다. 임도 보고 뽕도 따고 그야말로 일석이조지요. 짝짓기가 끝나면 파리류 암컷은 버섯에 알을 낳습니다. 속이 빈 자루에 알을 낳으면 '말짱 도루묵'이란 것을 아는지 암컷은 갓의 한가운데에 산란을 합니다. 갓의 한가운데는 버섯살조직이 많아 두텁거든요.

삿갓외대버섯을 한 개 따서 반으로 쪼개 봅니다. 놀랍게도 갓의 중앙 부분에 파리류의 애벌레가 득시글득시글합니다. 우윳빛 기다란 원통 모양의 애벌레들은 빛이 들어오자 본능적으로 도망치느라 버섯 속으로 꾸물꾸물 파고듭니다. 버섯이 녹아 없어지기 전에 번데기가 되어야 하는 파리류의 한살이는 굉장히 바쁩니다.

1 갓 피어난 여린 삿갓외대버섯에 모인 초파리류 2 삿갓외대버섯 주름살을 먹고 있는 파리류 3 삿갓외대버섯에 사는 파리 애벌레를 끌고 가는 개미

### 썩은 삿갓외대버섯을 먹는 혹가슴검정소똥풍뎅이

삿갓외대버섯은 삼 일 정도 살면 죽음이 서서히 다가옵니다. 싱싱하던 버섯의 갓은 점점 힘이 없어지면서 녹아내립니다. 수명이 다했으니 썩는 거지요. 버섯은 썩으면서 정말 고약한 냄새를 풍깁니다. 똥 냄새 같기도 하고 시체 썩은 냄새 같기도 하고……. 고약한 버섯 썩는 냄새가 바람에 실려 숲 속을 떠돌면 신이 나는 녀석들이 있습니다. 소똥풍뎅이류입니다.

바로 제 옆에 썩어 가는 삿갓외대버섯이 있네요. 살짝 만져 보니 그 보드랍던 느낌은 없어지고 물기가 많아 물컹합니다. 냄새는 어찌 이리 지독한지 절로 숨이 안 쉬어지네요. 물컹거리는 버섯을 뒤집어 봅니다. 불청객의 방문에 화들짝 놀랐는지 새까만 곤충들이 버섯 속에 머리를 처박고 숨을 곳을 찾느라 정신이 없습니다. 도망친 녀석을 찾느라 버섯 속을 들춰 봅니다. 주름살 사이로 뒤뚱뒤뚱 걸어 도망치는 친구가 보이네요.

'도망가 봤자 부처님 손바닥이지, 어딜 도망가려고. 잠깐만 네 얼굴 좀 보여 줘.' 자세히 들여다보니 혹가슴검정소똥풍뎅이 (*Onthophagus atripennis* Waterhouse)군요. 잔뜩 겁을 먹은 녀석은 더듬이와 다리 여섯 개를 배 쪽으로 바짝

썩어내리는 외대버섯류에는 혹가슴검정소똥풍뎅이 같은 곤충이 찾아든다.

귀엽게 생긴 더듬이를 펼치고 있는 혹가슴검정소똥풍뎅이

오그리고서는 꼼짝도 안 합니다. 이삼 분쯤 지났을까요, 오그렸던 더듬이와 다리를 꼬물꼬물 펴더니 엉금엉금 버섯 속으로 도망갑니다. 그럴 만도 하지요, 이 녀석들 야행성이거든요. 어두운 똥 속이나 버섯 속에서 밥을 먹고 사니 밝은 빛이 비치면 본능적으로 어두운 곳으로 숨어듭니다. 손끝으로 녀석을 살짝 건드려 봅니다. 역시나, 더듬이와 여섯 다리를 잔뜩 움츠린 채 죽은 듯 꼼짝도 안 하네요. 그렇게 혹가슴검정소똥풍뎅이와 숨바꼭질하며 녀석의 굼뜬 행동에 실없이 혼자 실실거립니다.

혹가슴검정소똥풍뎅이는 아무리 큰 놈도 몸길이가 9밀리미터 정도로 메주콩만 합니다. 몸은 짧고 몽땅한 데다 몸매는 완전 네모입니다. 잘 생긴 녀석은 아닌 것 같지요? 그래도 요모조모 뜯어보면 나름 귀여운 면도 있습니다. 새까만 몸에 반짝반짝 윤기가 흘러 똥 속에 사는 곤충치고는 예쁘지요.

녀석의 온몸에는 짧은 센딜이 나 있습니다. 짧고 몽땅한 디듬이는 아무리 봐도 우스꽝스럽습니다. 곤봉처럼 생긴 것이 몸집에 비해 굉장히 작고 짧거든요. 그도 그럴 것이 여느 딱정벌레류의 더듬이가 11마디인 것과 다르게 녀석들은 9마디이니까요. 평소에는 머리이마방패 안쪽에 오그리고 있다가 주변을 살필 때만 그 귀여운 더듬이를 활짝 펼치는데, 첫째 마디에서 여섯째 마디까지는 작은 구슬이 꿰어진 염주 모양이고 일곱째 마디부터 마지막 마디까지 3마디는 안쪽으로 톱니처럼 내뻗어 있습니다.

뭐니 뭐니 해도 재미있게 생긴 건 앞가슴등판입니다. 앞가슴등판의 생김새는 암컷과 수컷이 다르게 생겼습니다. 수컷의 앞가슴등판에는 이름처럼 뾰족한 혹이 두 개 솟아올라 있습니다. 그에 비해 암컷의 앞가슴등판은 둥그런 달 같이 생겼으며 혹은 한 개도 안 붙어 있습니다. 암수 모두 앞다리의 종아리마디는 넓

적한데다 바깥 가장자리에는 쇠스랑처럼 생긴 가시털까지 붙어 있어 버섯이나 똥 속을 쓱쓱 잘 파헤칠 수 있습니다.

### 혹가슴검정소똥풍뎅이가 썩은 밥상을 찾는 법

혹가슴검정소똥풍뎅이의 밥상에 올라오는 메뉴는 무엇일까요? 주식은 똥이고 반찬은 시체나 썩은 버섯입니다. 이 녀석들은 똥을 가장 좋아합니다. 똥이란 똥은 가리지 않고 다 먹습니다. 고라니 똥, 말똥, 쇠똥, 개똥, 멧돼지 똥······. 어디 똥뿐인가요. 썩은 음식은 물론이고 심지어 시체에도 모이는 녀석들이 바로 혹가슴검정소똥풍뎅이입니다. 똥과 시체가 있는 곳엔 녀석들도 있습니다. 요즘은 꼴을 먹고 싼 쇠똥 만나기가 하늘의 별 따기만큼 어려우니 대신 길을 걷다가 개똥이라도 보거든 한번 헤집어 보세요. 운 좋으면 혹가슴검정소똥풍뎅이를 만날지도 모르니까요.

혹가슴검정소똥풍뎅이는 썩은 버섯도 마다하지 않습니다. 그 넓은 숲에서 녀석들은 어떻게 썩은 버섯을 찾아올까요? 녀석들의 몸엔 특별한 감각기가 붙어 있어 버섯이 썩는 고약한 냄새를 맡고 찾아오지요. 더듬이나 털 같은 감각기를 통해 바람에 실려 오는 냄새를 맡는데, 특히 버섯 썩는 냄새나 동물 사체에서 나는 특별한 냄새를 귀신같이 맡고는 냄새의 진원지를 찾아옵니다.

안타깝게도 삿갓외대버섯이 썩으며 내는 냄새 성분이 무엇인지는 아직 알려지지 않았습니다. 하지만 모든 생물은 단백질, 지방, 탄수화물 같은 기본 영양

← 앞가슴등판에 혹이 있는 수컷(위)과 혹이 없고 달처럼 둥근 암컷(아래)

소를 지니고 있으므로 썩으면 냄새가 납니다. 삿갓외대버섯도 썩을 때 암모니아 같은 물질이 섞인 고약한 냄새가 날 테고, 배고픈 혹가슴검정소똥풍뎅이는 그 냄새에 이끌려 얼씨구나 좋다 하며 기다렸다는 듯이 찾아와 만찬을 즐깁니다.

### 아낌없이 내어 주는 버섯

삿갓외대버섯은 싱싱할 때는 물론 썩어 녹아내릴 때까지도 곤충에게 밥이 되어 줍니다. 아무리 오래 살아야 일주일도 못 사는 버섯인데, 짧은 삶 동안 곤충에게 아낌없이 모두 내어 주고 흙으로 돌아갑니다. 혹가슴검정소똥풍뎅이는 썩어 녹아드는 버섯을 맛있게 먹으면서 버섯을 잘디잘게 분해시켜 줍니다. 잘게 분해된 버섯 부스러기는 다른 세균, 박테리아 같은 미생물이 더 분해시킵니다. 더 이상 쪼갤 수 없을 만큼 분해된 원소는 다시 식물의 거름이 되어 생태계의 수레바퀴가 잘 돌아가도록 기름칠하는 역할을 합니다. 누가 혹가슴검정소똥풍뎅이가 똥과 시체를 먹는다고 구박했나요? 숲 속에 있는 똥도 시체도 깨끗이 분해되어 식물의 거름으로 되돌아가게 하는 생태 순환의 운전자요, 숲의 청소부 노릇까지 하는 고마운 친구한테 말입니다.

↖ 썩어 내린 삿갓외대버섯을 먹어 치우고 있는 혹가슴검정소똥풍뎅이
← 썩어 내리는 삿갓외대버섯을 먹는 혹가슴검정소똥풍뎅이의 수컷

# 콧물 흘리는 끈적긴뿌리버섯에 모인 초파리류

오대산 월정사 가는 길입니다. 가을이 문턱까지 왔다는 걸 알리기라도 하듯이 장대비가 주룩주룩 내립니다. 산봉우리 봉우리마다 구름 꽃이 피어나 신선골에라도 들어와 있는 것 같은 착각이 듭니다. 월정사 하면 전나무 숲길을 빼놓을 수는 없지요. 한 아름이 훨씬 넘는 전나무들이 1킬로미터가 넘게 줄지어 빽빽하게 늘어서 있습니다. 비가 오면 오는 대로 맑으면 맑은 대로 운치 있는 숲길입니다. 한 발 한 발 내딛을 때마다 특유의 전나무 향이 코끝을 짜릿하게 간질여 일순간 머릿속이 맑아집니다. 뭐니 뭐니 해도 월정사 숲길은 달 밝은 날 밤에 달빛을 받으며 걸어야 제격입니다. 전나무 잎이 빼곡히 하늘을 가린 사이로 달빛이 새어들고, 나뭇잎에 드리운 달그림자의 은은함은 고요 그 자체입니다. 운 좋게 추석의 보름달을 밟으며 걷기라도 하면 속세의 일들은 하얗게 지워지고 머릿속에도 달빛만이 가득합니다.

한껏 물기를 품은 끈끈한 액체가 투명한 갓과
주름살에 방울져 흐르는 끈적긴뿌리버섯

억척같이 내리던 장대비가 멈추니 숲길에는 안개가 낮게 깔립니다. 습기로 가득 찬 숲 바닥과 썩은 나무 위에 제철을 만난 버섯이 꽃처럼 피어납니다. 장미무당버섯, 흙무당버섯(*Russula senecis* Imai), 꾀꼬리버섯(*Cantharellus cibarius* Fr.), 그물버섯류⋯⋯. 길어야 사흘도 못 사는 버섯들이 앞다퉈 피어 고운 자태를 뽐내고 있네요. 하얀 '끈적긴뿌리버섯(*Oudemansiella mucida* (Schrad. & Fr.) Hohnel)' 이 죽어가는 나무 위에 줄지어 피어 있습니다. 마침 물기까지 머금고 있으니 속살이 비칠 듯이 투명합니다. 하얀 꽃이라도 활짝 핀 것처럼 어두컴컴하던 숲길이 훤해집니다.

청초한 주름살에 투명한 액체가 방울져 있는 끈적긴뿌리버섯 자루 중간에 반지 같은 고리가 달려 있다.(왼쪽)

### 끈적이는 콧물을 흘리는 청초한 버섯, 끈적긴뿌리버섯

아무리 길어야 사흘도 채 못 사는 끈적긴뿌리버섯이 물기를 담뿍 머금고 썩어가는 나무 위에 다소곳이 피어 있습니다. 이게 웬일인가요. 버섯이 침을 질 질 흘리네요. 투명한 이슬방울 같은 액체가 버섯의 갓과 자루를 타고 흘러내립 니다. 갓을 뒤집어 보니 주름살에서도 방울져 뚝뚝 흘러내립니다. 정말이지 이슬방울만큼이나 영롱합니다. 지나가던 사람들이 발걸음을 멈추고 "어머, 버섯이 콧물을 흘리네. 어쩌면 저런 버섯이 다 있지?" "거참, 신기하네!" 하며 감탄사를 연발합니다. 가까이 다가가 버섯이 흘리는 액체 방울을 손가락으로 만져 봅니 다. 역시 생긴 대로 끈기가 많아 마치 끈적거리는 콧물을 만지는 느낌입니다. 그 래서 '끈적긴뿌리버섯'이라고 부르니 이름치고는 굉장히 쉽게 지었네요.

끈적긴뿌리버섯은 여름에서 가을 사이에 피어납니다. 갓의 지름이 작은 것

나무에 매달린 끈적긴뿌리버섯 아랫면 주름살로 초파리들이 날아들었다.(가운데) 톡토기류가 끈적긴뿌리버섯에 몰려와 주름살을 먹고 있다.(오른쪽)

도 5센티미터 정도는 되기 때문에 쉽게 눈에 띕니다. 대부분 몇 송이씩 나말로 무리까지 지어 피어나니 조금만 관심을 기울이면 선선한 가을 숲에서는 쉽게 마주칠 수 있지요. 끈적긴뿌리버섯은 온통 하얀색입니다. 투명한데 끈적이는 점성까지 있어서 버섯 속살이 다 보입니다. 흠뻑 물기에 젖은 모습은 막 목욕을 끝낸 선녀처럼 청초합니다. 버섯자루를 잡고 살짝 눌러 보니 속이 차 있어 단단하네요. 자루 위쪽에는 하얀 고리턱받이가 달려 있어 마치 반지를 끼고 있는 것 같습니다.

이리 보고 저리 살피는데 끈적이는 갓 윗면과 아랫면에 곤충이 떼로 몰려와 한창 만찬을 즐기고 있네요. 끈적거리는 콧물 같은 즙을 내는 버섯을 먹는 녀석들은 누구일까요? 아, 톡토기와 초파리군요. 언뜻 보아도 수십 마리는 되어 보이는 톡토기들이 주름살 사이에 진을 치고 식사에 열중하고 있습니다. 이에 질세라 초파리도 주름살과 갓 윗면에 달라붙어 맛있는 버섯 요리를 즐기고 있네요. 하도 작은 친구들이라 자세히 보려고 나도 모르게 얼굴을 가까이 들이밀었더니, 날개 없는 톡토기들은 벼룩처럼 톡톡 사방으로 튀어 오르고, 날개 달린 초파리들은 바람에 이는 먼지처럼 일제히 부웅 날아오릅니다. 밥 먹을 때는 개도 안 건드린다는데……. 미안한 마음에 뻘쭘해서 끈적긴뿌리버섯 앞에 죽치고 앉아 녀석들이 오기를 마냥 기다립니다.

### 끈적긴뿌리버섯 밥상머리에 둘러앉은 초파리들

몇 분쯤 흘렀을까요? 기다리던 초파리들이 끈적긴뿌리버섯 갓에 날아와 앉습니다. 갓 윗면보다는 아랫면 주름살로 꾸역꾸역 모여듭니다. 아무래도 갓 아랫면에 숨어 있으면 천적들한테 들킬 위험이 적으니 그럴 만도 합니다. 초파리들은 버섯에 앉자마자 작정하고 온 듯 갓을 타고 흐르는 액체 방울을 열심히 핥아먹습니다. 제 아무리 큰 놈도 2밀리미터가 안 되는데, 주둥이는 생각보다 넓적해서 주걱으로 누룽지를 긁듯이 버섯 즙을 쓱쓱 핥아서 맛있게도 들이마십니다.

식사 삼매경에 빠진 초파리에게 사진기를 조심스레 갖다 대고서는 녀석들의 몸을 훔쳐봅니다. 몸길이는 2밀리미터 정도로 굉장히 작아 눈을 씻고 봐야 보일 지경입니다. 와, 그 조그만 몸집에 붙은 눈이 그야말로 예술입니다. 새빨간 겹눈이 루비 같이 빛나네요. 크기도 제 몸에 비해 엄청나게 커서 제 머리의 절반이나 차지하고 있어 그야말로 얼굴 반 겹눈 반입니다. 겹눈 사이에는 깜찍한 더듬이가 붙어 있습니다. 멋은 얼마나 부리는지 앞가슴등판에 가는 까만색 세로줄 무늬를 시원스레 그려 넣었네요.

얼굴만 한 빨간 겹눈과 2장의 날개를 가진 초파리_ 사진 속 버섯은 독우산광대버섯

보통 다른 곤충의 날개는 4장인데, 재밌게도 초파리의 날개는 달랑 2장뿐입니다. 나머지 2장의 날개는 어디로 갔을까요? 파리류의 가장 큰 특징이 바로 날개가 2장인 거잖아요. 파리의 날개가 처음부터 2장이었던 것은 아닙니다. 원래는 여느 곤충처럼 4장이었는데 오랜 세월 동안 환경에 적응하면서 차차 뒷날개 2장이 없어진 대신 뒷날개가 있던 자리에 평균곤이 생겨났습니다. 마치 투명한 곤봉처럼 생긴 평균곤은 맨눈으로도 잘 보입니다. 이 평균곤은 파리류가 날 때 몸의 중심을 잡아 주는 역할을 합니다. 달랑 날개 2장으로도 멋진 비행을 하는 초파리가 오늘따라 대단해 보입니다.

### 초파리의 후루룩 쩝쩝 식사법

끈적긴뿌리버섯에 날아온 초파리들은 잠시 망설입니다, 먹을까 말까. 천적이 자신을 노리고 있는 것은 아닌지 주위를 살핍니다. 머리를 이쪽으로 돌렸다 저쪽으로 돌렸다, 주둥이를 살짝 내밀었다 얼른 쏘옥 집어넣었다, 또 다시 주걱 같은 주둥이를 뺐다가 또 쑤욱 집어넣었다……. 한참을 그러다 안심이 되었는지 드디어 주둥이를 쭉 내밀어 흘러내리는 끈적긴뿌리버섯의 액즙에 댑니다. 몸집에 비해 굉장히 탐스럽고 넓적한 주둥이가 움찔움찔 움직입니다. 마치 주걱으로 누룽지를 벅벅 긁는 것처럼 도톰한 주둥이로 버섯 액즙을 쓱쓱 핥아먹습니다. 아무리 생각해도 초파리에게 끈적긴뿌리버섯은 최고의 밥상입니다. 일단 자리만 잡으면 먹을 것이 천지니 말입니다. 버섯 액즙이 샘물처럼 끊이지 않고 계속 흘러나와 다른 곳으로 옮겨가지 않아도 됩니다. 주변에 천적이 있는지만 살피며 먹으면 됩니다.

얼굴의 반을 차지하는 겹눈 아래로 넓적한 입틀을 내밀고 있는 초파리_ 사진 속 버섯은 졸각버섯류

초파리 주둥이가 어떻게 생겼길래 액즙만 먹을까요? 파리류의 주둥이는 무엇이든지 빨아들이는 스펀지 같아 눅눅한 즙을 핥아먹기에는 안성맞춤입니다. 주둥이 끝이 넓적하고 뭉툭해 보이는 것은 입틀의 맨 아래쪽에 붙어 있는 아랫입술이 굉장히 크기 때문입니다. 녀석의 아랫입술은 주걱 같이 넓적하게 변형되었으며, 표면에는 군데군데 모세관이 홈처럼 파여 있어 액즙을 핥듯이 잘 모을 수 있습니다. 스펀지 역할을 하는 두툼한 아랫입술은 꽃가루나 액즙을 핥아먹는 데도 아주 적당합니다.

그럼 초파리는 딱딱한 먹이는 못 먹을까요? 아닙니다, 먹을 수 있습니다.

녀석은 재주가 많아서 마른 꽃가루나 설탕 같이 딱딱한 고체 먹이도 액즙으로 만들어 먹을 수 있거든요. 바짝 마른 설탕 덩어리를 놓아 두면 넓적한 아랫입술로 설탕을 누르고서는 침을 뱉어 눅눅하게 만든 다음 핥듯이 들이마십니다. 꾀가 많은 녀석입니다. 아마도 작은 덩치로 살아남아야 하니 특별히 개발해 낸 별난 생존 전략 중의 하나일 테지요. 더 놀라운 것은 평소에는 크고 넓적한 주둥이를 입틀 속에 감쪽같이 넣고 다니니 여간 대견하지 않습니다.

### 일 년에 수십 세대가 돌아가는 초파리의 한살이

이런, 끈적긴뿌리버섯에서 식사를 하다가 눈이 맞았나 봅니다. 암컷과 수컷 한 쌍이 짝짓기를 하네요. 초파리는 암컷과 수컷이 조금 다르게 생겼습니다. 몸집은 암컷이 좀 더 큽니다. 알을 낳기 위해 난황물질을 가지고 있어야 하니 수컷보다 몸집이 큰 것은 당연한 일이지요. 그래서 배마디가 5마디인 수컷보다 2마디 더 길어 7마디입니다. 배 끝도 산란관이 없어 둥근 편인 수컷에 비해 약간 뾰족하고 길어서 알 낳기에 딱 좋습니다. 더 확실한 차이는 수컷의 앞다리에는 짝짓기를 할 때 암컷 등에 올라가 암컷을 놓치지 않고 꽉 잡기 위해 성즐sex comb이라 부르는 뻣뻣하고 억센 털이 나 있는데, 암컷에게는 없습니다.

짝짓기를 마친 암컷 초파리는 알을 낳습니다. 알 낳은 곳이 바로 태어나는 애벌레의 식당이므로 아기들이 좋아할 만한 썩은 과일이나 발효되어 걸쭉해진 식품, 푹푹 썩어 가는 낙엽 더미 등을 찾아가 낳습니다. 초파리의 이런 성질을 이용해서 연구용 초파리를 키울 때 한천, 옥수수 가루, 당밀, 빵, 이스트 등을 잘 섞어 만든 먹이를 줍니다.

짝짓기를 하는 초파리 암수 한 쌍(왼쪽)과 짝짓기를 하기 위해 암컷 등에 올라탄 수컷의 몸집이 상대적으로 작다.(오른쪽)_ 사진 속 버섯은 양파광대버섯

초파리가 낳은 알이 부화하여 어른 초파리가 되기까지 걸리는 시간은 온도에 따라 조금씩 다르기는 하지만 굉장히 짧은 편입니다. 보통 섭씨 20도에서는 알에서부터 애벌레로 자라는 데 8일, 번데기가 어른 초파리로 변신하는 데 7일이 걸립니다. 불과 15일 만에 초파리의 한살이가 완성되는 셈이지요. 일 년이면 약 30세대가 돌아가니까 사람으로 치면 30대조 할아버지와 손자가 한 시대에 살고 있는 것이니 생각만으로도 아찔합니다. 더 놀라운 사실은 온도를 25도로 맞춘 실험실에서 키우면 녀석의 한살이 기간은 15일보다 더 짧아진다니 그저 입만 떡 벌어질 뿐입니다.

버섯즙이 풍부한 끈적긴뿌리버섯을 찾아온 초파리들

### 유전학 발전의 숨은 공로자, 초파리

문을 꼭꼭 닫아 놓았는데도 먹다 남은 과일에 초파리가 꼬이는 것을 누구나 본 적이 있을 겁니다. 이 녀석들은 어디서 날아 왔을까요? 몸집이 워낙 작으니 사람들이 상상하지도 못할 만큼 작은 틈새나 방충망을 뚫고 집안으로 들어온 거지요. 몸집이 작아 아무 곳이나 제 맘대로 드나들 수 있는 초파리는 지구 곳곳에 살고 있습니다. 열대와 아열대 지방에 많이 살지만 추운 아한대 지방은 물론 북극권에도 살고 있다니 환경 적응력 하나는 끝내줍니다. 전 세계적으로 약 2,000종이나 분포하고, 우리나라에도 95종이나 사는 것으로 밝혀졌으니 말 다했지요.

사실 초파리가 인류의 유전 체계에 공헌한 것으로 치면 공로상을 몇백 개 주어도 아깝지 않습니다. 한살이가 짧아 한 세대를 아울러 관찰하기 쉽고 돌연변이가 잘 일어나는데 염색체 수는 적어 유전을 연구하는 데 안성맞춤이거든요. 이런 초파리를 이용해 연구한 결과를 인류의 유전현상에 응용함으로써 인류유전학은 발전을 거듭해 왔지요. 그러다 보니 대학의 생물학 강의에서 초파리 실험은 단골 메뉴로 등장합니다. 특히 침샘에 거대한 침샘 염색체가 있어서 염색체를 관찰하기에 제격입니다. 초파리 실험을 하는 날이면 실험실은 난리가 납니다. 실험 재료가 초파리 애벌레거든요. 초파리도 파리 가족이다 보니 초파리 애벌레는 당연히 구더기입니다. 된장 속에서 꼬물거리는 구더기를 상상해 보세요. 아무래도 요즘 여학생들은 공주처럼 자라다 보니 초파리 애벌레를 보고 기절초풍하여 야단법석입니다. 혼합 먹이 속에서 꿈틀거리는 초파리 애벌레를 해부해야만 거대 침샘 염색체를 볼 수 있으니 모두 눈 딱 감고 해부합니다. 해부 도중에 구더기가 꿈틀거리기라도 하면 여기저기서 비명 소리가 튀어나옵니다. 시간이 흘러 실험이 끝날 때쯤이면 다들 차분해집니다. 물론, 실험을 위해 희생된 초파리에 대한 감사도 잊지 않습니다.

앞으로도 초파리는 훌륭한 연구 재료가 되어 줄 것입니다. 어쩌다 초파리로 태어나 그런 팔자를 가지게 되었는지는 모르지만, 산 속 끈적긴뿌리버섯에서 만난 초파리는 그런 자신의 운명쯤은 달관한 듯 맛난 버섯즙 식사에 열중하고 있습니다.

# 황소비단그물버섯에서 짧은 생을 사는
## 극동입치레반날개

하늘 맑은 가을날입니다. 고개 들어 올려다 본 하늘은 마냥 높고 푸릅니다. 얼마나 맑고 푸른지 손을 뻗어 휘휘 저으면 손가락 사이로 파란 물이 뚝뚝 떨어질 것만 같습니다. 산들바람이 살살 불어와 제 민낯을 간질입니다. 이런 날은 몸도 마음도 풍선처럼 둥둥 떠다녀 만사 제쳐 두고 숲으로 갑니다. 가을 숲에 들어서면 갖가지 나무들이 잎을 햇빛에 내맡긴 채 고즈넉하게 서 있습니다. 살짝 빛바랜 갈참나무 이파리와 말라 버린 오리나무 이파리, 그리고 도토리거위벌레가 뚝뚝 분질러 놓은 갈참나무 가지 들이 숲 바닥을 살짝 덮고 있네요.

여유롭게 천천히 걷고 있는데 코앞으로 소나무가 쭉 늘어선 솔숲이 나섭니다. 솔솔 부는 바람을 타고 소나무 사이로 솔향기가 솔솔 풍겨 옵니다. 솔 내음이 얼마나 그윽한지 절로 숨이 깊게 쉬어지고 눈도 스르르 감깁니다. 바늘 같은 솔잎이 떨어져 깔린 솔 숲길은 푹신푹신합니다. 문득 고개를 숙여 숲 바닥을 보니 찐빵처럼 생긴 버섯들이 솔숲 바닥에 옹기종기 모여 났습니다. 도톰하고 푹신한데 색깔까지 노르스름하니 영락없는 찐빵입니다. 이 찐빵 닮은 버섯의 정체는 황소비단그물버섯(*Suillus bovinus* (L.& Fr.) O. kuntze)입니다. 황소비단그물버섯은 황소처럼 색깔은 누렇고 갓 표면은 비단결처럼 곱습니다. 하도 탐스러워 나도 모르게 버섯 앞에 쪼그려 앉습니다.

### 소나무와 서로 돕는 황소비단그물버섯

가을이 오긴 온 모양입니다. 황소비단그물버섯들이 솔밭에 얼굴을 드러냈으니 말입니다. 그 모습은 마치 간밤에 보름달이 하늘에서 내려왔다가 솔향기에 취해 눌러 있는 것 같습니다. 갓이 얼마나 큰지 어른 주먹만 합니다. 갓 표면은 황소 털처럼 누런색으로 보들보들한데, 물기만 묻으면 갓 구워낸 빵에 꿀을 발라 놓은 것처럼 윤기가 자르르 흐릅니다. 갓 아랫면은 쪽 고른 주름살 대신 그물 같은 구멍이 송송 나 있어 마치 스펀지 같습니다. 갓이 제법 두꺼워 족히 1센티미터는 넘을 것 같습니다. 버섯이 크고 도톰하면 먹을 것이 많아 곤충들은 신이 납니다. 튼실한 버섯 하나만 차지해도 평생 먹을 걱정은 안 해도 되니까요.

황소비단그물버섯은 소나무를 굉장히 좋아해서 소나무만 따라다닙니다. 아니 어김없이 소나무가 사는 숲 바닥에만 삽니다. 소나무와 황소비단그물버섯은 서로 돕고 사는 '공생' 관계를 유지하거든요. 땅속으로 뻗은 소나무 뿌리와 황소비단그물버섯의 균이 사이좋게 도우며 살아갑니다. 소나무 뿌리는 광합성을 해서 얻은 영양분을 황소비단그물버섯 균사에게 아낌없이 내어 줍니다. 세상에 공짜는 없지요. 황소비단그물버섯의 균사는 어떻게 소나무에게 은혜를 갚을

1 황소비단그물버섯은 솔밭에 자리를 잡고 자라며 소나무와 공생 관계를 이어간다. 2 누런 찐빵처럼 생긴 황소비단그물버섯을 위에서 내려다본 모습 3 그물을 활짝 펼쳐 놓은 듯한 황소비단그물버섯의 관공

까요? 소나무 뿌리가 닿지 않는 곳에 있는 물이나 무기물 같은 영양분을 소나무 뿌리까지 가져다주어 소나무가 쑥쑥 자랄 수 있도록 돕습니다. 황소비단그물버섯 말고도 비단그물버섯(*Suillus luteus* (L. & Fr.) S.F. Gray), 큰비단그물버섯(*Suillus grevillei* (Klotz.) Sing.), 젖비단그물버섯(*Suillus granulatus* L. & Fr.) 들이 소나무와 공생을 합니다.

황소비단그물버섯은 포자를 어디에서 만들까요? 신기하게도 그물 같이 생긴 구멍관공에서 자손인 포자를 만들어 냅니다. 황소비단그물버섯은 갓 아래쪽에 주름살 대신 그물처럼 생긴 관공이 있거든요. 말하자면 자실층인 관공이 담자기포자 만드는 기관인 것이지요. 주름살에서 포자를 만드는 주름버섯류 하고는 영 딴판이지요. 녀석들은 하필이면 동굴 같은 관공 속에서 포자를 만들까요? 아마도 비와 바람, 햇빛이니 곤충을 피하기 위한 것이라 짐작됩니다. 그만큼 버섯에게도 자손을 남기는 일은 일생일대에 가장 중요한 일이거든요.

### 황소비단그물버섯에 세 든 극동입치레반날개

황소비단그물버섯을 만난 김에 작정하고 아예 가장 편한 자세로 솔밭 위에 철퍼덕 주저앉아 버섯을 이리저리 들여다봅니다. 갓 표면을 만져 보니 비단결같이 보드랍습니다. 슬쩍 눌러 보니 말랑말랑해서인지 쑥 들어갑니다. 이리 살지고 싱싱한 버섯을 누가 와서 먹을까요? 겉으로 보아서는 벌레 먹은 자국 하나 없이 말짱합니다. 자루를 잡고 살살 버섯을 뒤집어 봅니다. 순간 나뭇조각 같은 벌레들이 이리 숨고 저리 뛰느라 혼이 빠졌습니다. 초파리들은 휘익 날아가 버리고, 참깨알만 한 우리알버섯벌레류와 나뭇조각 같은 반날개들도 눈 깜짝할 사이 스펀지 같은 버섯 구멍 속으로 쏙 들어가 버립니다. 겉으로 보기엔 더없이 평온하고 멀쩡한데 버섯 속은 곤충들로 와글와글 소란합니다.

야단법석을 떠는 중에 리듬체조 선수라도 되는 양 유난히 몸을 유연하게 움직이며 날렵하게 도망치는 반날개가 눈에 확 띕니다. 코딱지만 한 딱지날개 속에 감춰둔 선녀 옷 같은 뒷날개를 활짝 펴고 쉬익 날아가는 녀석, 부리나케 배꽁무니를 치켜들고 물구나무를 서며 위협하는 녀석, 유연한 허리배를 S자로 구부린 채 바람처럼 내달리는 녀석……. 난데없이 벌어진 비상사태에 죄다 우왕좌왕 몸을 숨기느라 제 정신이 아닌 녀석들은 누구일까요? 이름도 아주 낯선 극동입치레반날개(*Oxyporus germanus* Sharp)입니다.

극동입치레반날개는 딱정벌레 무리의 반날개 집안(딱정벌레목, 반날개과) 식구입니다. 이름 그대로 날개 길이가 여느 곤충의 절반밖에 안 됩니다. 날개가 짧으니 늘 배를 훤히 드러내 놓고 다닙니다. 사람으로 치면 아랫도리를 다 벗고 다니는 격이니 풍기 문란으로 경범죄에 걸릴 일입니다. 날개가 짧은 데는 그럴만한 이유가 있겠지요. 짧은 날개가 긴 날개보다 되레 살아가는 데 유리한 점이 많아 오랜 세월 진화 과정을 거쳐 선택했을 테니까요. 딱딱한 날개가 배를 다 덮으면 몸을 유연하게 움직일 수 없는데, 딱지날개가 배를 덮지 않는 부분만큼은 자유롭게 움직일 수 있습니다. 그래야 적을 만나 도망칠 때나 먹이를 찾아다닐 때 빠르게 이동할 수 있지요. 녀석들은 천적을 만나면 배 끝마디 쪽을 한껏 치켜 올려 겁을 주는 행동을 하기도 하는데, 그때도 날개가 덮이지 않은 부분이 자유롭게 움직이는 것이 도움이 되겠지요.

이 녀석들은 몸길이가 1센티미터 정도나 되니 맨눈으로도 잘 보입니다. 몸색은 전체적으로 까만색인데 옆구리와 다리는 노란색으로 한껏 멋을 부렸습니

온몸이 검정색인데 옆구리와 다리, 그리고 더듬이만 노랗게 한껏 멋을 부린 극동입치레반날개와
원 안은 크고 예리한 극동입치레반날개의 큰턱

다. 온몸은 기름이라도 바른 듯 반짝거리고, 더듬이는 실에 구슬을 촘촘히 꿴 것 같습니다. 뭐니 뭐니 해도 녀석의 전매특허품은 큰턱입니다. 큰턱은 낫 같이 날카롭게 휘어져 섬뜩한 느낌이 들 정도입니다. 슬쩍 닿기만 해도 콕 찔릴 것 같습니다.

## 극동입치레반날개에겐 밥상이요, 집인 황소비단그물버섯

　황소비단그물버섯의 갓은 두께가 2센티미터 내외로 두툼합니다. 갓이 호빵만큼 크고 두툼하기까지 하니 곤충에겐 더없이 좋은 최고의 밥상입니다. 사정이 이러하니 곤충은 갓이 완전히 피어나기 전부터 앞다투어 찾아옵니다. 성질 급한 파리류는 갓이 활짝 피기도 전에 자루나 갓 표면에 냉큼 알을 낳고, 톡톡 튀는 톡토기류도 몰려와 식사를 합니다. 갓이 피어날 즈음에 딱정벌레 무리딱정벌레목가 등장합니다. 그중에 단골손님은 단연 극동입치레반날개입니다.

　갓이 활짝 핀 황소비단그물버섯을 잡고 뒤집어 봅니다. 스펀지 같은 갓 뒷면은 이미 군데군데 썩으며 녹아내려 큰 구멍이 여러 개 나 있습니다. 버섯의 그물 위에서 오붓하게 식사를 즐기던 극동입치레반날개 예닐곱 마리가 느닷없는 침입에 깜짝 놀라 쏜살같이 패어진 버섯 구멍 속으로 사라집니다. 녀석들로 북적이던 버섯의 갓 뒷면은 순식간에 아무 일도 없었다는 듯이 고요해집니다. 호기심에 손가락 끝으로 녀석들이 숨어 들어간 버섯 구멍을 지긋이 눌러 봅니다. 수명이 다해 썩어 녹아내리고 있던 버섯은 갈색으로 색도 변했고 물기도 많네요. 순간 너무 궁금해 썩어가는 버섯 구멍을 둘로 쪼갭니다. 관공 아래 두툼한 버섯살 속에 웅덩이 같은 굴이 패여 있네요. 극동입치레반날개가 버섯을 파먹으며

관공 속에 간간이 곤충이 숨어 있는데 아랑곳하지 않고 황소비단그물버섯을 먹고 있는 극동입치레반날개(위)와 썩어내리는 황소비단그물버섯의 관공 아래 굴을 파고 숨은 극동입치레반날개(아래)

만들어 놓은 굴이지요. 움푹움푹 파인 버섯 속 주변에는 녀석들이 먹다 떨어뜨린 부스러기와 배설해 놓은 똥도 쌓여 있습니다. 내친 김에 버섯을 조금 더 쪼개니 잔뜩 겁에 질린 극동입치레반날개들이 버섯 속으로 파고들며 도망 다니느라 법석을 떱니다. 언뜻 세어 보니 스무 마리가 넘습니다. 갓의 지름이 5센티미터밖에 안 되는 버섯이 그리 많은 곤충을 먹여 살리고 있다니……. 정말이지 극동입치레반날개들에겐 눈물 나게 고마운 황소비단그물버섯이네요.

### 황소비단그물버섯에서의 한살이

극동입치레반날개는 황소비단그물버섯 속에서 평생을 살까요? 번데기 시절만 빼고는 이 버섯에서 평생을 삽니다. 특히 어른 극동입치레반날개는 막 피어난 황소비단그물버섯을 찾아와 신선한 버섯 밥상을 받고 맛있게 먹다가 맘에 드는 짝을 만나면 그 자리에서 짝짓기도 합니다. 짝짓기를 마친 암컷은 황소비단그물버섯의 관공이나 관공 주변에 서둘러 알을 낳습니다. 어미가 알을 낳은 지 몇 시간도 되지 않아 알은 부화하여 애벌레가 됩니다. 알에서 막 깨어난 1령 애벌레는 이유식을 건너뛰고 바로 버섯을 먹기 시작합니다. 먹는 만큼 애벌레는 굉장히 빨리 자랍니다. 이 녀석들이 폭풍 성장을 하는 것은 성질이 급해서가 아니라 녀석들이 찾아든 땅에서 자라는 버섯주름버섯류의 수명이 불과 며칠로 짧디짧기 때문입니다. 하루 이틀, 길어야 일주일 정도 사는 버섯이 살아 있는 동안 한살이를 재빨리 마치자니 바쁠 수밖에요. 쫓기듯이 자라야 하는 극동입치레반날개의 애벌레도 알고 보면 불쌍하고 안됐습니다.

저는 아직 극동입치레반날개를 키우며 녀석의 사생활을 직접 살펴보지는

녹아내린 황소비단그물버섯을 먹는 입치레반날개류의 애벌레

못했습니다. 실험실에서는 버섯이 야외에서보다 빠르게 썩어 녹아내려 늘 실패를 맛보아야 해서 마음이 아렸지요. 다행히 미국의 연구자 핸리Hanley와 미카엘Michael이 극동입치레반날개 사촌뻘인 입치레반날개류(Oxyporus occipitalis)가 버섯 속에서 어떻게 생활하는지 그들의 사생활을 낱낱이 밝혀냈습니다. 이를 근거로 극동입치레반날개의 한살이도 비슷할 것이라 추정해 봅니다.

입치레반날개류 애벌레는 두 번의 허물을 벗습니다. 1령 애벌레는 하루 종일 버섯만 먹어 대다가 허물을 벗고 2령 애벌레가 됩니다. 2령 애벌레도 하루 정도 지낸 뒤에 허물을 벗고 3령 애벌레종령 애벌레가 됩니다. 굉장히 짧은 기간 안에 두 번씩이나 허물을 벗습니다. 종령 애벌레는 1령이나 2령 애벌레에 비해서

큰턱을 이용해 황소비단그물버섯을 먹는 극동입치레반날개 옆으로 뭉쳐진 버섯 부스러기가 보인다.

는 좀 오래 사는 편입니다. 5~6일쯤 버섯밥을 맛있게 먹으며 버섯에서 지냅니다. 그때쯤이면 버섯은 이미 썩어서 녹아내리기 시작합니다. 입치레반날개류는 썩어가는 버섯 속에 번데기를 만들까요? 아닙니다. 다 자란 애벌레는 번데기가 될 때쯤 되면 용케 알고 땅속으로 기어 내려갑니다. 그 속에 땅굴을 파서 번데기 방을 만들고 들어가 드디어 번데기가 됩니다. 번데기가 된 지 6일쯤 되면 어른벌레로 변신을 합니다. 대부분의 입치레반날개 집안 식구들은 알에서 어른벌레가 되기까지 17일쯤 걸릴 정도로 한살이가 굉장히 짧습니다. 이는 수명이 짧은 버섯의 한살이에 맞추어 살아야 하기 때문이지요.

유난히 많이 썩어 흐물흐물해진 황소비단그물버섯에 살짝 분홍빛이 감도는 애벌레들로 북적거리네요. 입치레반날개 집안 식구의 애벌레입니다. 몸은 긴 편이며, 몸놀림이 굉장히 날쌔고 빨라 눈 깜짝할 사이에 버섯 속으로 들어가 사라집니다. 녀석들은 재빠른 몸동작으로 버섯의 조직이나 관공 속을 드나들며 버섯을 먹기도 하고 그 속에 몸을 숨기기도 합니다. 이들은 배 꽁무니 쪽에 항문관이 한 쌍 길게 발달해 있어 좁은 공간에서도 앞뒤로 자유자재로 움직일 수 있습니다. 후진하거나 오른쪽, 왼쪽으로 방향을 틀 때는 배 꽁무니에 붙은 항문관을 디디고 몸을 원하는 방향으로 틀 수 있으니까요.

### 극동입치레반날개가 살아가는 방법

극동입치레반날개 어른벌레의 큰턱은 날카롭고 살벌하게 생겼습니다. 생김새로만 보면 버섯에 사는 곤충을 잡아먹는 육식성 곤충으로 착각하기 쉽습니다. 저도 본격적으로 곤충을 공부하기 전에는 그리 오해를 했었지요. 그러나 녀석들은 어른벌레, 애벌레 할 것 없이 모두 땅에 나는 신선한 버섯을 먹고 삽니다. 녀석의 내장을 해부해 보면 버섯의 조직과 포자만 발견할 수 있다고 합니다.

황소비단그물버섯의 그물처럼 생긴 갓 아랫면과 버섯 속을 쪼개서 들여다 보면 버섯 부스러기가 뭉쳐 있는 것을 볼 수 있습니다. 처음엔 똥 부스러기라 여겨 무심히 지나쳤는데, 찍어 놓은 사진을 자세히 살펴보니 똥이 아니었습니다. 그래서 녀석을 관찰할 때마다 버섯 부스러기 뭉치가 있는지 살폈지요. 역시 잘디잘게 조각낸 버섯 부스러기가 뭉쳐 있었습니다. 마치 쌀벌레화랑곡나방의 애벌레가 쌀들을 비단실로 뭉쳐 놓은 것처럼. 신기하게도 이 버섯 부스러기들 틈에서는 실 같은 것은 볼 수 없습니다. 나비 집안의 애벌레가 아니니 입에서 비단이 나올 리 없겠지요.

녀석들은 낫 같이 예리한 큰턱으로 버섯을 잘게 오립니다. 그런 후에 입에서 타액을 분비해 버섯 부스러기를 뭉칩니다. 타액이 풀의 역할을 하는 셈이지요. 버섯 부스러기에 미리 침을 발라 놓는 것은 아마도 버섯을 살짝 분해시켜 소화시키기 편하게 만든 후 먹으려는 것이라 생각됩니다. 미리 체외소화를 시키는 것이지요. 버섯 부스러기의 뭉치는 먹기만 하는 것이 아니라 때때로 방을 만드는 데 쓰이기도 합니다. 왜 버섯 부스러기로 방을 만드는지는 좀 더 연구해야 할 숙제입니다.

보이지 않는 공간, 버섯 속에 사는 곤충들, 더구나 수명이 짧은 버섯에 오는 곤충의 감춰진 사생활을 엿보는 건 그리 만만한 일은 아닙니다. 녀석들을 좀 더 많이 관찰하고 연구해 녀석들에 대해 더 많이 알 수 있는 날이 오기를 고대할 뿐입니다.

| 참고문헌 |

강창수, 김진일, 김학렬, 류재혁, 문명진, 박상옥, 여성문, 이봉희, 이종욱, 이해풍. 2000. 일반곤충학. 정문각, 631pp.

김양섭, 석순자, 원향연, 이강효, 김완규, 박정식(농업진흥청 농업과학기술원). 2004. 한국의 버섯, 식용버섯과 독버섯. 동방미디어, 466pp.

김정환, 2005. 토박이 곤충기. 진선출판사. 237pp.

김진일, 1998. 한국곤충생태도감, 딱정벌레목 III. 고려대학교 곤충연구소, 255pp.

김진일, 1999. 쉽게 찾는 우리 곤충. 현암사, 392pp.

김진일, 2006. 우리가 정말 알아야 할 우리 곤충 백가지. 현암사, 399pp.

김현중, 한상국. 2008. 광릉의 버섯. 국립수목원, 446pp.

리고프 M. 지음, 황적준 옮김, 2002. 파리가 잡은 범인, 해바라기, 255pp.

박완희, 이지헌. 2011. 한국의 버섯, 교학사, 454pp.

박완희, 이호득. 1999. 한국약용버섯 도감. 교학사, 758pp.

박해철, 김성수, 이영보, 이영준. 2006. 딱정벌레. 교학사, 358pp.

박해철, 2006. 딱정벌레, 자연의 거대한 영웅 딱정벌레에 관한 모든 것. 다른세상, 559pp.

부경생, 김용균, 박계청, 최만연. 2005. 농생명과학연구원 학술총서 9, 곤충의 호르몬과 생리학. 서울대학교출판부, 875pp.

조너던 와이너 지음, 조경희 옮김. 2007. 초파리의 기억. 이끌리오, 366pp.

조덕현, 2001. 버섯. 지성사. 222pp.

조덕현. 2003. 원색 한국의 버섯, 아카데미서적, 436pp.

조영복, 안기정, 2001. 송장벌레과, 반날개과. 한국경제곤충 11호, 농업과학기술원, 167pp.

올리히 슈미트 지음, 장혜경 옮김, 2008. 동물들의 비밀신호. 해나무, 207pp.

이종욱. 1999. 한국곤충생태도감 IV. 벌, 파리, 밑들이, 풀잠자리, 집게벌레목. 고려대학교 한국곤충연구소, 246pp.

이지열, 1988. 원색 한국버섯도감. 아카데미서적, 365pp.

이태수, 이지열. 2000. 한국기록종 버섯 재정리 목록. 임업연구원, 176pp.

이한일, 2007. 위생곤충학(의용절지동물학) 제 4판. 고문사, 467pp.

장현유, 이찬. 2008. 몸에 좋은 약용버섯. 문예마당, 383pp.

토마스 아이스너 지음, 김소정 옮김, 2006. 전략의 귀재들 곤충. 삼인, 568pp.

한용봉. 2009. 식용 버섯, 2. 성분과 생리활성. 고려대학교출판부, 451pp.

한호연, 권용정, 2000. 과실파리과(파리목). 한국경제곤충지 3호. 농업과학기술원, 113pp.

Ashe, J.S., 1993 Mouthpart modification correlated with fungivory among aleocharinae staphylinidae (Col.: Staph.: Aleocharinae), pp. 105-130, In: Schaefer, C. W. and R. A. B. Seschen (eds.). Symp. functional morphology of insect mouthparts. Proceedings of Thomas Say Publications. Entomological Society of America.

Borden J.H., McClaren M, Horta M.A., 1965. Fecal filaments produced by fungus-infesting larvae of *Platydema oregonense*. Annals of the Entomological Society of America 62: 444-456.

Breitenbach J, Kränzlin F. 1986. Fungi of Switzerland, Volume 2 Non gilled fungi (Heterobasidiomycetes, Aphyllophorales, Gasteromycetes). Verlag Mykologia, Switzerland, 412pp.

Choi June-Yeol, 1992. Taxonomic study on the family Erotylidae (Insecta: Coleoptera) from Korea, Seoul National University. 66pp. (Thesis for the degree of master of science)

Chujo, M.T., 1963. A new species of the genus *Basanus* Lacordaire from Japan and Korea (Coleoptera, Tenebrionidae). Acta Coleopterologica Niponius. 2(4):17-19.

Chujo, M.T., 1969. Erotylidae (Insecta: Coleoptera). Academic Press of Japan, 316pp.

Chujo, M.T. and C.E. Lee, 1992. Erotylidae from Korea (Insecta, Coleoptera). Esakia. Kyushu University in Entomology. 33:99-108.

Chujo, M.T. and C.E. Lee, 1992. Records of some subcortical coleoptera new to the fauna of Korea (Insecta). Esakia. Kyushu University in Entomology. 33:123-124.

Crowson, R.A., 1981. The biology of the Coleoptera. Academic Press, New York, 802pp.

Eisner, T. and J. Meinwald, 1966. Defensive secretion of arthropods. Science 153: 1341-1350.

Gilbertson, R.L., 1984. Relationships between insects and wood-rotting basidiomycetes [pp] 130-165]. In: Fungus-relationships: perspectives in ecology and evolution (Q. Wheeler and M. Blackwell, editors). Columbia University Press, New York. pp. 1-514.

Gilbert Waldbauer, 1999. The Handy Bug Answer Book. Visible Ink Press, U.S.A., 308pp.

Gilbert Waldbauer, 2003. What good are bugs? Harvard University press.

Graves R.C., 1960. Ecologial observations on the insects and other inhabitants of woody shelf fungi (Basidiomycetes: Polyporaceae) in the Chicago area. Annals of the Entomological Society of America 53: 61-78.

Hanley, R.S. and M.A. Goodrich, 1993. Biology, life history and fungal hosts of Oxyporus occipitalis, including a descriptive overview of the genus. Proceedings of the Entomological Society of Washington. 55:1003-1007.

Hanley, R.S. and M.A. Goodrich, 1995. Review of Mycophagy, host relationships and Behavior in the new world Oxyporinae (Coleoptera: Staphylinidae). The Coleopterists Bulletin, 49(3): 269-280.

Imazeki R, Hongo T. 1987. Colored Illustrations of Mushrooms of Japan Vol. I. Hoikusha publishing co., Ltd, Japan, 325pp.

Imazeki R, Hongo T. 1989. Colored Illustrations of Mushrooms of Japan Vol. II. Hoikusha publishing co., Ltd, Japan, 315pp.

Jung, B.H., S.Y. Kim and J.I. Kim. 2007. Taxonomic review of the tribe Bolitophagini in Korea (Coleoptera: Tenebrionidae: Tenebrioninae). Entomological Research 37(3): 190-196.

Jung B.H. 2008. A Taxonomy of Korean Tenebrionidae and Ecology of Fungivorous Tenebrionids. 301pp. Sungshin Women's University, Seoul. (Thesis).

Jung, B.H. and J.I. Kim. 2008. Biology of *Platydema nigroaeneum* Motschulsky (Coleoptera: Tenebrionidae) from Korea: Life History and Fungal Hosts. Journal of Ecology and Field Biology 31(3): 249-253.

Jung B.H and J.I. Kim, 2009. Biology of *Bolitophagiella pannosa* (Lewis) newly reported from Korea (Coleoptera: Tenebrionidae). Korean journal of applied entomology. 48(2): 159-164.

Jung, B.H., 2011. Taxonomic Review of Fungivorous Tetratomidae (Coleoptera: Tetratomidae) in Korea with New Host Fungi. The Korean Society of Applied Entomology, 50(2): 125-130.

Jung, B.H. and J.W. Lee, 2011. Fungal Hosts of Fungivorous Tenebrionid Beetles (Tenebrionidae) in Korea. The Korean Society of Applied Entomology, 50(3): 195-201.

Kim Yoon Ho and Ahn Kee Jeong, 2009. Descriptions of three new species of the genus *Gyrophaena* Mannerheim (Coleoptera: Staphylinidae: Aleocharinae) from Korea. Journal of Entomological Science, 44(3): 222-229.

Krasutskii BV. 2007. Beetles (Coleoptera) Associated with the Polypore *Daedaleopsis confragosa* (Bolton: Fr.) J. Schrot (Basidiomycetes, Aphyllophorales) in Forests of the Urals and Transurals. Entomological Review 87(5): 512-523.

Leschen, R.A.B. and R.T. Allen, 1988. Immature stages, life history and feeding mechanisms of three Oxyporus spp. The Coleopterists Bulletin. 42(4): 321-333.

Liles M.P., 1956. A study of the life history of the forked fungus beetle, *Bolitotherus cornutus* (Panzer) (Coleoptera: Tenebrionidae). Ohio Journal of Science 56(6): 329-337.

Nikitsky, N.B., 1998. Generic classification of the beetle family Tetratomidae (Coleoptera, Tenebrionoidea) of the world, with description of new taxa. Pensoft, Sofia. 80pp.

Nikitsky, N.B. 2007. The beetles of the genus Holostrophus Horn, 1888 (Coleoptera, Tetratomidae, Eustrophinae, Holostrophini) of the world fauna. Byulleten' Moskovskogo Obshchestva Ispytatelei Prirody Otdel Biologicheskii, 112(1): 13-30.

White, I.M., 2008. The larvae of some British species of *Gyrophaena Mannerheim* (Coleoptera: Staphylinidae) with notes on the taxonomy and biology of the genus. Zoological Journal of the Linnean Society, 60(4): 297-395.

http://blog.daum.net/binkond
http://blog.daum.net/a452601
http://blog.naver.com/mushroom114/50001432834
http://100.naver.com
http://www.doopedia.co.kr
http://www.mushroom114.or.kr
http://www.naturei.net
http://www.sanrimji.com

| 찾아보기 |

ㄱ

가사 상태 177
가슴등판 113, 138, 233
가시다리깨알버섯벌레 190, 193
가시돌기 82
가시털 101, 285
가죽질 54, 139
갈색꽃구름버섯 152
갈참나무 42, 93, 112, 123, 146, 177, 190,
　　193, 196, 213, 242, 247, 300
거저리 43, 82, 94, 96, 127, 129, 132
거저리과 115
거저리류 85, 164, 248
검은비늘버섯 219, 221, 224, 240, 242
검정파리 185
검정파리류 184, 206
겹눈 292
경보 페로몬 117
경절 197
고들빼기 228
고무나무 230
공생 301, 303
과실파리류 187, 206
관공 19, 45, 71, 87, 108, 123, 126, 131, 303
광대버섯류 221, 224, 238, 275
구기 36
구름버섯 16, 17, 123, 140, 152, 224
구름버섯류 56

구릿빛무당버섯 219
굼벵이 87
균류 199
균사 238
균사체 123, 127, 227
그늘버섯 227
그물버섯류 152, 289
극동입치레반날개 300, 304
금빛시루뻔버섯 153
기와버섯 19
깔대기버섯 152
쇠리돌기 147
꽃구름버섯 140
꾀꼬리 92
꾀꼬리버섯 227, 289
끈적긴뿌리버섯 288, 289
끝검은뱀버섯 188
끝말림갈때기버섯 227

ㄴ

나용 115
나팔버섯 217
낙엽버섯류 227
난황물질 296
날개돋이 112, 116
납작버섯반날개 228, 232
넓적가시거저리 80, 82
넓적다리마디 196

노란그늘치마버섯 191
노란난버섯 190, 191, 224
노란말뚝버섯 180, 184
노란망태버섯 182, 200, 201
노란젖버섯 216, 230
노랑테가는버섯벌레 106, 108
노린재류 129

ㄷ

단색털구름버섯 122, 123, 140
달걀버섯 217, 224
달팽이류 216, 221
닭고기버섯 95
담자기 303
당귀젖버섯 218, 221, 230
대모송장벌레 200, 213
더듬이 41, 62, 77, 82, 98, 110, 128, 143, 158, 177, 195, 213, 225, 247, 261, 273, 283, 306
더듬이 마디 158
death watching beetle 39
덕다리버섯 92, 93, 95, 106, 107
도라지 228
도장버섯 45, 58, 222, 224
도장버섯류 56, 58
도토리거위벌레 300
독성물질 48
독청버섯류 238
동양무늬애버섯벌레붙이 152, 154
둥근쌀도적 57
딱정벌레 126
딱정벌레류 195, 250

딱정벌레목 34, 58, 115, 174, 232, 304, 306
딱지날개 60, 77, 99, 108, 115, 129, 143, 158, 177, 196, 233, 247, 261, 273, 304
땀버섯류 226
때죽나무 175
때죽도장버섯 58
똥파리 206

ㄹ

르위스거저리 92, 94, 98

ㅁ

마귀광대버섯 152, 239
만년버섯 33, 90
말뚝버섯 180, 227
말뚝버섯과 182
말뚝버섯류 180, 182
말불버섯 257
망태버섯 182
망태버섯류 182
머리 108, 113
먹그림나비 167
먹물버섯 250
먹물버섯류 275
먼지벌레류 249
멋진주거저리 42, 44
메꽃버섯부치 140
무당거저리 100
무당버섯류 221, 224, 239, 275
무당벌레 193
무자갈버섯 227
민달팽이 217

민달팽이류 155, 222
민주름버섯목 120
밀애기버섯 239
밑빠진벌레류 58

**ㅂ**

바구니버섯류 180, 182
바구미과 174
반날개과 304
발목마디 197
밤나무 96
밤버섯 245
밤색주름조개버섯 45
방귀무당벌레붙이 256, 259
방어 분비샘 48
배 꽁무니 304, 311
배젖버섯 228, 231, 239
뱀버섯 182
뱀버섯류 182
버드나무 80
버섯벌레과 110, 143, 164
버섯벌레류 141, 147, 149
버섯살 24, 108, 112, 221, 229
버섯알코올 227
버섯조직 24
벚나무류 90
베타글루칸 34
벤조퀴논 49, 98
벼메뚜기 197
볏싸리버섯류 227
보호색 60
부전나비류 264

부채버섯류 221
북방한계선 26
분홍망태버섯 202
불로초 33
불포화탄화수소 49
붉은말뚝버섯 180, 182
붉은젖버섯 230, 231
비단그물버섯 303
빗살수염벌레류 38
뽕나무버섯 119

**ㅅ**

산란관 215
산호버섯벌레 16, 17
살조개버섯 95
살짝수염벌레류 30, 31
삼색도장버섯 42, 45, 56, 58
삿갓외대버섯 276
성 페로몬 117
성즐 296
세발버섯 189
세줄가슴버섯벌레 75, 77
센털 52, 112, 129, 275, 283
소나무 301
소똥풍뎅이류 281
소바구미 174
소바구미과 174
속생 242
송곳니구름버섯 140
송이 227, 238
송편버섯 152, 153
쉬파리 185

쉬파리류 188
신갈나무 155, 257
쌀도적과 58

## ㅇ

아까시나무 81, 88
아까시재목버섯 80, 81, 222, 224
아랫입술 208, 295
앞가슴등판 108, 158, 261, 283, 285, 292
앞번데기 103
애기똥풀 80
애기버섯류 227
애기버섯벌레류 155
애기세줄나비 92
애둥글잎벌레 193
애버섯벌레붙이 156
애벌레 36
약대벌레 102
어금니 112
연체동물 221
영지 30, 33, 38
오리나무 20, 62, 300
오리나무류 45, 126
외피막 203
우리알버섯벌레과 197
우리알버섯벌레류 155, 303
우리흰별소바구미 174
우산버섯 152, 268, 270
우산버섯류 221
운지 19
유관 229
유액균사 229

이마방패 283
이소프렌 230
입술판 208
입치레반날개류 309
입틀 36, 177, 237, 295
잎벌레류 102

## ㅈ

자실층 238, 303
작은턱 237
잔나비걸상 94
잔대 228
장미무당버섯 216, 219, 221, 289
장수버섯 33, 90
적갈색남생이잎벌레 58
전용 103, 137
점각 61, 108, 196
점각줄 47, 129
점균류 199
젖버섯류 238
젖비단그물버섯 303
제주붉은줄버섯벌레 240, 243
조개껍질버섯 140, 141
조개버섯 140
조팝나무 80
졸각버섯류 226
좀말불버섯 256
종아리마디 196
주둥이 177, 295
주름밑빠진버섯벌레 268, 272
주름버섯류 193, 243, 250, 303, 308
주름살 56, 197, 217, 221, 229, 235, 238, 271,

　　　　275, 277
줄무당거저리 122, 123
진주거저리속 50
집합 페로몬 117

## ㅊ

참나무류 45, 90, 126
초파리 185, 291, 303
초파리류 206, 280, 288
치설 226

## ㅋ

콩버섯 56, 166, 168
큐티클 137
큰비단그물버섯 303
큰턱 36, 48, 65, 67, 85, 108, 112, 116, 143,
　　　175, 177, 197, 305, 306, 311
키틴질 100

## ㅌ

탈피선 26, 105, 113, 115, 137, 138, 150, 267
턱받이 291
털귀신그물버섯 217
털젖버섯아재비 239
톡토기 291
톡토기류 306
톱니무늬버섯벌레 140, 141, 143
퇴절 196

## ㅍ

파리류 200, 211, 279, 294, 306

페로몬 117
포자 112, 140, 168, 186, 189, 197, 203, 208,
　　　209, 210, 221, 278, 303
폴리사카리드 케이 19
폴리이소프렌 230
표고 106, 119
표면 168
표피 111, 137, 158
풍뎅이 87
피젖버섯 230

## ㅎ

학명 99, 156
항문관 75, 311
항문돌기 53, 133, 252
항암물질 33
혓바늘목이류 227
혹가슴검정소똥풍뎅이 276, 281
흙무당버섯 289
홑눈 63
화학무기 21, 85, 79
황갈색시루뻔버섯 56, 68, 71
황소비단그물버섯 300, 301
황화수소 186
회떡소바구미 166, 172
흰꽃무당버섯 152, 217
흰목이 153
흰털기와버섯 126

| 찾아보기_ 학명 |

*Amanita hemibapha* subsp. *hemibapha* (Berk. & Broome) Sacc. 217

*Amanita vaginata* (Bull. & Fr.) Vitt. 268

*Aulacochilus decoratus* Reitter 141

*Bolitophagiella pannosa* (Lewis) 82

*Calocybe gambosa* (Fr.) Sing. 245

*Cantharellus cibarius* Fr. 289

*Ceropria striata*, Lewis 123

*Cerrena unicolor* (Fr.) Murr 123

*Coriolus versicolor* (L.) Quél. 17

*Cyparium mikado* Achard 272

*Dacne picta* Crotch 106

*Daedaleopsis tricolor* (Bull.) Bondartsev & Singer 42

*Daldinia concentrica* (Bolton) Ces. & De Not. 168

*Diaperis lewisi lewisi* Bates 94

*Dictyophora indusiata* (Vent.) Desv. 182

*Dictyophora indusiata* f. *lutea* Kobay. 182

*Entoloma rhodopolium* (Fr.) Quél. 276

*Eusilpha brunneicollis* (Kraatz) 213

*Fomitella fraxinea* (Bull.) Imazeki 81

*Ganoderma lucidum* Karsten 30

*Gomphus floccosus* (Schwein.) Singer 217

*Gyrophaehna niponensis* Cameron 232

*Holostrophus orientalis* Lewis 155

*Inonotus mikadoi* (Lloyd) Imaz. 71

*Lactarius akahatsu* Tanaka 230

*Lactarius chrysorrheus* Fr. 216

*Lactarius laeticolorus* (Imai) Imaz. 230

*Lactarius subzonarius* Hongo 218

*Lactarius volemus* (Fr.) Fr. 228

*Laetiporus sulphureus* (Bull.) Murrill 93

*Lenzites betulina* (L.) Fr. 141

*Lycoperdina* sp. 259

*Lycoperdon pyriforme* Schaeff. 256

*Microsternus tokiensis* Nakane 77

*Mutinus bambusinus* (Zoll.) Fisch 188

*Mutinus caninus* (Pers.) Fr. 182

*Neotriplax lewisii* Crotch 17

*Onthophagus atripennis* Waterhouse 281

*Oudemansiella mucida* (Schrad. & Fr.) Hohnel 289

*Oxyporus germanus* Sharp 304

*Oxyporus occipitalis* 309

*Phallus costatus* (Penz.) Lyoyd 180

*Phallus impudicus* 180

*Phallus rugulosus* 180

*Pholiota adiposa* (Fr.) Kummer 242

*Platydema fumosum* Lewis 44

*Pluteus leoninus* (Schaeff. & Fr.) Kummer 191

*Pseudocolus schellenbergiae* (Sumst.)
　　Johnson  189
*Russula alboareolata* Hongo  217
*Russula rosacea (Pers.)* S. F. Gray  216
*Russula senecis* Imai  289
*Sphinctotropis laxus* (Sharp)  172
*Strobilomyces confusus* Singer  217
*Suillus bovinus* (L.& Fr.) O. kuntze  301

*Suillus granulatus* L. & Fr.  303
*Suillus grevillei* (Klotz.) Sing.  303
*Suillus luteus* (L. & Fr.) S.F. Gray  303
*Tetratriplax inornate* (Chujo)  243
*Thymalus parviceps*  57
*Trametes suaveolens* (L.) Fr.  153
*Zeadolopus japonica* (champion)  194